大豆豆清高值化创新研究

INNOVATIVE RESEARCH ON HIGH-VALUE UTILIZATION OF SOYBEAN WHEY

刘贺　周大宇　华东　等◎著

化学工业出版社
·北京·

内容简介

本书主要介绍大豆豆清的高值化创新研究和相关产品的生产，包括豆清处理技术以及豆清发酵食品、豆清酒精饮品、豆清柠檬水、豆清红枣汁、豆清胡萝卜酵素、豆清格瓦斯、豆清馒头、豆清面包、豆清奶酪棒、豆清布丁、豆清洗发水、豆清护肤水、豆清洗衣皂、豆清植物营养液等产品的开发应用。内容涉及豆清的一般成分和活性成分，豆清发酵食品的主要微生物名称、作用机制，影响各种产品生产的因素，产品的功效和性能评价。书中还有相关产品的成本、利润核算和建厂指南，便于企业实际生产。

本书可供大豆加工企业技术研发人员以及食品科学与工程相关专业师生参考。

图书在版编目（CIP）数据

大豆豆清高值化创新研究 / 刘贺等著. -- 北京 : 化学工业出版社, 2025. 9. -- ISBN 978-7-122-48953-1

Ⅰ. TS214.2

中国国家版本馆CIP数据核字第2025HH6131号

责任编辑：彭爱铭
责任校对：张茜越
装帧设计：王晓宇

出版发行：化学工业出版社
（北京市东城区青年湖南街13号　邮政编码100011）
印　　装：涿州市般润文化传播有限公司
710mm×1000mm　1/16　印张14¾　字数323千字
2025年11月北京第1版第1次印刷

购书咨询：010-64518888
售后服务：010-64518899
网　　址：http://www.cip.com.cn
凡购买本书，如有缺损质量问题，本社销售中心负责调换。

定　　价：98.00元

PREFACE

前言

大豆作为东方传统饮食文化中的重要组成部分，其加工历史可追溯至数千年前。从豆腐、豆浆到酱油、腐乳，大豆制品凭借其丰富的营养价值和多样的储存形态，始终占据着人类饮食图谱中的重要位置。然而，在大豆深加工过程中，一个长期被忽视的副产品——豆清水（即大豆加工过程中产生的黄浆水），却因其高含水量、低浓度特性，长期被视为工业废水而被直接排放或简单处理。据统计，每生产 1 吨大豆蛋白制品，产生 5 ~ 8 吨豆清水；全球大豆年加工量超过 3.5 亿吨，由此衍生的豆清水总量高达数十亿吨。粗放的处理豆清水方式不仅造成了资源浪费，更因其含有可溶性蛋白、低聚糖、异黄酮等有机成分，直接排放会引发水体富营养化，加重生态环境治理负担。

近些年，豆清水的高值化利用正经历着一场从“环境治理”到“资源创造”的认知革命。2020 年 5 月，欧盟委员会发布了《农场到餐桌战略》（Farm to Fork Strategy），要求 2030 年前将食品加工废弃物减少 50%，驱动欧盟的可持续食品体系转型，建立一个“公平、健康、环境友好”的食品体系。2018 年，国务院办公厅印发了《“无废城市”建设试点工作方案》，推动了各地相继出台豆制品加工废弃物资源化补贴政策。与此同时，消费者对清洁标签、植物基产品和可持续供应链的关注度持续攀升，豆清水衍生产品如植物蛋白饮料、功能性食品添加剂等迎来了广阔市场空间。

中国作为全球最大的大豆加工国，年加工能力达 1.4 亿吨，其中大豆榨油加工量约为 1 亿吨。随着植物蛋白市场需求爆发式增长——全球市场规模预计 2025 年将达 406 亿美元，传统“高投入、高排放、低产出”的线性经济模式已难以为继。山东万得福实业集团有限公司等领军企业已率先转型，通过国家大豆加工技术研发专业中心等平台，实现豆渣、豆皮、豆清水等副产物的全量化利用，推动非转基因大豆蛋白产品远销 50 个国家和地区。这一实践表明，豆清水资源化不仅关乎环境治理，更是重塑大豆产业链竞争力的战略支点。

2025 年 4 月，中共中央、国务院印发的《加快建设农业强国规划（2024—2035 年）》明确提出：开发类别多样、品质优良的加工产品，完善国家农产品加工技术研发体系，全链条推进农业产业体系升级，提升农业综合效益，让绿色循环、低碳发展成为农业强国的鲜明底色。随着循环经济理念的深化和生物技术的突破，豆清水的高附加值利用逐渐成为学术界和产业界关注的焦点。研究发现，豆清水中富含大豆蛋白、大豆低聚糖、大豆异黄酮、大豆皂苷及多种矿物质活性成分，这些物质在食品、医药、日化等领域具有广阔的开发潜力。在食品工业领域，经酶解改性的豆清水蛋白可作为天然乳化剂应用于植物基肉制品，其功能特性媲美传统酪蛋白酸钠，但成本降低 30% 以上；寡糖组分因促进双歧杆菌增殖的特性，成为婴幼儿配方奶粉和益生菌饮料的优质原料。在生物制造行业，豆清水替代传统培养基用于生产纳豆激酶、普鲁兰多糖等生物活性物质，使发酵成本降低 40% ~ 60%。更为前沿的应用出现在医药领域，研究显示，豆清水提取物中的微量成分（如大豆皂苷）可诱导肿瘤细胞凋亡，这些多元化应用彻底改变了社会大众、企业经营者对豆清水的价值认知。在此背景下，如何通过技术创新将豆清水从“环境负担”转化为“绿色宝藏”，成为大豆产业链升级的关键命题。

本书以“大豆豆清高值化利用创新研究”为主题，系统梳理了豆清在发酵食品、酒精饮品、软饮料、食品配料、培养基、植物营养液及日化产品开发等领域的应用研究进展与产业化实践，旨在为读者呈现一条从基础研究到产业落地的完整链条，既涵盖微生物发酵、膜分离、高级氧化等核心技术，亦探讨凝固剂与蛋白质在分子水平上的精准结合机制，提供优化豆清高值化利用处理技术的创新路径，力求为科研工作者、政府管理者、企业决策者及环保从业者提供理论与实践的双重参考。

本书是刘贺教授带领科研团队师生多年深耕豆清水利用领域科研成果的结晶，其间他既从全局视角对专著框架进行整体架构，构建起严谨的逻辑体系，又以专业视角起草各章节内容概要，为后续研究指明方向，更通过精准统筹协调各方资源，推动各章节内容起草工作有序推进，最终实现了研究成果的系统性集成。全书共分为七章，各章节内容如下：第一章介绍了豆清来源、营养成分和高值化利用的现状、趋势及前景展望，由华东、范宏亮撰写；第二章主要探讨了豆清发酵食品、酒精饮品的开发，由周大宇和百威英博（锦州）啤酒有限公司徐涛撰写；第三章研究了豆清软饮料的开发，由郝正祺撰写；第四章介绍了豆清食品配料开发与应用，由唐笑含撰写；第五章介绍了豆清液体、固体两种商业化即用型培养基的开发，由华东撰写；第六章介绍了豆清在日化产品中的应用研究，由韩璐撰写；第七章介绍了豆清植物营养液生产工艺及工厂设计，由唐笑含撰写。全书的统稿工作由刘贺、张贺楠和唐笑含共同承担。

当下，豆清开发的经济效益得到越来越多企业的关注；未来，豆清开发的技术创新将持续不断深入，期待各位同仁一起加入，凝心聚力，笃行致远，共同绘就豆清高值化利用研究的五彩画卷。

著者

2025 年 4 月

目录

CONTENTS

第二章

豆清发酵食品和酒精饮品开发

031

第三章

豆清软饮料开发

103

第四章

豆清食品配料开发与应用

119

大豆豆清高值化创新研究

INNOVATIVE RESEARCH
ON HIGH-VALUE UTILIZATION OF
SOYBEAN WHEY

第一章

豆清简介

1.1 豆清来源

大豆作为全球广泛种植的重要农作物，其种植区域主要集中在亚洲、北美以及南美地区。在中国，大豆已经具有5000年以上的栽培历史，是我国农业生产和满足日常饮食需要的重要农作物。伴随着现代人对食品安全与健康问题的日益关注，大豆及其加工制品，如豆腐、豆浆、豆皮、豆干等，因其营养与功效的绿色、健康、安全，备受消费者青睐。

豆清是大豆制品加工过程中，采用盐、酸和微生物发酵等使大豆蛋白质凝固（或沉淀）后，析出、分离出来的液态产品。又称大豆豆清水、大豆乳清、大豆黄浆水、大豆豆清液等。一个来源是为了使豆腐、千张、豆干等豆制品固定成型，在制作过程中通过压榨、挤压排出多余的水和能透过包布的小颗粒及水溶物。另一个来源是大豆深加工中碱溶酸沉工艺，具体步骤如下：首先将大豆经过清洗、去皮和破碎等预处理工序，得到大豆粉或豆粕。再将大豆粉与一定量的水混合，加入适量的碱（通常使用氢氧化钠），将体系pH值调节到8～10。在这个碱性环境下，大豆中的蛋白质和部分其他水溶性成分（如部分多糖、矿物质等）被充分溶解进入水相。经过充分搅拌和静置后，体系中形成了含有溶解蛋白及杂质的均匀液体，该液体就是豆清的初始形态。最后通过离心、过滤或其他分离工艺，将溶液中的不溶性纤维、残渣和部分脂肪等杂质去除。经过这一步骤后的上清液，色泽清亮，主要含有溶解在水中的蛋白和其他水溶性物质，即为“豆清”。为了从豆清中回收大豆蛋白，通常会在接下来的工序中将豆清的pH值调至蛋白质的等电点（4.5左右），此时蛋白质溶解度降低而发生沉淀。沉淀的蛋白经过离心、洗涤、干燥等工序即可得到大豆分离蛋白产品，而酸沉后剩余的上清液（豆清）则通常作为废液处理或进一步利用。

豆清的产生是豆制品制作过程中不可或缺的一部分，它不仅见证了豆制品的成型过程，而且在节能减排、资源循环利用、大豆精深加工及副产物综合高值化利用等方面具有较高的利用价值。

1.2 豆清营养成分

豆清，作为一种天然的营养液体，其主要成分包括蛋白质、乳酸、脂肪、糖类、柠檬酸等对人体有益的成分（表1-1、表1-2）。豆清中还含有大量的乳酸菌和醋酸菌等有益微生物，这些微生物在人体内发挥着重要的作用，有助于改善肠道健康，增强免疫力。豆清的功能活性成分也不容忽视，它包含了大豆异黄酮、大豆低聚糖、大豆皂苷、大豆蛋白等多种功能性成分。这些成分在维持人体健康方面扮演着重要角色，例如大豆异黄酮具有调节激素水平的作用，而大豆低聚糖则有助于促进肠道内有益菌的生长。此外，豆清还富含钙、磷、钾、铁等矿物质，以及 B 族维生素和有机酸等营养素。这些成分共同构成了豆清的营养丰富性，使其成为一种宝贵的天然资源。以豆腐和大豆分离蛋白（soy protein isolate, SPI）生产过程中排放的豆清为例（表 1-3），表中详细列举了豆清中的主要营养物质及其含量，以及这些营养物质在废水中的损失率（即各营养物质占原料总含量的比例）。

表 1-1　豆清基本成分

基本成分	含量/%	基本成分	含量/%
水分	96.20±0.10	蛋白质	2.54±0.21
灰分	3.96±0.16	总糖	4.27±0.27
脂肪	1.32±0.13	氯化物	0.46±0.10

表 1-2　不同来源豆清有机酸成分差异　　单位：mg/mL

有机酸	锦州亿和豆业	葫芦岛虹豆香	沈阳市豆年华	渤海大学自制
酒石酸	5.79±0.02[b]	7.77±0.01[a]	5.70±0.64[b]	5.76±0.30[b]
乳酸	0.92±0.11[b]	0.50±0.03[c]	1.71±0.03[a]	0.04±0.00[d]
乙酸	1.14±0.39[a]	0.28±0.19[a]	0.68±0.02[a]	0.41±0.49[a]
L-苹果酸	1.02±0.10[a]	0.29±0.00[c]	0.68±0.01[b]	0.18±0.00[c]
柠檬酸	1.74±0.04[a]	1.22±0.03[c]	1.51±0.07[b]	0.79±0.01[d]
琥珀酸	6.44±0.32[a]	2.02±0.11[c]	3.85±0.71[b]	3.11±0.18[bc]
富马酸	0.05±0.02[a]	0.03±0.01[ab]	0.03±0.00[ab]	0.02±0.00[b]
丙酸	1.48±0.41[b]	0.97±0.02[b]	2.71±0.02[a]	1.42±0.06[b]

注：报告的值用平均值 ± 标准差表示。显著性差异用同一行中的不同字母表示（$P < 0.05$）。

表 1-3　豆清主要营养物质含量及其损失率

项目		大豆异黄酮	水苏糖	棉子糖	总糖	大豆皂苷	大豆蛋白
废水/（mg/g）	豆腐豆清	0.2	2.8	0.7	9.9	0.3	6.5
	SPI豆清	0.2	4.7	0.39	14.9	0.3	4.2
废水中损失率/%	豆腐豆清	50	83	94	86	58	17
	SPI豆清	34	87	65	100	38	8

1.2.1　大豆蛋白

在豆清中，大豆蛋白构成了干基成分的主要部分，其含量大约占干基总量的 20%。此外，豆清中还含有多种具有生物活性的物质，包括大豆胰蛋白酶抑制剂、β- 淀粉酶、脂肪氧合酶以及细胞色素 C 等。这些活性成分在能量调节、体重控制、免疫增强、胆固醇降低以及预防心血管疾病、糖尿病、癌症和高血压等多方面展现出显著的功效。研究表明，大豆 - 乳清混合蛋白，作为植物和动物蛋白的结合体，通过大鼠实验表明，对恶性血液病患者在骨髓移植后的造血和免疫重建过程具有显著的促进作用。此外，经口给予小鼠不同剂量的豆清蛋白 30 天（接种 S-180 腹水型肿瘤细胞），观察小鼠体重、脏器 / 体重和移植 S-180 瘤株肿瘤生长情况，结果表明 1.6 g/L 和 2.0 g/L 浓度的豆清蛋白处理人肝癌细胞 HepG248 后，细胞核或细胞质呈浓染的块状或颗粒状荧光，聚集于核周边或裂解成碎片，表明大豆蛋白能诱发肿瘤细胞发生细胞凋亡，具有辅助抑制肿瘤的作用。源自不同渠道的豆清，其氨基酸组成存在差异（表 1-4）。

表 1-4　不同来源豆清氨基酸成分差异　　单位：μmol/mL

氨基酸	锦州亿和豆业	葫芦岛虹豆香	沈阳市豆年华	渤海大学自制
天冬氨酸	0.33 ± 0.0129^{b}	0.69 ± 0.0473^{a}	0.16 ± 0.0345^{c}	0.71 ± 0.0066^{d}
谷氨酸	0.40 ± 0.0136^{a}	0.32 ± 0.1391^{a}	0.33 ± 0.0445^{a}	0.37 ± 0.0031^{a}
丝氨酸	0.12 ± 0.0019^{c}	0.07 ± 0.0000^{d}	0.14 ± 0.0040^{b}	0.22 ± 0.0036^{a}
甘氨酸	0.08 ± 0.0005^{a}	0.05 ± 0.0024^{d}	0.06 ± 0.0012^{c}	0.07 ± 0.0029^{b}
组氨酸	0.17 ± 0.0026^{a}	0.08 ± 0.0022^{c}	0.17 ± 0.0005^{a}	0.16 ± 0.0032^{b}
精氨酸	0.05 ± 0.0060^{b}	0.03 ± 0.0023^{c}	0.08 ± 0.0019^{a}	0.02 ± 0.0010^{c}
苏氨酸	2.35 ± 0.0109^{a}	1.02 ± 0.0047^{d}	1.78 ± 0.0014^{c}	1.89 ± 0.0183^{b}
丙氨酸	0.72 ± 0.0134^{a}	0.35 ± 0.0018^{d}	0.54 ± 0.0014^{c}	0.43 ± 0.0011^{b}
脯氨酸	0.08 ± 0.0052^{a}	0.05 ± 0.0006^{b}	0.08 ± 0.0060^{a}	0.05 ± 0.0026^{b}
酪氨酸	0.23 ± 0.0024^{b}	0.17 ± 0.0002^{c}	0.28 ± 0.0027^{a}	0.17 ± 0.0013^{d}
缬氨酸	0.07 ± 0.0008^{a}	0.05 ± 0.0010^{c}	0.04 ± 0.0011^{d}	0.06 ± 0.0004^{b}
蛋氨酸	0.15 ± 0.0217^{b}	0.14 ± 0.0115^{b}	0.22 ± 0.0144^{a}	0.14 ± 0.0075^{b}
异亮氨酸	0.05 ± 0.0002^{a}	0.03 ± 0.0011^{c}	0.04 ± 0.0002^{b}	0.05 ± 0.0014^{a}
亮氨酸	0.06 ± 0.0002^{a}	0.03 ± 0.0004^{c}	0.03 ± 0.0042^{d}	0.05 ± 0.0002^{b}
半胱氨酸	0.07 ± 0.0017^{a}	0.04 ± 0.0007^{c}	0.04 ± 0.0011^{c}	0.06 ± 0.0007^{b}
苯丙氨酸	0.06 ± 0.0005^{a}	0.05 ± 0.0004^{c}	0.03 ± 0.0009^{d}	0.05 ± 0.0001^{b}
赖氨酸	0.28 ± 0.0005^{a}	0.14 ± 0.0042^{d}	0.25 ± 0.0070^{b}	0.20 ± 0.0140^{c}

注：报告的值用平均值 ± 标准差表示。显著性差异用同一行中的不同字母表示（$P<0.05$）。

1.2.2　大豆低聚糖

大豆低聚糖是指单糖分子以糖苷键相连接而形成，分子量为 300～2000 的寡糖。在豆清中，大豆低聚糖主要是棉子糖、水苏糖，由于人体内缺乏 α- 半乳糖苷酶，这些低聚糖无法被人体吸收，因此被称为非消化性低聚糖。然而，这些低聚糖可被双歧杆菌等肠道有益菌选择性利用，通过肠道微生物作用产生短链脂肪酸，降低肠道 pH 值，因此它们亦可被定义为益生元。研究指出，大豆低聚糖在大鼠实验中展现出益生元效应，并有助于改善矿物质平衡。另一研究采用 0 h、12 h、24 h 和 48 h 的人肠道细菌体外分批发酵模型，探讨大豆低聚糖的发酵特性。结果表明，随着发酵时间的延长，低聚糖的分子量显著下降，说明低聚糖可被结肠微生物群有效利用和降解，进而显著增加乙酸、丙酸等短链脂肪酸的含量。据大豆低聚糖对高脂饮食喂养的大鼠血脂水平和氧化应激的影响实验，结果表明在所有检查剂量下，大豆低聚糖均能显著降低动物模型中的异常血糖、脂质水平和氧化应激反应，对治疗心脑血管疾病具有重要作用。不同来源的豆清在低聚糖成分方面存在的差别（表 1-5）。

表 1-5　不同来源豆清低聚糖成分差异　　单位：mg/mL

低聚糖	锦州亿和豆业	葫芦岛虹豆香	沈阳市豆年华	渤海大学自制
蔗糖	2.72 ± 1.90^{b}	2.78 ± 0.10^{b}	6.48 ± 1.65^{a}	6.84 ± 0.09^{a}
棉子糖	0.15 ± 0.03^{b}	0.27 ± 0.04^{b}	0.12 ± 0.17^{b}	0.54 ± 0.06^{a}
水苏糖	0.14 ± 0.14^{b}	0.10 ± 0.01^{b}	0.93 ± 0.64^{a}	0.49 ± 0.02^{ab}

注：表中值用平均值 ± 标准差表示，显著性差异用同一行中的不同字母表示（$P < 0.05$）。

1.2.3　大豆异黄酮

大豆异黄酮具有很高的经济价值和生物价值，但在被排放的豆清中有近 50% 的大豆异黄酮随着豆清流失而造成损失。大豆异黄酮是 3- 苯并吡喃酮为主体的化合物，大豆中天然存在的大豆异黄酮总共有 12 种，分为 4 类：苷元（染料木苷元、大豆苷元和黄豆黄苷元）以及它们相应的结合物、葡萄糖苷（染料木苷、大豆苷和黄豆苷）、乙酰基葡萄糖苷（乙酰基染料木苷、乙酰基大豆苷和乙酰基黄豆苷）和丙二酰基葡萄糖苷（丙二酰基染料木苷、丙二酰基大豆苷以及丙二酰基黄豆苷）。乙酰基葡萄糖苷和所有黄豆黄苷元衍生物在大豆中含量相对较少。因此，大豆异黄酮的主要形式是染料木苷元、大豆苷元及其葡萄糖苷和丙二酰基葡萄糖苷。

大豆异黄酮，作为黄酮类化合物的一种，展现出显著的抗氧化活性，其能够有效清除自由基，减少低密度脂蛋白的氧化以及低密度脂蛋白胆固醇在动脉壁的沉积，从而降低动脉硬化的风险。此外，大豆异黄酮在治疗骨质疏松、结肠癌、肺癌等疾病方面具有显著效果，并在预防胃癌及其他疾病方面发挥着重要作用。在乳腺癌、前列腺癌等疾病的防治方面，大豆异黄酮展现出了积极影响。基于现有流行病学研究、临床试验结果以及居民膳食指南，建议每人每日摄入10～25 g大豆或等量豆制品，尤其对于确诊乳腺癌的妇女，适量增加大豆摄入量有益无害。研究显示，大豆异黄酮的摄取既不会增加绝经前和绝经后妇女乳腺癌的发生率，还对乳腺癌具有一定预防作用，且在乳腺组织内不会促进细胞增殖。对于乳腺癌术后幸存者，摄入大豆及异黄酮未呈现明显不利影响，甚至对绝经后乳腺癌患者有一定保护作用。大豆异黄酮结构与人体雌激素具有同源性，可用于为某些老年女性病人补充雌激素。

苷元型大豆异黄酮仅占总异黄酮含量的3%，但其生物利用率较高，因此表现出更高的生物活性。糖苷型大豆异黄酮可以通过体外酶解或微生物发酵两种途径转化为苷元型，从而提高其生物利用度。尽管体外酶解法成本较高，但微生物发酵法因其低成本和工业化生产的潜力而更具优势。在豆腐和黄豆中，大豆异黄酮的总含量分别为221.27 mg/kg和970.42 mg/kg。在豆腐的生产过程中，并非所有的大豆异黄酮都保留在产品中。研究指出，豆清中含有高达50 mg/L的大豆异黄酮。因此，豆清的排放会导致大豆异黄酮等高价值化合物的流失。通过提取豆清中的异黄酮并加工成补充剂，可以有效利用这一资源。大豆异黄酮主要以糖苷形式存在，其原型化合物因分子极性较大导致生物利用度较低，未经提取纯化的大豆异黄酮糖苷生物利用度较低，难以实现预期的生物活性。通过现代分离纯化技术制备的高纯度大豆异黄酮制剂，可显著提高其生物可及性和药代动力学特性，从而在膳食补充剂中有效发挥调节雌激素水平、改善代谢综合征等生理调节作用。

现行市售大豆异黄酮制剂主要包括片剂、胶囊剂及软胶囊剂等剂型，其中前两者合计占比达95%。根据《保健食品原料目录》规定，其获批的9项保健功能中，以骨密度改善、抗氧化应激及抗衰老为主要研究方向。临床剂量范围研究显示，有效摄入量区间为0.02～220.80 mg/d（均值56.88 mg/d）。需特别指出的是，针对雌激素受体阳性患者，应严格遵循临床管理规范，避免因不当补充引发的激素代谢紊乱及内分泌失调等药源性不良反应。

1.2.4 其他

大豆皂苷是一类属于类固醇或三萜类化合物的物质，在豆类植物中含量较高。它们在水溶液中容易产生泡沫，具有多种生理功效，包括增强免疫力、抗炎、抗凝血、抗氧化以及延缓衰老、降血脂、降血压和抗肿瘤等。目前，尽管大豆皂苷在健康和医疗领域具有广泛的应用前景，但关于豆清中大豆皂苷的系统性研究报道仍然十分有限。此外，豆清中还含有丰富的矿物质，这些矿物质对人体发挥着十分重要的生理作用（表1-6）。

表 1-6　不同来源豆清矿物质含量　　单位：mg/L

元素	锦州亿和豆业	葫芦岛虹豆香	沈阳市豆年华	渤海大学自制
B	0.05 ± 0.0002^{b}	0.04 ± 0.0001^{d}	0.13 ± 0.0007^{a}	0.04 ± 0.0002^{c}
Ba	0.01 ± 0.0001^{c}	0.01 ± 0.0001^{b}	0.02 ± 0.0002^{a}	0.01 ± 0.0001^{d}
Ca	24.71 ± 0.0000^{b}	8.28 ± 0.1082^{d}	25.98 ± 0.1155^{a}	12.92 ± 0.0416^{c}
K	102.36 ± 1.1547^{b}	69.76 ± 0.4042^{c}	112.7 ± 0.5774^{a}	64.36 ± 0.2082^{d}
Li	—	—	—	—
Mg	169.29 ± 0.6928^{c}	119.11 ± 0.3055^{d}	232.09 ± 1.2000^{a}	222.23 ± 0.6110^{b}
Na	0.89 ± 0.0104^{b}	0.45 ± 0.0042^{d}	0.96 ± 0.0040^{a}	0.66 ± 0.0036^{c}
Pr	—	—	—	—
S	2.22 ± 0.0153^{a}	1.61 ± 0.0100^{d}	2.19 ± 0.0058^{b}	1.97 ± 0.0100^{c}
Si	0.24 ± 0.0025^{b}	0.15 ± 0.0014^{c}	0.48 ± 0.0110^{a}	0.14 ± 0.0009^{d}
Sr	—	0.01 ± 0.0001^{a}	0.01 ± 0.0001^{a}	—
Zn	0.02 ± 0.0001^{a}	0.02 ± 0.0002^{b}	0.01 ± 0.0001^{c}	0.02 ± 0.0001^{d}

注：报告的值用平均值 ± 标准差表示。显著性差异用同一行中的不同字母表示（$P < 0.05$）。“—”表示未达到仪器检测限，未检出。

1.3　豆清处理

1.3.1　豆清处理的基础理论

1.3.1.1　物理化学原理

利用物理化学法提取功能性营养成分是处理豆制品废水的一种途径。吸附是一种物质通过与固体表面发生相互作用而停留在该表面的过程。在废水处理中，吸附通常利用活性炭或其他吸附材料来去除溶解的有机物和无机物。活性炭具有大量的孔隙结构，能够提供很大的表面积，吸附水中的有机物、颜色、气味、金属离子等。在豆清处理中，活性炭常用于吸附废水中的低分子有机物、色素以及一些难以生物降解的成分。吸附过程可以在处理的初期阶段进行，帮助进一步净化水质。豆清中的大豆蛋白通常是通过酸沉法实现回收的。调节水的 pH 值至蛋白质的等电点，蛋白质会因为溶解度的降低而发生沉淀。除了蛋白沉淀外，其他水溶性盐类、胶体物质等也可以通过调节 pH 值或添加混凝剂（如铝盐、铁盐）促使沉淀去除。膜分离是指通过半透膜的物理阻隔作用，使溶液中的溶质和溶剂分离的过程。膜分离技术根据膜的孔径大小，可以分为微滤、超滤、纳滤和反渗透等不同类型。

1.3.1.2 生物学原理

从 20 世纪 60 年代起，国外就开始研究高浓度废水的处理方法，现已形成了以生物处理为主的豆制品废水处理技术。常见的是微生物降解技术，其原理是通过微生物（如细菌、真菌等）将有机污染物转化为无害物质的过程。微生物通过酶催化作用将废水中的有机物分解成简单的无机物（如水、二氧化碳、氮气等）。这一过程依赖于微生物的代谢活动，通常需要在适宜的环境条件下进行，如氧气、温度、pH 值等。豆清中的有机物（如水溶性蛋白、多糖、脂肪等）在生物处理单元中，特别是活性污泥法或生物膜法中，由微生物降解。活性污泥中的微生物通过对水中的有机物进行降解，从而减少水中的化学需氧量（chemical oxygen demand，COD）和生化需氧量（biochemical oxygen demand，BOD）。

1.3.1.3 综合处理原理

在豆清处理过程中，常常采用物理、化学和生物三者相结合的方式，以实现最大限度的污染物去除和资源回收。初期通过沉淀、吸附和膜分离等物理化学方法去除大部分悬浮物、有机物和无机盐，减少水中的负荷，为后续的生物处理创造有利条件。然后通过微生物降解进一步去除溶解性有机物，降低化学需氧量和生化需氧量。在生物反应器中，微生物通过氧化还原反应和营养物质转化等机制，进一步净化废水。在生物处理后，膜技术（如反渗透、纳滤）进一步去除溶解小分子污染物，确保出水达到回用或排放标准。通过合理选择和组合这些原理和技术，能够有效地将豆清中的有机污染物、蛋白质、多糖等成分转化为无害物质，同时提升水资源的回用效率。姜玉环通过“壳聚糖混凝 -CSTR 厌氧消化 - 好氧活性污泥消化”串联工艺处理豆制品废水，得出这种组合工艺对豆制品废水 COD 的去除率可达 99%，出水 COD 降至 390 mg/L 左右。

1.3.2 豆清处理的常规技术

1.3.2.1 物理处理方法

物理处理方法主要是通过物理作用来去除废水中的固体颗粒、悬浮物和油脂等污染物，适用于去除大颗粒污染物，具有操作简便、能耗较低的特点。豆清处理中常见的物理处理方法主要有过滤和离心分离。过滤法是利用孔隙介质（如砂、活性炭、膜等）将废水中的悬浮颗粒、胶体物质、油脂等物质隔离出来，清水则通过过滤介质流出。其中超滤技术能够保留一定分子量的材料，并允许较小分子量的粒子通过超滤膜，在这种情况下，可以用超滤法从豆清中分离出蛋白。潘秋月等通过转谷氨酰胺酶在豆清自然条件下对乳清原液进行预处理，然后结合超滤形式制备得到高质量的豆清蛋白。离心分离法是通过离心力将水中的固体颗粒从液体中分离出来。离心机的高速旋转使得较重的固体颗粒沉降到容器底部，从而与液体分离。对于豆清中细小的固体颗粒和悬浮物（如细小的豆渣或大分子蛋白质），离心分离能够有效提高分离效率，特别是用于高浓度废水的处理。刘国庆等研究发现通过采用絮凝离心的预处理方式可以去除豆清中65%左右的脂肪和90%左右的悬浮固体，得到的蛋白损失率为10%左右，可完全去除脂肪，使总糖保留下来。

1.3.2.2 化学处理方法

化学处理方法主要是通过添加化学药剂使水中的污染物发生化学反应，生成易于去除的物质，或改变污染物的性质，从而实现去除。豆清处理中常见的化学处理方法包括絮凝沉淀、氧化还原反应等。絮凝法是通过添加絮凝剂（如铝盐、铁盐等）使水中的悬浮物、胶体物质等形成较大的絮体，然后通过沉淀将这些絮体去除。对于豆清中的悬浮物、油脂、蛋白质等污染物，絮凝法可以有效去除。徐忠等人使用不同的絮凝剂来处理豆清废水，试验结果表示通过使用PAC（聚合氯化铝）去除蛋白质效果最好，其去除率为60.35%。氧化还原反应通过化学氧化剂或还原剂与废水中的污染物反应，使其转化为无害或易于去除的物质。在豆清处理中，氧化还原反应常用于去除水中的有机物（如蛋白质、多糖等），特别是在水中有较高的有机负荷时，氧化处理能有效降低豆清中的COD、BOD，提升水质。姚晶晶等对氧化还原反应在废水处理中的重要作用进行了综述，着重介绍了利用氧化还原反应原理对重金属和有机物处理的良好应用。

1.3.2.3 生物处理方法

生物处理方法通过微生物降解废水中的有机污染物，是一种环保、节能且可持续的处理方法。常见的生物处理方法包括活性污泥法、生物膜法等。活性污泥法通过将废水与活性污泥混合，利用其中的微生物降解水中的有机污染物。微生物在污泥中生长繁殖，形成絮状物，降解废水中的有机物并去除。在豆清处理中，活性污泥法可用于去除水中的溶解性有机物、蛋白质、油脂等，尤其适用于大规模的废水处理。该方法效果稳定、处理能力大，适用于高浓度有机废水处理，并且能降低COD、BOD等水质指标。曹建平等采用气浮-改良活性污泥工艺处理豆制品废水，效果稳定，维护管理较为简便，运行的安全性提高，在一定条件下，当进水COD为2000～3000 mg/L时，出水COD可降至53.9 mg/L。生物膜法是利用生物膜固定在载体上，水中的污染物通过接触生物膜表面，微生物在膜表面降解污染物，从而实现废水的处理。生物膜法常用于处理含有较高浓度有机物的豆清，尤其适用于长期运行中稳定去除污染物。赵平利用生物滤膜法处理豆清，试验得出处理后的豆清中COD及BOD含量平均去除率分别达到69.3%及84.2%。生物膜法的处理效果稳定，能耗低，操作简单，并且可以处理大流量的废水。

1.3.3 豆清处理的高级技术

1.3.3.1 膜分离技术在豆清处理中的应用

膜分离技术一般包括超滤、纳滤、微滤、反渗透等。超滤是一种典型的膜分离技术，其膜孔径通常在0.01～0.1 μm之间，能够有效去除豆清中的大分子有机物、悬浮物、蛋白质等物质，同时保持水溶性的小分子物质（如氨基酸、糖类等）。超滤技术能够去除豆清中的细小颗粒和胶体物质，改善豆清的透明度和清洁度，同时能高效地从豆清中分离出大豆蛋白，转化为食品、饲料或生物材料等高附加值产品。王洪波等对豆制品中豆清进行超滤处理的工艺参数进行研究，实验结果表明在压力0.15 MPa下，用泵的最大流量对刚排放的豆清（温度55℃左右）进行超滤处理，可回收全部脂肪、75%以上的蛋白质和70%以上的总糖。该方法具有操作简单、成本较低，分离效率较高，能够实现较高浓度的污染物去除，不需要添加化学药剂，环保无污染的优势。但是膜污染问题较为突出，尤其是在处理含有高浓度蛋白质和多糖类的豆清时，需要频繁清洗和维护膜系统。反渗透技术通过半透膜将水分子与溶解在水中的小分子有害物质（如盐分、离子、重金属等）分开。袁其朋等利用反渗透技术对通过纳滤膜处理的豆清废水后的纳滤透过液进一步处理，得到了大量的纯水，回收率为90%。反渗透膜具有较小的孔径，用于进一步去除豆清中的无机物质和溶解性盐类，特别是在膜法预处理后需要进一步净化水质时。但是该技术需要较高的能耗，尤其在高盐和高污染负荷的情况下，成本较高。纳滤技术介于超滤和反渗透之间，膜孔径通常在1～10 nm之间，能够有效去除大部分有机分子、二价或多价离子（如钙、镁、硫酸根等），并允许水中的单价离子（如钠、氯）通过，适用于豆清中大豆蛋白质、多糖等大分子有机物的分离。缪畅和邱运仁采用芳香聚酰胺纳滤膜处理豆清废水，实验结果显示一级纳滤的透过液再进入二级纳滤，二级纳滤透过液中不含乳清蛋白，说明此纳滤膜对乳清蛋白有较好的截留效果。该技术具有较高的选择性，能够有效去除特定的污染物。相比反渗透，能耗较低，运行成本较为经济。但是对于低分子有机物的去除效果较差。

1.3.3.2 高级氧化技术（advanced oxidation processes，AOPs）在豆清处理中的应用

（1）芬顿（Fenton）氧化技术　芬顿反应通过铁离子和过氧化氢的反应产生·OH自由基，这种自由基具有极强的氧化能力，能够降解水中的有机污染物，特别是难降解的有机物。利用芬顿氧化可以快速分解豆清中残留的有机物，尤其是难降解的脂肪酸、多糖等有机物。还可以降低豆清中氮、磷等成分的浓度，减少对水体的富营养化风险。余哲等人利用混凝-Fenton氧化法对豆制品废水进行预处理工艺研究，得出在Fenton试剂投加比H_2O_2:Fe^{2+}为5.262时，废水的COD去除率为70%，水质得到了明显的改善。芬顿氧化技术的优势是对于废水的降解

效果显著，能够有效处理难降解的有机污染物，而且 Fenton 氧化的反应速度快，处理时间短。但也存在需要投入较多的化学试剂（如铁盐、过氧化氢），可能会导致二次污染的问题。

（2）光催化氧化技术　光催化氧化技术通过光催化剂（如二氧化钛）在紫外光照射下生成·OH 自由基，强氧化自由基能够分解水中的有机物质。王理明等用光催化氧化技术处理有机废水，实验表明没有投入催化剂二氧化钛，只发生光降解时有机物去除率较低，加入二氧化钛催化剂，可以提高氨氮去除率，最优条件下，氨氮去除率为 85.3%。光催化氧化能够高效降解豆清中的大分子有机污染物，还具有良好的消毒效果，能够去除豆清中的微生物。使用该技术的优势在于无需化学药品，操作简单、环保，能在常温、常压下进行，能效较高。但是光催化反应的效率受光照强度和催化剂质量的影响较大，需要进一步优化；并且初期投资和催化剂的更新维护成本较高，对于普通企业来说是负担。

（3）臭氧氧化技术　臭氧氧化能够分解豆清中的有机污染物，尤其是脂肪酸和蛋白质类物质。另外臭氧氧化技术还具有较强的杀菌消毒能力，能够有效去除豆清中的细菌、病毒和异味。叶杨对臭氧氧化技术在废水处理中的应用进行了综述，指出对于比较复杂的食品废水来说，除去其中的大量杂质和有色物质需要通过臭氧氧化技术的应用。臭氧氧化的氧化能力强，反应速度快，不会造成二次污染，臭氧会自行分解为氧气。但是需要较高的投资和运行成本，而且臭氧的传输效率和稳定性可能受限设备和反应环境限制，应用于产业化较为困难。

1.3.3.3　电絮凝技术

电絮凝技术是通过电流作用促使水中的胶体颗粒、悬浮物和溶解性有机物与金属离子发生絮凝反应，形成较大的颗粒，从而去除水中的污染物。饶俊元等人利用电絮凝工艺处理食品生产的废水，得出电催化絮凝设备对废水的 COD 去除率为 50%～60%，对总磷的去除率达到 80%～90%，展示出了良好的碳、磷预处理性能。电絮凝技术能够有效去除豆清中的悬浮固体和有机物，还能够去除豆清中的磷和氮，改善水体质量。该技术的优势是运行成本低，操作简便，适应性较强，对胶体和悬浮物的去除效果好。作为一种新型的处理技术，未来电絮凝技术还需要对电极材料和反应条件进行优化，才能更好地应用于工业处理豆清中。

1.3.3.4　泡沫分离技术

泡沫分离技术近年来在各行各业被广泛使用，食品行业对它的研究也在逐年增加。该方法是一种基于气泡与水中污染物的相互作用，通过气泡的附着和浮升力将污染物分离出来的物理处理方法。其广泛应用于水处理，尤其是处理含有悬浮物、油脂、蛋白质等物质的废水。豆清中常含有大量的悬浮固体（如豆渣、蛋白质颗粒）和油脂（如大豆油、脂肪酸等）。这些物质通过泡沫分离法能够有效地去除，微小的气泡能够与这些污染物颗粒发生相互作用，使其浮升到水面形成泡沫，从而实现去除。杨向平等人采用泡沫分离法分离富集了豆清中的蛋白，结果表明当进料浓度为0.54 g/L、pH值为5、泡沫层与液池高度比4∶1时，富集比可以达到3.25；当泡沫层与液池高度比3∶1，此时脱除率可以达到48.5%。与传统的化学处理方法相比，泡沫分离法不需要大量化学药剂，避免了二次污染。它的气浮系统的操作相对简便，设备维护也较为简单，不需要过多复杂的工艺设置，并且能够适用于大流量和不同污染浓度的废水，处理效果稳定。但同时泡沫分离技术也存在一些局限性：气泡的稳定性对泡沫分离的效率至关重要，如果气泡过大或过小，可能影响其与污染物的附着效率；另外泡沫分离法的表面活性物质大多是高分子化合物，消化量较大，有时也难以回收，并且泡沫塔内的返混严重影响分离的效率。

1.3.4 豆清处理中的资源回收利用

1.3.4.1 豆清中豆清蛋白提取及利用

为有效提取豆清蛋白，需在提取前对原料进行预处理。该步骤旨在降低蛋白截留率，去除悬浮固体等杂质，从而提高目标蛋白的提取效率。孙婕等通过使用$CaCl_2$作为预处理剂，可去除大部分大豆分离蛋白，再采用壳聚糖作为絮凝剂，最终可从每升豆清中得到0.618 g的可溶性豆清蛋白。豆清中分离回收豆清蛋白的方法主要有超滤法、絮凝法和泡沫分离法。田旭等人通过超滤膜中试分离设备对豆清进行超滤试验研究，经过超滤膜技术集成处理后，蛋白截留率为83.44%，总糖透过率为93.73%，可有效分离大豆蛋白和低聚糖。

1.3.4.2 豆清中大豆低聚糖的提取

传统大豆低聚糖提取方法包括酸沉淀法、醇沉淀法及微波法，这些方法提取的大豆低聚糖纯度普遍较低，且存在能耗较高、效率低下的问题。相比之下，膜分离技术与微生物发酵法具有投资少、能耗低的优势。严玲等采用超滤膜工艺法提取豆清中的大豆低聚糖，并进行脱盐、脱色的纯化处理，最终得到了高质量的大豆低聚糖液，低聚糖的含量为72.1%，而其中棉籽糖和水苏糖的含量为47.7%，实现了豆清的变废为宝。王文侠等以豆清为发酵基质，利用酵母菌发酵豆清纯化大豆低聚糖，可以极大程度地保留乳清溶液中的大豆低聚糖，其主要成分棉子糖和水苏糖保留率分别为96.8%、100%。

1.3.4.3 豆清中异黄酮的分离提取

豆清是提取大豆异黄酮的理想原料，从豆清中提取异黄酮具有潜在经济可行性，因为豆清在豆腐制作过程中残留高含量异黄酮组分。回收异黄酮目前有乙酸乙酯萃取法、大孔树脂吸附法和超滤分离技术。井乐刚和张永忠采用超滤技术分离豆清中的蛋白质和异黄酮，选择截留分子量为10000Da的聚醚砜膜，在压力51～68 kPa、温度为30～40℃的条件下，蛋口质的截留率为83.9%，异黄酮的截留率为7.6%。褚绍霞研究了利用有机溶剂萃取法从脱蛋白后的豆清中回收大豆异黄酮的可能性，其最佳工艺条件是采用乙酸乙酯在有机溶剂和豆清体积比为1∶2的情况下萃取两次，每次30 min，可得萃取液中异黄酮含量为46.5 μg/mL，萃取率为51.60%。

1.3.5 豆清处理工程案例分析

工业生产豆制品产生的废水主要包括豆清和设备清洗排水，此类废水的达标排放处理技术难度较大。现有工程应用中多采用“物化法＋生物法”耦合工艺处理豆制品废水。其中，物化法以气浮、混凝和过滤居多，常用于预处理或深度处理；生物法采用厌氧生物法与好氧生物法的组合工艺。比如，云南某豆制品园区主产品是85000 t/a豆腐皮，副产品是121430 t/a豆渣和36433 t/a锅巴。该生产废水中主要污染物为豆清。设计废水处理量为2500 m^3/d，COD为2000 mg/L，悬浮物（SS）为1000 mg/L，BOD_5为750 mg/L，pH值为5～6。其中该废水B/C值为0.375，属于可生化废水，C/N为5.36，可采用生物脱氮处理工艺，BOD_5/TP（总磷）为37.50，可采用生物除磷工艺。由于出水水质要求较高，单纯使用生化处理不能达到排放要求，必须增加深度处理。因此该工程采用“预处理与外流式厌氧污泥床法（UASB）+A2/O生化处理以及絮凝沉淀池＋滤布滤池深度处理结合”的工艺处理。在稳定运行后，最终出水水质COD≤27 mg/L，SS≤9 mg/L，BOD_5≤5 mg/L，pH值为6～8，出水水质达到《城镇污水处理厂污染物排放标准》（GB 18918—2002）的一级A标准。

浙江某豆制品生产企业年产3000 t豆制品，主要包括豆腐、豆皮、素鸡、千张等传统非发酵类产品，企业生产废水主要来源于大豆洗泡水和豆清。设计处理规模为300m^3/d，COD≤5000 mg/L，SS≤800 mg/L，BOD_5≤2800 mg/L，pH值为3～4。针对废水水质特征，该企业采用“化学沉淀＋序批式活性污泥法（SBR）”组合工艺处理，其中，化学沉淀单元前置可防止传统处理过程中的酸化发臭及调节池结盖现象；SBR生化单元对出水水质可控性强，可有效抑制污泥膨胀的发生。运行实践表明，出水水质COD≤500 mg/L，SS≤400 mg/L，BOD_5≤300 mg/L，pH值为6～9，出水可稳定达到《污水综合排放标准》（GB 8978—1996）三级标准及《污水排入城镇下水道水质标准》（GB/T 31962—2015）相应排放要求。

开远市某工业园区以豆制食品加工为主导产业，废水主要来源于企业生产过程中产生的豆清和清洗废水，主要污染物成分是悬浮物和高浓度有机物，可生化性较好。设计处理规模为 2500 m^3/d，COD 为 4000 mg/L，SS ＜ 2000 mg/L，BOD_5 为 1500 mg/L，pH 值为 5～6。该企业采用“混合反应初沉 -UASB-AAO-絮凝沉淀过滤”的处理工艺，其中由于豆制品加工废水蛋白质等有机浓度高，经厌氧生物处理后，高分子有机物分解成氨基酸、单糖和脂肪酸等小分子物质，因此选用具有良好脱氮除磷效果的 AAO 工艺进行后续处理。工程实践证明，该工艺处理效果良好，最终出水水质 COD 为 50 mg/L，SS 为 10 mg/L，BOD_5 为 10 mg/L，pH 值为 6～9，出水水质要求达到《城镇污水处理厂污染物排放标准》（GB18918—2002）一级 A 标准。

1.3.6 豆清处理的发展趋势与展望

1.3.6.1 无害化豆清的制备与产业化

在污染治理方面，可以通过调控凝固剂用量在源头遏制金属离子污染。豆清中的金属离子污染主要来自前端产品制备中加入的过量凝固剂，未与蛋白结合的盐离子会随着豆清排除，造成凝固剂浪费和环境污染，同时造成豆清中金属离子含量超标，无法用于食品加工。所以，探索凝固剂与蛋白质在分子水平上的精准结合机制，寻找原料成分组成和最佳凝固剂用量之间的关系和规律，以此为基础制备低盐离子豆清是其无害化生产的关键。

豆清中残留的蛋白质是水体富营养化的罪魁祸首，其主要来自两个方面。一方面，由于前端未使用最佳凝固剂调控技术，使得豆清中有未与凝固剂充分结合的蛋白质残留；另一方面，大豆蛋白中存在部分在酸性条件下仍可以保持较高溶解度的蛋白组分，传统豆制品生产工艺无法将其分离。针对前者，解决方案与低金属离子豆清制备相似，均需使用凝固剂用量调控技术，针对不同原料和不同产品均追求蛋白质和凝固剂的充分结合，减少残留；针对后者，应加强对大豆蛋白中酸性蛋白的研究，补充其分离和高值化利用技术的空白。若可以实现酸性蛋白的分离和产业化，将在饮料、特殊膳食食品、保健食品领域产生巨大的市场前景。

1.3.6.2 优化创新豆清处理技术实现豆清高值化利用

豆清中含有大豆低聚糖、大豆异黄酮、豆清蛋白、维生素等营养物质，膜分离技术是现阶段上述物质的最佳回收技术。然而，膜污染和膜清洗是膜技术普及中的瓶颈。因此，未来的研究将重点关注新型膜材料（如抗污染膜、复合膜等）和膜系统的优化，以提高处理效率并降低能耗。若可以实现豆清中功能性物质的分离，以此为基础开发保健食品、特膳食品等高附加值产品，可以极大提升豆制品生产企业效益，变相降低污染治理成本。另外高级氧化技术如臭氧氧化、Fenton 反应、光催化等，因其能够强力降解水中有机污染物而成为处理豆清的一个重要方法。未来，AOPs 将不仅仅限于对水中有机物的降解，还将通过与其他技术（如膜分离、生物处理等）的结合，达到更高的去除效率。随着催化剂技术的进步，光催化氧化和电催化氧化等新型氧化技术有望在豆清处理中得到广泛应用。与此同时，低能耗的 AOPs 技术的研究将有效减少其高能耗问题，提高其经济性。

1.4 豆清高值化利用现状

我国豆制品行业发展迅速，在传统大豆制品制作进程中产生了大量废水。当前，我国多数豆制品企业直接将豆清排放至环境中，这一行为既造成了生态环境污染，又导致了资源浪费。

从污染环境角度分析，豆清含有大豆蛋白、多糖及其他水溶性有机物。这些有机物排入水体后，会使水体 COD 和 BOD 大幅升高，增加水体氧化负担，进而影响水质。由于 COD 和 BOD 是衡量水质污染的关键指标，高数值表明水体存在大量可降解有机物，微生物分解这些物质需消耗大量氧气，易致水体缺氧，严重时可能引发鱼类等水生生物死亡。同时，豆清富含氮、磷等营养成分，在微生物降解过程中可能产生氨氮、硝酸盐等物质。若直接排放，会加速水体富营养化，诱发水华（如蓝藻水华），严重破坏水质与水生态系统健康，导致水体氧化还原状态失衡。此外，豆清 pH 值通常呈碱性（8～10），未经处理直接排放会改变水体酸碱度，造成酸碱失衡，影响水生物生长繁殖与生存，尤其对敏感水生物种危害更大。

从资源浪费角度来看，豆清中含有较高浓度的大豆蛋白，它是重要的植物蛋白来源，营养价值高，广泛应用于食品、饲料等领域。若豆清中的蛋白质未得到有效回收，不仅浪费大量营养成分，还错失潜在经济价值。此外，豆清中还含有一定量的矿物质（如钙、镁、钠、钾等）和可溶性糖类等物质。若直接排放，意味着这些富含营养的物质未得到有效利用。例如，豆清中的矿物质可作为农业肥料来源，或在其他工业中有一定利用价值。

豆清的资源化利用具有重要意义，它不仅可以降低环境污染，还能回收很多营养成分物质，从而获得经济效益，符合我国“建设资源节约型、环境友好型社会，大力发展循环经济”的重要导向。因此，探索豆清的有效处理与资源化利用途径，对于豆制品行业的可持续发展至关重要。

1.4.1 提取功能性成分

1.4.1.1 大豆蛋白

在乳清大豆蛋白的提取与制备过程中，多种尖端技术的应用是不可或缺的，包括膜分离技术、混凝 - 絮凝技术以及泡沫分馏技术等。这些技术的综合运用与有机结合，显著提升了乳清大豆蛋白的回收效率，进而提高了生产效率和经济效益。例如，絮凝 - 超滤联用技术的应用，使得从豆清中高效分离粗乳清大豆蛋白成为可能。经过此技术处理后，获得的乳清大豆蛋白其蛋白质含量可达 50.7%，且蛋白质的功能性质得到了良好的保持，未因提取过程而受损。此外，鉴于乳清大豆蛋白所具备的卓越起泡特性，其在食品加工领域具有广阔的应用前景。这些应用涵盖烘焙食品如面包、蛋糕，以及各类糖果等。利用乳清大豆蛋白，能够改善这些食品的质地和口感，同时赋予其一定的营养价值，使其成为食品工业中不可或缺的原料之一。

1.4.1.2 大豆低聚糖

在现代工业处理流程中，超滤技术已发展成为处理豆清低聚糖的关键手段。一方面，采用 5 kDa 的再生纤维素膜进行错流间歇超滤，能够高效地从豆清中回收 82.14% 的总糖。处理后的糖液展现出清澈透明的特性，其中含有 0.57 g/L 的棉籽糖以及 4.89 g/L 的水苏糖。此外，该超滤技术显著减少了超滤膜的污染问题，进而降低了废水处理的总体成本。另一方面，利用 DSK530 型吸附树脂对豆清进行分离纯化亦是一种有效的策略。在适宜的操作条件下，大豆低聚糖的分离度可达到 0.55。基于这些初步研究，进一步开展了大豆低聚糖的模拟移动床色谱分离实验。实验结果显示，通过该方法分离得到的大豆低聚糖，其有效回收率可超过 89%，不仅产量高，而且成本相对较低，非常适合于连续化生产控制。

1.4.1.3 大豆异黄酮

在大豆异黄酮的提取过程中，超滤技术被应用于分离豆清中的异黄酮成分。通过实施两次超滤步骤，最终实现了 7.6% 的异黄酮回收率，并且获得的异黄酮纯度相对较高。此外，研究者们还探索了一种利用壳聚糖作为絮凝剂沉淀豆清中的异黄酮，随后采用 10 kDa 的聚醚砜膜进行超滤处理的方法，该方法显著提高了异黄酮的有效回收率，达到 77.2%。研究者们亦开发了一种磁性 AB-8 树脂吸附技术，该技术在适宜的工艺条件下能够有效吸附豆清中的异黄酮，其总吸附量可达 2.54 mg/g。该吸附树脂的重复使用性能优异，展现出高度的重现性。另外，研究者们还提出了一种综合处理技术，该技术融合了泡沫分馏、酸性水解以及壳聚糖微球吸附法，通过该技术可以从豆清中高效回收异黄酮。在该技术中，采用 70%（*v*/*v*）的乙醇作为解吸溶液，实现了高达 94.82% 的总异黄酮回收率。此外，壳聚糖微球的可重复使用性不仅提升了异黄酮的回收效率，还有效降低了处理成本。

1.4.1.4 其他

豆清富含的矿物质成分对人体健康具有显著的生理作用。有研究采用纳滤与超滤这两种先进的分离技术，对豆清中的矿物质进行了提取。实验结果表明，通过这些技术能够有效地从豆清中分离出矿物质，并且所获得的提取率相当令人满意，从而证实了纳滤与超滤技术在豆清矿物质提取领域的应用具有实际价值和巨大潜力。

1.4.2 发酵食品和饮料

1.4.2.1 豆清生产发酵制品

豆清作为一种重要的发酵培养基，是近些年学界关注的热点之一，主要聚焦于其在生产多种高价值产品方面的应用。研究者通过木醋杆菌对豆清进行发酵处理，成功制备了细菌纤维素。通过优化发酵条件，包括葡萄糖的添加量、发酵温度、时间以及接种量，最终获得的细菌纤维素产量为 1.21 g/100 mL，且该菌对糖的利用率高达 94.38%。进一步的研究揭示，在豆清中添加 6 g/L 乙醇和 10 g/L 葡萄糖，能够显著促进红发夫酵母的生长和生物量的增加，同时提升虾青素的分泌，产量达到 0.1 mg/g。此外，豆清也被应用于发酵生产红曲色素，通过添加豆粕粉等低成本材料改良豆清，并接种 10% 的紫红曲霉，经过 7 天的培养，红曲色素的色价达到 183 U/mL。最新的研究利用豆清作为底物，通过酶催化合成益生元低聚果糖，为豆清的开发提供了新的研究方向。还有其他研究利用豆清作为原料，生产高附加值产品。例如，优化豆清培养基，并将其用于乳酸菌发酵生产 γ- 氨基丁酸，通过设定接种量为 3%，培养温度为 42℃，谷氨酸钠添加量为 3%，经过 40 h 的发酵，γ- 氨基丁酸的产量可达到 6.22 g/L。另外，使用豆清作为主要发酵原料，配合裂殖壶菌（*Schicochytrium* sp.）S31 作为发酵剂生产二十二碳六烯酸，最终生物量和二十二碳六烯酸的产量分别为 1.89 g/（L·d）和 0.24 g/（L·d），同时化学需氧量、总氮、总磷的去除率分别达到 64.7%、66.0%、59.3%。

（1）豆清在发酵制品中的开发优势　豆清天然富含多种促进发酵的基质成分。

高含量的蛋白质和氨基酸：为发酵微生物提供必需的氮源，促进细胞生长和代谢。

低聚糖：作为碳源，可被乳酸菌、酵母菌等微生物优先利用，转化为乳酸、乙醇和其他代谢产物。

矿物质和维生素：如钙、镁、B 族维生素等，有助于发酵菌株的活性维持与代谢调节。

此外，豆清具有较低的成本，同时是绿色、可再生资源，其高效利用符合可持续发展理念。

（2）常用微生物菌种及其功能　豆清发酵制品的开发涉及多种菌株，可根据产品需求选择合适的发酵微生物。

乳酸菌（如植物乳杆菌、嗜热链球菌）：用于生产酸奶型发酵饮品，增强肠道健康，改善免疫功能。

酵母菌（如酿酒酵母）：用于生产豆清发酵酒，生成乙醇和芳香物质，提升口感。

醋酸菌（如醋酸杆菌）：用于醋类发酵，形成有机酸，赋予产品酸味和保藏性。

芽孢杆菌（如枯草芽孢杆菌）：用于固态或液态发酵，生产高活性多肽或豆清酱类制品。

（3）主要发酵制品开发

① 豆清发酵饮品　首先对豆清进行预处理，随后接种乳酸菌或酵母菌进行发酵，发酵过程在 24～48 h 内完成，温度控制在适宜范围内。发酵结束后，进行灭菌、均质和调配，最终制得富含益生菌和乳酸的健康饮品。

② 豆清发酵酒　通过酵母菌的醇发酵作用，豆清中的糖类和蛋白质转化为酒精、风味物质及氨基酸衍生物。发酵过程结束后，经过过滤、陈酿和灭菌等工序，制得低酒精度的清酒或黄酒。

③ 豆清发酵酱类制品　将豆清与豆粕等固态原料混合，接种芽孢杆菌进行固态发酵，转化为富含风味物质的酱类制品，如豆清酱或发酵豆清浓缩液。

④ 豆清发酵有机酸　利用乳酸菌或醋酸菌，将豆清中的碳源转化为乳酸、醋酸、琥珀酸等有机酸，经过纯化处理后，可作为食品添加剂或工业化原料使用。

（4）发酵工艺设计与优化　发酵工艺的设计对产品的品质及成本效益具有决定性影响。

预处理技术：豆清需先行脱腥、脱脂及杀菌处理，以提升其适口性及菌种利用效率。

发酵参数优化：根据菌种需求，调节发酵温度（25～45℃）、pH 值（5.5～7.0）及时间（24～72 h）。

发酵模式选择：可依据终端产品需求，选择液态发酵（适用于饮品及酒类）或固态发酵（适用于酱类制品），并设计相应的发酵容器及条件。

分离与纯化过程：通过离心、过滤、蒸发等技术对发酵产物进行纯化，确保产品的品质及稳定性。

（5）关键技术与挑战　在技术创新层面，联合发酵技术凭借乳酸菌与酵母菌的协同发酵作用，不仅能够显著丰富产品风味，使其具备更为复杂且独特的口感与香气，还能有效提升产品的功能性，促进多种有益成分的生成与转化；酶解-发酵联用技术通过酶解预处理豆清，大幅提高发酵效率，缩短发酵周期，同时增加产品中功能性成分的含量，为产品赋予更高的营养价值；分子生物学改造则利用基因编辑技术对菌株进行精准优化，提高菌株的代谢效率，增强其对底物的利用能力，进而提升产物产量，为发酵工业的高效生产提供有力支持。然而，在技术发展过程中也面临诸多挑战，豆清发酵产品易受微生物污染，稳定性问题突出，需实施严格的灭菌措施并加强过程控制；豆清自身腥味以及发酵产生的异味影响产品口感，需通过配方设计与工艺调整进行风味优化；此外，目前发酵工艺成本较高，尚需进一步研发低成本且高效的发酵技术，以推动豆清发酵产业的大规模发展。

（6）豆清发酵制品的未来发展　豆清发酵制品的开发与研究顺应了当代消费者对健康、环保以及产品多样化需求的趋势。展望未来发展，智能化发酵技术是重要方向，该技术通过融合物联网与大数据分析技术，能实现对发酵过程的自动化监控与精准优化，进而提升发酵效率与产品质量；功能性强化也不容忽视，借助精心筛选菌株以及优化工艺手段，可研发富含特定生物活性成分（如抗氧化肽、短链脂肪酸等）的高附加值产品，满足市场对功能性食品日益增长的需求；与此同时，跨学科应用拓展极具潜力，发酵产物的应用不应局限于食品工业，还应深入探索其在医药、农业、化妆品等多个领域的可能性，达成资源的多元化利用与增值目标。

1.4.2.2 豆清制作饮料

鉴于豆清富含多种营养成分，其开发为饮料的价值受到广泛关注。有学者聚焦于以豆清为基质，借助单因素试验与响应面分析法优化山楂汁与地瓜、豆清配比，成功研制出兼具地瓜与山楂香气的健康复合型饮料；另有研究者以豆清为核心原料，经大量实验确定最佳配比，开发出融合苹果汁、红枣及大豆焦糖香味的特色复合型饮料；还有学者通过添加胃蛋白酶对豆清进行水解，并结合柠檬酸、蔗糖和柠檬香精，制备出酸甜适口的豆清多肽饮料。这些研究不仅证实了豆清饮料化工艺的简便性，更凸显了其高营养价值与保健功能，为豆清回收利用开辟了新路径。

（1）豆清饮料开发的营养价值与市场潜力　豆清中的植物蛋白和异黄酮具有良好的抗氧化、抗炎作用，可满足消费者对功能性健康饮料的需求。此外，豆清中的低聚糖可作为益生元促进肠道健康，丰富的矿物质如钙、镁、钾等则对人体电解质平衡有重要作用。随着健康饮品市场的快速增长，尤其是植物基饮料和功能饮料的崛起，豆清饮料开发具有巨大的商业潜力。

（2）原料预处理技术　豆清的初级处理是开发高品质饮料的核心步骤，涵盖了杂质去除、脱腥、脱脂以及杀菌等关键过程。

杂质去除：通过沉降法或离心分离法，有效去除颗粒杂质，确保后续加工流程的顺畅进行。

脱腥处理：运用膜分离技术，去除导致异味的小分子成分，同时确保蛋白质和功能性成分得以保留。此外，酶解法亦被广泛应用于破坏异味分子结构，以提升产品的风味品质。

杀菌：采用巴氏杀菌或超高温瞬时灭菌（UHT）技术，确保原料的微生物安全性，为生产高品质饮料提供保障。

（3）饮料配方设计与功能化创新　根据目标人群的需求，豆清饮料的配方可进行多样化设计。

基础型饮料：通过添加微量天然果汁（例如苹果汁、柠檬汁）及甜味剂，制备出具有清爽口感的基础型饮料。

功能型饮料：在饮料中融入功能性成分，如益生元（例如低聚糖）、益生菌（例如乳酸菌）或维生素，以开发具有特定生理功能的饮品，例如针对肠道健康或免疫力提升的饮品。

运动饮料：结合电解质成分（如钠、钾、镁等）与适量糖分，设计出适合运动后补充体能的运动型饮料。

发酵型饮料：通过乳酸菌、双歧杆菌或酵母菌的发酵过程，制备出具有酸奶或酒精风味的发酵型饮料，同时增强饮料的功能性和独特风味。

（4）工艺流程设计与优化　豆清饮料的生产工艺设计直接影响其最终品质和市场竞争力，以下为关键工艺环节的设计与优化。

混合与均质化：通过应用高压均质技术，实现豆清与添加成分的充分混合，确保饮料质地的细腻与均匀性，有效预防分层现象。

灭菌与保鲜技术：采用巴氏杀菌法或超高温瞬时杀菌（UHT）技术，保障饮料的微生物安全性，同时力求最小化对功能性成分的破坏。为延长产品保质期，可采用无菌冷灌装技术或添加天然防腐剂（例如茶多酚）。

风味优化：为增强消费者对产品的接受度，通过精确控制果汁、甜味剂和天然香料的配比进行风味调整，同时避免过度甜腻或遮蔽豆清的原始风味。

产品稳定性提升：通过添加天然增稠剂（如果胶或瓜尔胶）或乳化剂，增强产品的悬浮稳定性，防止沉淀和分层现象的发生。

（5）成品特性与感官评价　成品的感官品质是豆清饮料开发成功的关键，主要评价指标如下。

外观特征：产品呈现为透明或乳白色液体，色泽一致，无可见颗粒杂质或沉淀物。

感官特性：口感表现为清新柔和，伴有轻微的豆类或果类香气，无任何异味。

功能性指标：通过理化分析方法，确保产品中功能性成分（例如蛋白质、异黄酮、低聚糖等）的含量达到既定标准。

1.4.3 开发豆清软饮料的技术难点

1.4.3.1 盐的脱除

豆清中的矿物质含量较多，其中钙离子和镁离子占比较大，达到 10.74 μg/mL 和 9.51 μg/mL，严重影响食用的口感和安全性。特别是生产浓缩型豆清软饮料，脱盐处理尤为重要。离子换树脂过滤是目前产业中常用的脱盐手段，本团队采用强酸型阳离子和强碱型阴离子交换树脂串联方式对豆清进行处理，在氯化物含量符合饮料用水的标准情况下，豆清脱盐率达到 84.5%，蛋白质截留率为 83.5%，总糖截留率为 82.9%。

1.4.3.2 降低豆腥味

豆清中共检测到 47 种挥发性风味物质，主要包括酯类、醇类、醛类、呋喃类、酸类和酮类物质，主要呈现豆腥、奶香、果香、花香、豆香，共同构成了豆清的整体风味。其中正己醛、正己醇、1- 辛烯 -3- 醇、壬醛、癸醛在豆清中含量较高，呈现青草味、蘑菇味、油脂氧化的味道，不被人接受，被定义为关键性豆腥味成分。上述残留的豆腥味严重影响了原料的食用品质，限制了豆清的开发和利用，因此高效、便捷的脱腥工艺是生产豆清软饮料的前提和基础。研究发现，大孔树脂处理［图 1-1（a）］、微压预处理［图 1-1（b）］、β- 环糊精添加［图 1-1（c）］、适当果蔬汁添加［图 1-1（d）］等对于降低豆清中豆腥味有着良好的效果。

图 1-1 中，SW、PT、NPS、MPS、HPS 分别指鲜豆清、低温巴氏杀菌、常压煮沸、微压处理、高温高压处理。圆圈颜色越深越大，表示感官风味强度越大。

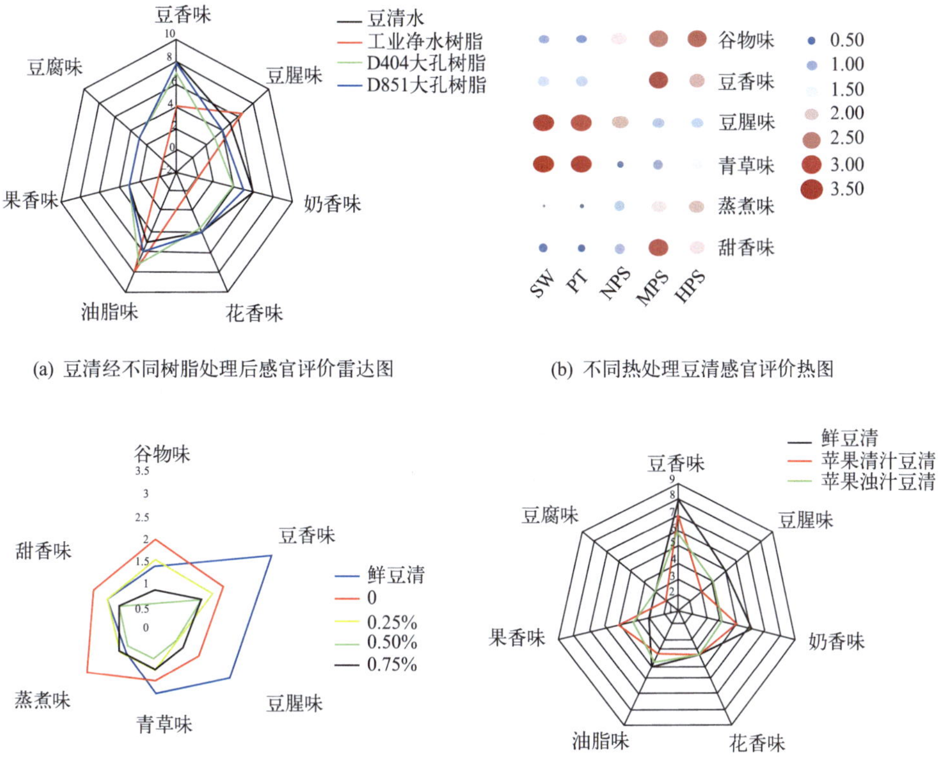

(a) 豆清经不同树脂处理后感官评价雷达图

(b) 不同热处理豆清感官评价热图

(c) 添加不同量β-环糊精豆清感官评价雷达图

(d) 豆清添加苹果浊汁和清汁感官评价雷达图

图 1-1　豆清风味分析

1.4.3.3　产品的腐败变质

豆清中含有丰富的营养成分、较高的水分活度以及接近中性的 pH 值环境，因此鲜豆清极易受到嗜中温需氧细菌、大肠菌群和真菌等微生物的污染。热杀菌不仅能有效阻断微生物的生长，对有害酶的活性也能起到一定的抑制作用。因此，饮料生产前可通过高温高压、调酸结合巴氏杀菌等手段对豆清进行预处理，从而防止豆清快速腐败变质。

1.4.4 食品配料

豆清作为原料，不仅可制备风味饮料，亦可作为食品调味品的原料，例如酱油、食醋、鲜味调味品等。在新型酱油的制备过程中，通过脱腥酶预处理和灭菌步骤，能够有效去除豆清中的腥味；依据特定比例添加苹果酸、谷氨酸钠、蔗糖及焦糖，可研发出新型酱油产品。同时，利用豆清生产食醋，通过正交试验确定了最佳酿造条件：料水比为1∶0，酒精浓度为5%，豆浆添加量为6%，醋酸菌接种量为2%，发酵周期为7天，从而提出了新型食醋酿造工艺。采用蛋白酶对豆腐豆清进行水解处理，在最佳工艺条件下，氨基酸转化率可达18.77%，有效去除了豆清的酸臭味，并制备出具有鲜味的调味品。

1.4.4.1 豆清制作调味品的优势与潜力

风味基础的丰富性：豆清中富含谷氨酸、天冬氨酸等天然鲜味氨基酸，这些成分构成了调味品鲜味的基础，并与其他调味原料产生协同效应，从而增强食品的风味。低聚糖和多肽的加入能够进一步提升口感层次，赋予调味品独特的甜鲜平衡。

功能性成分的显著优势：异黄酮、多肽等成分具备抗氧化性质和健康功能，为调味品增添了功能性附加值，满足了健康消费趋势的需求。

环境友好性与资源高效利用：开发豆清调味品能够有效减少食品加工废弃物的排放，符合绿色可持续发展的理念，并且能够降低生产成本。

1.4.4.2 豆清调味品的类型

（1）液态鲜味调料的制备　豆清经由酶解或发酵技术转化为液态鲜味调料，展现出卓越的鲜味增强特性，广泛应用于汤料、酱汁以及即食食品的调味过程中。

工艺流程概述如下。

预处理阶段：对豆清执行过滤、脱腥及杀菌操作，以确保产品的安全性和风味基础。

酶解反应阶段：运用风味酶（例如蛋白酶、淀粉酶）对蛋白质进行降解，转化为肽类和氨基酸，同时释放出天然的鲜味成分。

调味与灭菌阶段：添加盐、糖等调味剂，并执行高温灭菌及均质处理，以增强产品的稳定性。

产品特性：产品呈现液体透明或乳白色，具有浓郁的鲜香风味，适用于多种烹饪场合。

（2）豆清发酵酱料的生产　通过微生物发酵技术，豆清可转化为富含风味物质的酱类制品，例如发酵豆清酱或调味浓缩酱。

工艺流程概述如下。

原料配比阶段：将豆清与豆粕、麸皮或其他辅料混合，调整固液比和营养成分。

菌种接种阶段：接种乳酸菌、酵母菌或曲霉等微生物，根据实际需求进行单一菌种或混合菌种发酵。

发酵控制阶段：在30～40℃的环境下进行数天至数周的发酵，以生成乳酸、醇类和多种风味物质。

后处理阶段：发酵完成后进行过滤、杀菌和调味，最终制得具有浓郁风味的酱类产品。

产品特性：产品质地稠厚，风味独特，具有鲜、甜、咸等多重感官体验，常用于蘸料、腌制食品和复合调味品。

（3）风味粉末调料的开发　豆清通过喷雾干燥技术转化为风味粉末，广泛应用于即食食品、休闲零食和汤料中。

工艺流程概述如下。

原料制备阶段：将豆清经过酶解或发酵处理，提取并浓缩鲜味成分。

喷雾干燥阶段：采用喷雾干燥技术将液态鲜味浓缩液转化为粉末，以保持其风味稳定性。

配方优化阶段：添加抗结剂、防潮剂和其他功能成分，以提升产品的储存稳定性和应用范围。

产品特性：产品粉末均匀，易溶解，具有高鲜味和便捷使用特性。

1.4.4.3 技术关键点与优化方向

（1）风味优化策略

脱腥技术：运用膜分离技术、吸附剂或蒸汽脱腥技术，有效去除豆清中的异味物质，同时确保鲜味成分得以保留。

酶法改良：通过精心挑选特定酶制剂，精确控制酶解程度，以实现调味品中鲜味、甜味和咸味的优化平衡。

发酵菌种改良：通过筛选具有卓越产香能力的菌株（例如短乳杆菌、米曲霉），显著提升产品的发酵风味层次。

（2）产品稳定性提升

乳化与增稠技术：在液态调味品中添加天然乳化剂（如大豆卵磷脂）和增稠剂（如黄原胶），有效预防分层和沉淀现象。

抗氧化保护：通过引入天然抗氧化剂（如维生素C、茶多酚），保护产品风味，延长其保质期。

（3）工艺可持续性增强

绿色提取技术：采用低温膜分离、超临界萃取等技术，以降低能耗和减少资源浪费。

副产物综合利用：结合豆清中其他营养成分，开发多元化调味品，例如富含蛋白质的浓缩膏体或膳食纤维增强型调味品。

1.4.4.4 市场潜力与前景展望

豆清调味品的开发高度契合了消费者对天然、营养性、功能性食品的诉求，尤其在亚洲餐饮文化中展现出广阔的市场前景。展望未来，随着发酵技术和生物技术的进步，豆清调味品有望进一步细分为高端功能型产品（例如低盐高鲜型调味品）以及经济型大宗产品（例如基础鲜味液体调味品），并以其在环保和资源高效利用方面的有益探索成为现代食品工业发展循环经济的典范。

1.4.5 其他

1.4.5.1 豆清制备培养基

在微生物学研究领域，培养基作为基础性工具，为微生物的培养提供了不可或缺的平台。这些经过精心设计的混合物为微生物提供了适宜的营养环境，使它们能够在可控的条件下茁壮成长。例如，乳酸菌（LAB）培养基。值得注意的是，LAB 代表一组对环境要求较高的微生物，它们需要丰富而复杂的培养基才能实现最佳生长，这些培养基通常包含水、碳源（如葡萄糖、乳糖）、氮源（包括酵母提取物、牛肉提取物或乳清蛋白）、主要由 Mn^{2+} 和 Mg^{2+} 组成的矿物质、醋酸钠和柠檬酸铵等缓冲剂，以及表面活性剂（如卵磷脂和吐温）等。其中，碳源是微生物生长的主要碳水化合物和能量提供者，而氮源则提供广泛的生长因子，包括氨基酸、多肽、核苷酸衍生物。

然而，标准培养基主要用于质量控制、实验室分析、研究和学术目的。对培养基中氮源的高质量要求导致培养基的成本提高，尤其是一些相对昂贵的氮源，如牛肉提取物和酵母提取物。为了解决这些成本挑战，研究人员正在探索可持续和经济的替代方案，利用农业废物和其他可再生资源作为培养基的组成部分。这些资源涵盖了各种农业废物、木质纤维素材料和来自食品工业的副产物。在这些可再生资源中，豆清被认为是适宜乳酸菌生长的丰富营养来源，将这些材料纳入培养基配方中不仅可以减少浪费，而且还可以降低培养微生物的成本。这种创新方法不仅降低成本，而且通过重新利用可能会浪费的材料有助于提高环境的可持续性。

采用富含营养的豆清作为微生物培养基，进行微藻的培养实验。研究发现，通过调节 pH 值，蛋白核小球藻在豆清中的生长量显著优于传统微藻培养基 BG-11。此外，豆清亦被证实适用于乳酸菌，例如植物乳杆菌和嗜酸乳杆菌的培养。经过电渗析预处理，制备出脱钙脱脂的豆腐乳清培养基，研究结果表明，60% 的大豆低聚糖被植物乳杆菌消耗，乳杆菌的菌体量达到 1.0×10^9 CFU/mL，显著降低了发酵成本。此外，通过通气培养炭疽芽孢苗，豆清的使用效果与蛋白胨水相当，且具有更高的通气量、更短的通气时间以及更低的发酵完成时 pH 值等优势。

而利用豆清作为培养基，试制禽霍乱G190E40弱毒冻干苗，其菌苗数量略高于马丁氏肉汤培养的菌苗，且菌存率、菌效力和稳定性均无显著差异。相较于其他培养基，豆清培养基的成本更低，加工过程更为简便，进一步拓宽了豆清的应用领域。

（1）豆清用于培养基的优势

① 豆清富含谷氨酸、天冬氨酸等多种氨基酸，为微生物提供必需的氮源，从而促进其迅速增殖。

② 豆清中的低聚糖和可发酵单糖可作为微生物代谢的碳源，为其提供能量。

③ 豆清含有钙、镁、钾等矿物质以及微量的B族维生素，这些成分能显著提升细胞活性和代谢效率。

④ 采用豆清作为培养基的原料，不仅显著降低了生产成本，同时减少了豆清的环境排放，体现了绿色发展理念。

⑤ 豆清培养基适用于多种微生物（包括乳酸菌、酵母菌和细菌等），在食品、医药和工业等多个领域展现出广阔的应用潜力。

（2）豆清培养基的制备技术

① 原料预处理

过滤与离心技术：应用过滤或离心技术以去除豆清中的悬浮物及大颗粒杂质，确保培养基的均质性。

灭菌工艺：通过121℃的高温高压灭菌处理20 min或紫外线灭菌技术，保障培养基的无菌状态。

② 培养基配方优化

营养成分调整：依据目标微生物的营养需求，对豆清培养基进行必要的营养成分调整。

氮源补充策略：尽管豆清含有丰富的蛋白质，但针对高氮需求的微生物，可适量添加酵母粉、胰蛋白胨等氮源。

碳源强化措施：对于快速生长的菌株，通过添加葡萄糖、麦芽糖或蔗糖来优化碳源比例。

pH值调节：将培养基的pH值调节至目标微生物的最佳生长范围（通常为5.5～7.5），并使用盐酸或氢氧化钠进行调节。

添加生长因子：针对特定微生物（例如乳酸菌或益生菌），可额外添加维生素B_{12}、胆盐或特定的促生长因子。

③ 制备形式

液体培养基制备：适用于液态发酵过程，适宜于乳酸菌、酵母菌等微生物的大规模培养。

固体培养基制备：通过将豆清与琼脂混合，制备固体培养基，用于微生物的分离培养及菌落观察。

（3）豆清培养基的应用领域

① 微生物发酵生产

乳酸菌发酵：豆清培养基为乳酸菌提供了适宜的生长环境，适用于生产酸奶型发酵饮料、发酵豆清酱等产品。

酵母菌发酵：应用于酒精饮料发酵或酵母抽提物生产，有助于提升发酵效率和产物风味。

芽孢杆菌发酵：适用于固态或液态发酵工艺，生产功能性酶类、多肽或有机酸。

② 科研实验与菌种保存

基础研究：豆清培养基作为经济的替代品，用于培养常见实验菌株（如大肠杆菌、金黄色葡萄球菌等），降低科研成本。

菌种保存：通过优化培养基配方，豆清可作为菌种活性保存的基础介质，延长菌种寿命。

③ 工业与农业应用

工业发酵：在酶制剂、有机酸、生物燃料等工业发酵生产中，豆清培养基可显著降低原料成本。

农业微生物制剂：用豆清培养有益微生物（如根瘤菌或解磷细菌），提高微生物肥料的产量与活性。

（4）技术优化与挑战　在技术层面，运用超滤与纳滤技术对豆清中的功能性成分展开深度提取，以此显著提升培养基营养密度；采用乳酸菌与酵母菌联合发酵策略，借助不同菌群间的协同作用有效提高培养效率；同时结合自动化发酵设备与在线监测技术，实现对培养过程的精准把控。然而，研究也面临诸多挑战，由于豆清成分受来源差异影响显著，为确保培养基的一致性，需对预处理工艺进行标准化；在工业化生产进程中，还需综合考量豆清供应链、预处理成本与培养基性能之间的经济关系，以推动规模化应用。

（5）豆清培养基的未来展望　随着绿色生物技术不断取得突破性进展，豆清培养基凭借低成本、环保等特性，应用前景愈发广阔。为充分挖掘其潜力，未来研究需多管齐下，一方面借助基因工程技术改造菌株或对培养基配方进行优化，以此提升豆清培养基在特定功能性应用方面的表现，像提高酶的产量、增强合成多肽的能力等；另一方面要构建从豆清原料供应直至培养基生产的全流程标准化体系，推动其实现规模化推广应用；同时，还应积极探索豆清培养基在食品、医药、生物能源等不同领域的交叉应用，达成资源的综合高效利用。相信在持续的技术创新与工艺优化助力下，豆清培养基定能进一步彰显高营养价值、低成本和可持续性优势，成为微生物培养与发酵工业发展的关键助力。

1.4.5.2　豆清日化产品应用

近年来，“绿色、健康、安全”已成为消费者关注的焦点。豆清中含有大量的功能活性成分，如：大豆异黄酮、大豆低聚糖、大豆皂苷、大豆蛋白等。有研究表明，除了保健功能外，豆清中的功能活性成分还具有潜在的护肤功效。有研究证实大豆提取物能够通过多种机制减少由紫外线引起的皮肤损伤，胶原肽和大豆肽的组合能够增强成纤维细胞的抗氧化能力，减少紫外线带来的收缩损失。大豆异黄酮中的黄豆黄苷和4′,6,7-三甲氧基异黄酮的混合物能够促进人成纤维细胞和人角质形成细胞的增殖，且用此混合物处理的小鼠比阳性对照药物显示出更快的伤口闭合、再生和瘢痕减少作用。另外，大豆异黄酮在治疗特征性皮炎方面也有一定疗效。在日化用品领域中，大豆皂苷也有一定的延缓皮肤老化的作用，其能够促进皮肤角质层的降解，从而使表皮细胞加快增殖，还能够预防皮肤的毛周角化病。大豆豆清中的矿物质（如钙、镁、铁、锌等）同样对维持皮肤代谢和修复具有重要作用。

基于豆清的以上功能活性研究，其在日化用品中能加速受损细胞修复，保持肌体活力，减少色素沉着的发生，达到改善皮肤状态的效果；有助于增加发丝的弹性，减少断裂，并改善发质；豆清中的多糖、多肽成分具有较好的保湿作用，可缓解头皮干燥，提高头发的水分含量，使头发柔顺有光泽。同时，大豆皂素是一种天然的表面活性剂，它在日化用品中能够提供温和而有效的清洁作用。因而，利用豆清开发日化产品，不仅可以保护环境，避免资源浪费，扩宽大豆副产物的综合利用，还可以带来良好的经济效益和社会价值。

（1）豆清在日化产品中的功能特性　豆清凭借其丰富的成分展现出多种护肤功效，其中富含的氨基酸和低聚糖因具备显著吸水性和保湿特性，可提升皮肤水分含量，改善干燥粗糙状况，而蛋白质水解产生的小分子多肽能在皮肤表面形成保护层，增强皮肤屏障功能以锁住水分；大豆异黄酮具有类雌激素活性，能促进胶原蛋白合成、延缓皮肤衰老，改善皱纹和松弛现象，同时豆清中丰富的抗氧化酶类和酚类化合物可有效清除自由基，减轻紫外线和环境污染对皮肤的损害；多糖和多肽成分具有良好的抗炎作用，能缓解皮肤刺激和红肿反应，适用于敏感肌肤护理，且其含有的锌和镁等矿物质成分有助于促进皮肤修复，增强自我愈合能力；此外，豆清中含有的皂苷等生物活性物质具有天然抗菌性能，可抑制细菌生长，特别适合痤疮肌肤护理以及防腐保鲜产品的应用。

（2）豆清在护肤品中的应用

① 保湿护肤品

配方设计：以豆清作为基础成分，结合玻尿酸、甘油等保湿剂，进行复配，以开发保湿喷雾剂、乳液和面膜产品。

功效特点：该产品能显著提升皮肤的水合能力，降低经皮水分流失，特别适合在干燥环境或季节交替时使用。

② 抗老化护肤品

异黄酮精华液：从豆清中提取高纯度异黄酮，制成抗皱精华液或晚霜，有效提升皮肤弹性，改善细纹。

抗氧化乳液：利用豆清中酚类化合物和多肽，开发具有抗氧化功能的日霜或防晒产品，保护皮肤免受氧化损伤。

③ 修复型护肤品

舒缓面霜：通过富含矿物质的豆清开发舒缓型护肤品，适合敏感肌肤使用，有效改善泛红和灼热感。

晒后修复凝胶：将豆清与芦荟提取物结合，用于晒后护理，促进皮肤修复，减轻日晒带来的炎症反应。

（3）豆清在洗护产品中的应用

① 洗发水与护发素

营养功能：豆清富含植物蛋白和多肽，具备修复受损发质的能力，能够增强发丝的韧性，并为头发提供深度营养。

保湿功能：低聚糖和氨基酸在头发表层形成保护膜，有效锁住水分，减少毛躁现象，提升头发的光泽度。

头皮护理：豆清中的皂苷具有温和清洁和抗菌特性，能够减轻头皮屑和瘙痒症状。

② 沐浴露与清洁产品

温和清洁：基于豆清中皂苷的表面活性特性，研发出无刺激性的沐浴露或洁面乳，特别适合敏感性肌肤使用。

滋润护肤：在产品中添加豆清成分，可以在清洁过程中维护皮肤的天然屏障，防止皮肤过度干燥。

（4）豆清在其他日化产品中的应用

① 香皂与手工皂

豆清可作为香皂配方中的液体基质，结合植物油和天然香料，制成滋润型手工皂，适合日常洁肤使用。

② 口腔护理产品

漱口水：利用豆清中的抗菌成分，开发天然漱口水，抑制口腔细菌，防止口臭和牙菌斑形成。

牙膏：将豆清与氟化物结合，制成多功能牙膏，保护牙齿健康，同时避免刺激性化学成分。

③ 面膜与凝胶

凝胶型面膜：将豆清与海藻胶或卡波姆结合，制成高保湿型凝胶面膜，用于补水和修复护理。

泥膜基质：作为泥膜配方的稀释基质，增强产品的滋养和舒缓效果。

（5）技术优化与未来方向　在豆清相关产品的研发进程中，针对提取与分离技术，运用超滤与纳滤技术的膜分离方式，可高效地将豆清中的异黄酮、多肽等活性成分分离出来，提升产品生物活性；借助特定酶的切割作用实施酶解技术，能优化豆清中小分子活性物质的含量，增强其在皮肤上的吸收性能。在配方设计与产品创新方面，顺应多功能化趋势，研发集保湿、抗氧化及抗菌功能于一体的复合型日化产品，满足市场对多样化产品的需求；依托豆清原料的环保特性，推出采用可生物降解材料的包装，用于生产天然日化产品。同时，随着对皮肤微生态研究的持续深入，豆清中的益生元成分（如低聚糖）有望进一步开发成为调节皮肤微生态的功能性产品，为个性化护肤方案的提供带来新契机。

（6）市场前景与潜力展望　随着消费者对天然、健康及环保日化产品需求的持续增长，豆清作为一种创新性原料，在护肤品、洗护用品及口腔护理产品中的应用日益凸显其重要性。展望未来，通过技术革新与配方创新，豆清日化产品有望在国际市场上占据一席之地，为大豆副产物的高值化利用提供新的途径，并进一步促进日化行业的可持续发展。

1.5　豆清高值化利用趋势和展望

1.5.1　无害化豆清的制备与产业化

在污染治理方面，可以通过调控凝固剂用量在源头遏制金属离子污染。豆清中的金属离子污染主要是指在前端产品制备中加入的凝固剂过量，这一部分凝固剂未与蛋白充分结合的盐离子就会随着豆清排出，造成凝固剂浪费和环境污染；另一方面，大豆蛋白中存在部分在酸性条件下仍可以保持较高溶解度的蛋白组分，传统豆制品生产工艺无法将其分离。针对前者，解决方案与低金属离子豆清制备相似，均需使用凝固剂用量调控技术，针对不同原料和不同产品均追求蛋白质和凝固剂的充分结合，减少残留；针对后者，应加强对大豆蛋白中酸性蛋白的研究，补充其分离和高值化利用技术的空白。若可以实现酸性蛋白的分离和产业化，将在饮料、特殊膳食食品、保健食品领域产生巨大的市场前景。

1.5.2　优化创新豆清处理技术实现豆清高值化利用

豆清中含有大豆低聚糖、大豆异黄酮、豆清蛋白、维生素等营养物质，膜分离技术是现阶段上述物质的最佳回收技术。相关研究表明，膜污染和膜清洗是目前膜技术普及中的瓶颈。因此，未来的研究将重点关注新型膜材料（如抗污染膜、复合膜等）和膜系统的优化，以提高处理效率并降低能耗。若可以实现豆清中功能性物质的分离，以此为基础开发保健食品、特膳食品等高附加值产品，可以极大提升豆制品生产企业效益，变相降低污染治理成本。

此外，高级氧化技术如臭氧氧化、Fenton 反应、光催化等，因其能够强力降解水中有机污染物而成为处理豆清的一个重要方法。未来，AOPs 将不仅仅限于对水中有机物的降解，还将通过与其他技术（如膜分离、生物处理等）的结合，达到更高的去除效率。随着催化剂技术的进步，光催化氧化和电催化氧化等新型氧化技术有望在豆清处理中得到广泛应用。与此同时，低能耗的 AOPs 技术的研究将有效减少其高能耗问题，提高其经济性。

大豆豆清高值化创新研究

INNOVATIVE RESEARCH
ON HIGH-VALUE UTILIZATION OF
SOYBEAN WHEY

第二章

豆清发酵食品和酒精饮品开发

2.1 豆清发酵食品

随着发酵技术的不断进步和市场对健康食品的需求增长，采用大豆豆清作为食品加工的原料或配料，经过益生菌发酵，制成酸奶、果糕、营养豆等各种风味营养兼具的健康食品，具有良好的产业化应用前景。

酸奶是一种酸甜可口的乳类饮料。传统酸奶一般采用新鲜牛奶、奶粉、食糖为主要原料，通过乳酸菌发酵、冷却灌装等一系列工序制成，味道香甜，口感细腻，受到大众的喜爱。随着生活节奏的加快和时代的发展，在健康意识的推动下，素食逐渐成为一种具有时代特征、健康潮流的饮食方式。因此，营养健康、天然绿色的酸奶逐渐成为食品领域研究的重点。豆清发酵酸奶（图 2-1）以大豆蛋白粉和富含异黄酮的豆脐粉为主要原料，以大豆豆清为辅料，通过优选益生菌组成及其发酵条件，不但改善酸奶口感和风味，而且富含雌马酚等有益成分，满足了消费者对于营养、健康、绿色的酸奶食品需求。

图 2-1 豆清发酵酸奶

果糕作为休闲食品的代表之一，受到消费者的欢迎。但是其高糖含量、较硬口感限制其进一步应用。随着人们健康意识的加强，开发低糖、高膳食纤维以及良好口感的果糕品类产品，成为消费者新的追求。豆清果糕采用大豆豆清为主要基料，添加豆渣以及苹果与山楂的混合果浆，经过益生菌发酵后，开发出低糖、高纤的活菌型营养健康的豆清基果糕休闲零食，消费者接受度高，拥有巨大的市场前景（图 2-2）。

图 2-2 豆清果糕

采用红曲霉对大豆基质的固态发酵是一个新的研究领域，发酵后的大豆提取物在抗氧化、酪氨酸酶和蛋白酶抑制活性方面表现出更强的营养美容潜力，受到女性消费者的欢迎。豆清营养豆以黄豆为发酵底物，大豆豆清为浸泡液，红曲霉作为发酵菌种，以苷元型异黄酮产量为评价指标，采用固态发酵技术，获得高苷元型异黄酮的红曲豆粉（图 2-3）。联合红曲发酵代谢物和大豆异黄酮的双重降脂功效，为功能性大豆食品的开发利用提供有价值的原料，充分发挥大豆豆清的经济附加值及营养价值。

图 2-3 红曲营养豆及其豆粉

2.1.1 豆清发酵食品的主要微生物构成

大豆豆清食品发酵过程中使用的微生物，通过生物转化作用将原料中的糖类与蛋白类成分转化为酸、气体或酒精等产物，从而改变食品的风味、质地和保质期。特异微生物发酵不仅能提升食品的口感和风味，还能增加其营养价值，改善食品功能特性。

2.1.1.1 植物乳杆菌

（1）植物乳杆菌概述　植物乳杆菌是一种广泛存在于自然环境中的乳酸菌，广泛存在于植物性原料、发酵乳制品、发酵植物食品以及人体肠道中。植物乳杆菌是一种兼性厌氧微生物，能够在有氧和无氧条件下生长，且具有较强的耐酸性和高温适应能力。植物乳杆菌对食品风味的贡献主要体现在增加酸味、提高口感层次和增强风味的复杂性。此外，它在发酵过程中能产生多种风味物质，如醇类、酯类和氨基酸等，进一步改善食品的风味。植物乳杆菌还具有增强食品营养的作用，特别是在增强维生素 B 群、矿物质的可利用性方面，因此在食品工业中具有重要应用价值。近年来，植物乳杆菌在大豆食品中的应用逐渐受到关注，尤其是其在大豆制品（如豆浆、豆腐、豆腐乳等）中的发酵应用，能有效改善食品的质地、风味、营养价值以及健康效益。

（2）植物乳杆菌的菌株特点　植物乳杆菌在不同的生态环境中都能生长，它的菌株特点非常多样，不同来源的菌株在发酵表现上有着不同的特点。以下是植物乳杆菌的几项关键特点。

① 耐酸性与耐低 pH 值能力　植物乳杆菌通常能够在较低的 pH 值环境下生长，并具有较强的耐酸能力，这使得它能够在酸性较强的食品中生存和繁殖。大豆食品在发酵过程中，pH 值通常会降低，而植物乳杆菌能够耐受这种酸性环境，并促进发酵进程。

② 产生乳酸　植物乳杆菌是乳酸发酵的主要菌种之一，它能够通过糖类发酵生成乳酸，并显著降低发酵液的 pH 值，进而抑制其他有害微生物的生长。乳酸的生成不仅能改善食品的保鲜性，还能赋予食品特有的酸味。

③ 促进有益菌群的生长　植物乳杆菌能通过产生乳酸等代谢产物，抑制有害微生物的生长，从而有助于维持食品的微生物平衡，促进有益菌群的繁殖。它还常与其他益生菌共生，共同作用于食品发酵和人体肠道健康。

④ 代谢产物多样性　除了乳酸，植物乳杆菌还可以生成多种有益的代谢产物，如氨基酸、短链脂肪酸、二氧化碳等。这些物质能够改善食品的风味、口感、质地等，提升食品的营养价值和健康功能。

⑤ 黏附性与生物膜形成　植物乳杆菌在肠道中具有良好的黏附性和生物膜形成能力，能有效附着在肠道上皮细胞表面，形成有益的生物膜，增强肠道屏障功能，改善肠道微生态。

(3) 植物乳杆菌的代谢特性　植物乳杆菌的代谢特性涉及其如何利用不同类型的底物（如糖类、氨基酸、脂肪酸等）进行生长和繁殖。植物乳杆菌通过以下代谢途径与大豆食品的发酵过程密切相关。

① 乳酸的发酵代谢　乳酸发酵是植物乳杆菌代谢的核心特征之一，尤其在发酵过程中，它通过糖类（如葡萄糖和乳糖）发酵生成乳酸。乳酸发酵是植物乳杆菌在低氧或厌氧条件下主要获取能量的方式。该过程通过糖酵解途径转化糖类为乳酸，并伴随能量释放。

代谢途径为糖酵解：植物乳杆菌首先通过糖酵解路径将葡萄糖转化为丙酮酸，在此过程中产生一定量的能量（ATP）。然后，丙酮酸在乳酸脱氢酶的作用下还原为乳酸。

乳酸生成：乳酸的生成使得发酵环境的 pH 值降低，提供了保护作用，有助于防止病原菌的生长，同时也增强了食品的酸味。这种酸性环境对某些食品的风味非常重要，尤其是乳制品、发酵蔬菜以及大豆制品等。

在大豆豆浆、豆腐或豆腐乳的发酵过程中，植物乳杆菌通过乳酸发酵产生的乳酸使大豆食品的 pH 值下降，这不仅使得食品变得更加酸爽，而且在延长保质期的同时，抑制有害微生物的生长。乳酸的产生是大豆发酵食品风味改善的关键，提升了酸味层次，并赋予了产品更好的质感和口感。

② 氨基酸的代谢　大豆是一种优质的植物蛋白来源，在发酵过程中，植物乳

杆菌通过分解大豆中的蛋白质，产生大量的氨基酸，这些氨基酸不仅能改善食品的风味，还能提供重要的营养价值。

代谢途径为蛋白水解：植物乳杆菌通过分泌蛋白酶降解大豆中的蛋白质，产生短肽和氨基酸。氨基酸的种类和数量会根据菌株的不同而有所差异，常见的氨基酸包括谷氨酸、丙氨酸、甘氨酸等。氨基酸代谢：植物乳杆菌还能够利用这些氨基酸进行代谢，生成更多的代谢产物，如乙酸、丙酸、丁酸等，这些产物在调节食品酸度、风味层次和营养成分上起着关键作用。

③ 短链脂肪酸（SCFAs）的代谢　短链脂肪酸是植物乳杆菌在发酵过程中产生的重要代谢产物。常见的短链脂肪酸包括乙酸、丙酸、丁酸等，这些物质在发酵过程中能够显著降低食品的 pH 值，并有助于提高食品的保质期。

代谢途径为发酵产酸：在发酵过程中，植物乳杆菌能够将碳水化合物（如糖类和某些纤维素）发酵为短链脂肪酸。乙酸和丙酸是最常见的短链脂肪酸，它们能够抑制病原菌的生长，增强食品的保鲜性。短链脂肪酸在肠道内的代谢也具有重要的生理作用。它们能够作为肠道细胞的能量来源，增强肠道屏障功能，改善肠道微生态，有助于减少肠道疾病、缓解便秘并促进肠道健康。

乙酸和丙酸等短链脂肪酸能够使大豆发酵食品的酸度增加，并赋予其特殊的风味。这种酸性风味不仅提高了产品的口感层次，还有助于抑制腐败微生物的生长，从而延长了大豆食品的保质期。

④ 生物活性肽的代谢合成　在大豆原料蛋白质的发酵降解过程中，植物乳杆菌能够生成一些具有生物活性的肽。这些肽具有多种健康益处，包括抗氧化、抗炎、降血压、抗菌等功能。

代谢途径为蛋白水解：植物乳杆菌通过其分泌的蛋白酶将大豆蛋白分解为小肽和游离氨基酸。这些肽不仅提高了大豆食品的营养价值，还能够为消费者提供额外的健康益处。抗氧化肽可以帮助减少自由基对细胞的损害，抗炎肽有助于减轻肠道炎症，降血压肽则有助于控制血压水平，降低心血管疾病的风险，此外还可增强免疫力，改善整体健康，尤其适合老年人群或免疫力较低的人群。

⑤ 酯类和醇类的生成　植物乳杆菌在发酵过程中还会生成一些酯类和醇类化合物，这些化合物对食品的香气和风味具有重要影响。

代谢途径为酯化反应：植物乳杆菌能够将有机酸（如乙酸、乳酸等）与醇类物质反应生成酯类化合物。酯类化合物通常带有水果香气、花香等，能显著提升食品的风味层次。

醇类化合物的生成：酵母菌和乳酸菌的共发酵过程中，植物乳杆菌也能生成一定量的醇类物质，如乙醇和高级醇。醇类物质为大豆发酵食品提供了酒香和醇厚感，提升了饮品的整体感官体验。

（4）植物乳杆菌在大豆食品中的应用　植物乳杆菌在大豆食品中的应用越来越广泛，尤其是在发酵大豆制品中，植物乳杆菌能够显著改善产品的风味、质地、营养成分和保健功能。以下是植物乳杆菌在大豆食品中的几项重要应用。

① 豆腐与豆腐乳的发酵　在豆腐的生产过程中，植物乳杆菌常作为发酵剂使用，它能够通过乳酸发酵使豆腐更具韧性和细腻口感，增加酸味层次，并改善其保质期。在豆腐乳的制作中，植物乳杆菌通过发酵大豆，生成多种氨基酸和风味物质，赋予豆腐乳特有的风味和口感。

② 酸豆浆的发酵　在豆浆的发酵过程中，植物乳杆菌能够将大豆中的蛋白质和糖类转化为更易于消化的氨基酸和短链糖，改善豆浆的口感和营养价值。发酵后的豆浆比未发酵的豆浆具有更低的抗营养因子，并且富含益生菌，促进肠道健康。

③ 大豆酒精饮品　在大豆酒精饮品的发酵过程中，植物乳杆菌和酵母菌共同作用，将大豆中的糖类转化为酒精和乳酸，形成低酒精度的酒精饮品。通过植物乳杆菌的发酵，可以提高酒精饮品的风味复杂性，赋予其微妙的酸味，并增加益生菌的含量，从而提升其健康价值。

④ 大豆蛋白发酵制品　植物乳杆菌还可以用于发酵大豆蛋白，生成更易消化和吸收的氨基酸，同时改善其口感和质地。发酵后的大豆蛋白不仅富含易于吸收的氨基酸，还能通过产生生物活性肽，提供抗氧化、降血压等功效。

2.1.1.2　嗜热链球菌

(1) 嗜热链球菌概述　嗜热链球菌是一种重要的乳酸菌，属于链球菌属，是乳酸发酵过程中常见的微生物之一。它能够在高温条件下生长，因此得名“嗜热”。嗜热链球菌广泛应用于发酵乳制品（如酸奶、乳酪等）的生产过程中，并且作为益生菌，已逐渐进入功能性食品领域。它能够与其他菌种（如乳酸乳球菌、双歧杆菌等）协同发酵，产生乳酸及其他代谢产物，赋予食品独特的酸味和风味。在大豆食品发酵领域，嗜热链球菌作为一种高效的乳酸菌，通过代谢作用改善大豆食品的口感、风味、营养成分及保健功能。通过对嗜热链球菌的深入了解，我们能够更好地利用这一微生物在大豆制品中进行有效发酵，从而优化大豆食品的质量和功能性。

(2) 嗜热链球菌的菌株特点

① 耐高温性　嗜热链球菌的最大特点是其耐高温性。它能够在45～50℃的温度范围内活跃生长，因此在发酵过程中尤其适用于温度较高的环境。它常常与其他发酵菌种一起协同作用，以实现更高效的发酵。

② 乳酸发酵能力　嗜热链球菌能够通过乳酸发酵产生乳酸，降低发酵产品的pH值，使食品产生酸味。在乳制品中，乳酸的生成对于食品的风味、质地和保鲜性至关重要。

③ 糖代谢能力　嗜热链球菌能够发酵多种糖类，特别是乳糖，它通过糖酵解途径转化糖为乳酸。在大豆发酵过程中，尽管大豆含有较少的乳糖，但嗜热链球

菌仍能够有效利用大豆中的其他可发酵糖类，如葡萄糖、果糖等。

④ 多种酶的分泌　嗜热链球菌能够分泌多种酶，包括糖苷酶、蛋白酶、脂肪酶等，这些酶在分解大豆中的复杂化合物、促进营养物质释放、提高食品可消化性和吸收性方面发挥重要作用。

⑤ 益生菌特性　嗜热链球菌作为益生菌，能够改善肠道健康。它通过调节肠道菌群，抑制病原菌生长，增强肠道屏障功能，从而促进消化系统的健康。

（3）嗜热链球菌的代谢特性　嗜热链球菌的代谢特性主要包括乳酸的生成、糖的代谢、氨基酸代谢、酯类和醇类的合成等。

① 乳酸的生成　嗜热链球菌通过糖酵解途径将糖类转化为乳酸。该过程是一个厌氧过程，通常会在低氧或缺氧的环境中进行。嗜热链球菌可以通过两种途径进行乳酸发酵。

异型乳酸发酵途径：嗜热链球菌通过此途径将葡萄糖转化为乳酸，并释放少量二氧化碳。

丙酮酸还原途径：部分嗜热链球菌还能够通过丙酮酸还原为乳酸，进一步降低发酵产物的 pH 值。乳酸的生成不仅能够改变食品的酸度和口感，还能够抑制腐败菌的生长，延长食品的保质期。因此，在大豆食品发酵中，嗜热链球菌通过乳酸的生成提高了大豆食品的质量。

② 糖的代谢　嗜热链球菌能够发酵多种糖类，包括葡萄糖、果糖、乳糖等。在发酵过程中，糖类通过糖酵解途径被转化为丙酮酸，再通过乳酸脱氢酶转化为乳酸。嗜热链球菌不仅能够在乳糖较少的环境中生长，还能够有效利用其他糖源，如大豆中的葡萄糖和果糖。在大豆发酵食品中，嗜热链球菌通过代谢大豆中的糖类，生成乳酸，并生成其他一些辅助的代谢产物，如短链脂肪酸、酯类、醇类等，从而改善食品的风味、质地和营养。

③ 氨基酸的代谢　嗜热链球菌通过分解大豆中的蛋白质，释放氨基酸，这些氨基酸对改善食品风味、提高食品营养价值有重要作用。例如，谷氨酸是增强食品鲜味的重要成分，而丙氨酸、甘氨酸等能够改善食品的口感。此外，嗜热链球菌还能够将部分氨基酸转化为有机酸或其他代谢产物，进一步改善食品的风味和营养。例如，丙氨酸通过发酵转化为丙酸，具有抗菌作用，并能增强食品的保质性。

④ 短链脂肪酸的代谢生成　短链脂肪酸是嗜热链球菌在发酵过程中生成的重要代谢产物，常见的短链脂肪酸包括乙酸、丙酸和丁酸等。这些脂肪酸能显著降低发酵产品的 pH 值，并具有抑菌作用。在大豆食品发酵中，嗜热链球菌能够生成短链脂肪酸，提升大豆发酵食品的酸度层次，同时对肠道健康有益。

⑤ 酯类和醇类的生成　嗜热链球菌还能够通过发酵生成酯类和醇类物质。酯类通常由有机酸和醇反应生成，带有果香和花香，而醇类则包括乙醇和高级醇类。酯类和醇类的生成使大豆食品在发酵过程中展现出更加丰富的风味。在大豆

制品中，尤其是在豆腐乳和发酵豆清酒等产品中，酯类和醇类物质的生成能显著提高食品的口感和香气层次。

（4）嗜热链球菌在大豆食品中的应用

① 豆腐与豆腐乳　在豆腐和豆腐乳的发酵过程中，嗜热链球菌发挥着重要作用。嗜热链球菌通过乳酸发酵使得豆腐乳的酸味层次更加丰富，同时促进蛋白质降解，生成多种氨基酸，提升豆腐乳的鲜味和口感。

② 豆浆发酵　在豆浆的发酵过程中，嗜热链球菌能够有效地分解大豆中的复杂化合物，释放出更多的氨基酸和营养成分，同时生成乳酸，改善豆浆的风味和口感。

2.1.1.3　嗜酸乳杆菌

（1）嗜酸乳杆菌概述　嗜酸乳杆菌是一种广泛应用于乳制品发酵和益生菌产品中的乳酸菌。它是一种革兰氏阳性、无芽孢、耐酸的厌氧细菌，通常生活在人体的肠道以及口腔中。嗜酸乳杆菌是乳酸发酵菌群的一部分，能够将糖类发酵成乳酸，从而显著降低食品的 pH 值，给食品赋予酸味。作为益生菌，嗜酸乳杆菌不仅对食品发酵具有重要作用，还对人类健康有益，尤其是对肠道健康的促进作用。嗜酸乳杆菌在发酵豆制品（如豆腐、豆腐乳、豆浆）和大豆饮品的生产中，它能够有效改善食品的风味、口感和营养价值。

（2）嗜酸乳杆菌的菌株特点

① 耐酸性与耐低 pH 能力　嗜酸乳杆菌的最大特点之一就是其强大的耐酸能力。它能够在低 pH 环境中生长，适应范围为 pH 4.0～6.0，这使其在酸性食品发酵中表现非常优越。在大豆食品（如豆浆、豆腐、豆腐乳等）的发酵过程中，pH 值通常会下降，嗜酸乳杆菌能够有效地耐受并促进发酵。

② 糖代谢能力　嗜酸乳杆菌能够利用多种糖类，特别是乳糖、葡萄糖、果糖等，它能够通过糖酵解途径将糖转化为乳酸。

③ 益生菌功能　嗜酸乳杆菌是一种广泛应用于益生菌产品的菌株。作为益生菌，它能够在肠道内定植，调节肠道微生态，抑制病原菌的生长。嗜酸乳杆菌通过促进有益菌群的生长，改善肠道健康，增强免疫力。

（3）嗜酸乳杆菌的代谢特性

① 乳酸发酵　嗜酸乳杆菌能够通过糖类的发酵生成乳酸，使得发酵液的 pH 值下降，从而赋予食品酸味。其代谢途径主要为糖酵解，嗜酸乳杆菌首先将葡萄糖、果糖等糖类通过糖酵解途径转化为丙酮酸，并通过乳酸脱氢酶将丙酮酸还原为乳酸。

② 氨基酸代谢　嗜酸乳杆菌还能够代谢氨基酸，尤其是在大豆食品的发酵过程中，氨基酸的代谢为食品提供了更丰富的口感和营养。代谢途径主要为蛋白质

水解：嗜酸乳杆菌通过分泌蛋白酶将大豆中的复杂蛋白质降解为短肽和游离氨基酸；这些氨基酸被转化为其他代谢产物，如醇类、酸类和酯类等，这些代谢产物不仅改善食品的风味，还提升其营养价值。

③ 短链脂肪酸的生成　短链脂肪酸是嗜酸乳杆菌在发酵过程中生成的重要代谢产物，主要包括乙酸、丙酸和丁酸等。短链脂肪酸不仅赋予食品酸味，还能改善肠道健康。短链脂肪酸代谢途径为发酵产酸：嗜酸乳杆菌通过发酵过程将糖类发酵为乙酸、丙酸等短链脂肪酸。

④ 酯类和醇类的生成　嗜酸乳杆菌还能够通过发酵生成酯类和醇类物质，这些代谢产物对食品的香气和风味具有重要影响。其代谢途径为酯类的生成：嗜酸乳杆菌能够将乳酸、乙酸等有机酸与醇反应，生成酯类化合物，提升食品的香气。醇类的生成：嗜酸乳杆菌还能够生成醇类物质，如乙醇、高级醇等，提供醇香，提升食品的风味。

（4）嗜酸乳杆菌在大豆食品中的应用　在豆浆的发酵过程中，嗜酸乳杆菌能够有效发酵大豆中的糖类，生成乳酸和其他代谢产物，提升豆浆的酸味和风味。同时，嗜酸乳杆菌能促进蛋白质降解，释放更多氨基酸，增强豆浆的营养价值。在豆腐乳的发酵中，它通过乳酸发酵提高食品的酸度，使豆腐乳的风味更加丰富，改善口感和质地。

2.1.1.4 鼠李糖乳杆菌

（1）鼠李糖乳杆菌概述　鼠李糖乳杆菌是一种广泛存在于自然界中的乳酸菌，广泛应用于乳制品、发酵食品及益生菌食品的生产。它是一种革兰氏阳性、无芽孢、兼性厌氧的细菌，能够在酸性和低氧的环境中生长，通常能够通过发酵糖类（尤其是乳糖）产生乳酸。鼠李糖乳杆菌具有较强的耐酸性、耐盐性、耐低温等特性，因此它不仅能够在食品生产过程中长期生存，还能在人体肠道中稳定存在，发挥益生功能。鼠李糖乳杆菌具有多种益生菌特性，包括改善肠道健康、增强免疫功能、调节肠道菌群等。

（2）鼠李糖乳杆菌的菌株特点

① 耐酸性与耐低 pH 值能力　鼠李糖乳杆菌在酸性环境中生长良好，它的 pH 值适应范围通常在 4.0～6.0 之间，能够在低 pH 值环境中存活。大豆制品（如豆浆、豆腐等）发酵时，pH 值往往会下降，而鼠李糖乳杆菌能够有效地在这种酸性环境中生长和繁殖。

② 乳酸发酵能力　鼠李糖乳杆菌主要通过乳酸发酵代谢糖类，生成乳酸，降低发酵液的 pH 值，赋予食品酸味，抑制其他有害微生物的生长。在大豆食品发酵过程中，乳酸的生成对食品的风味、保鲜性及安全性至关重要。

③ 益生菌特性　鼠李糖乳杆菌作为益生菌，能够在肠道内生长，调节肠道微生态，抑制有害病原菌的生长，增强免疫功能，减少便秘等问题。

④ 抗菌和抑菌作用　鼠李糖乳杆菌能够分泌乳酸及其他抗菌物质，这些代谢产物能抑制病原菌的生长。

⑤ 黏附性　鼠李糖乳杆菌具有良好的肠道黏附性和生物膜形成能力，使其能够在肠道内建立稳定的生物膜，增强其益生功能。

(3) 鼠李糖乳杆菌的代谢特性

① 乳酸代谢　鼠李糖乳杆菌通过糖酵解途径将糖类（如葡萄糖、果糖等）转化为乳酸。乳酸发酵是一个厌氧过程，其中葡萄糖经过酶的作用被转化为丙酮酸，并通过乳酸脱氢酶转化为乳酸。

② 氨基酸的代谢　鼠李糖乳杆菌不仅能够发酵糖类，还能够利用大豆中的氨基酸，尤其是在蛋白质水解过程中释放的氨基酸。氨基酸的代谢对大豆食品的风味和营养提升具有显著作用。

③ 短链脂肪酸的代谢　短链脂肪酸是鼠李糖乳杆菌在发酵过程中产生的代谢产物，主要包括乙酸、丙酸和丁酸等。短链脂肪酸在发酵食品中具有重要作用，能够改善食品的酸味，并促进肠道健康。

④ 酯类和醇类的代谢　鼠李糖乳杆菌还能够通过代谢生成酯类和醇类化合物，这些物质对食品的香气和风味有显著影响。

(4) 鼠李糖乳杆菌在大豆食品中的应用　鼠李糖乳杆菌在大豆食品中的应用已经取得了显著的成果，尤其是在改善风味、提高营养、增加健康功能等方面。

2.1.1.5 副干酪乳杆菌

(1) 副干酪乳杆菌概述　副干酪乳杆菌是一种兼性厌氧、革兰氏阳性、无芽孢的细菌，通常在乳制品、发酵蔬菜、发酵肉制品和某些植物基发酵食品中找到。作为一种对人体健康有益的益生菌，副干酪乳杆菌不仅通过乳酸发酵促进食品的保鲜，还能通过其代谢产物（如乳酸、短链脂肪酸、氨基酸等）改善食品的风味、口感和营养价值。在大豆食品发酵中，副干酪乳杆菌的应用逐渐获得关注。通过代谢大豆中的糖类、蛋白质及其他化合物，副干酪乳杆菌不仅能提高大豆食品的风味和口感，还能增加其营养成分的生物可利用性，增强食品的健康功能。

(2) 副干酪乳杆菌的菌株特点

① 耐酸性　副干酪乳杆菌能够在较低的 pH 值下生长，通常在 pH 4.5～6.5 的范围内表现良好，因此它在酸性环境中具有较强的适应能力。大豆制品在发酵过程中 pH 值通常会下降，而副干酪乳杆菌能有效地耐受这一酸性环境，并促进发酵。

② 糖代谢能力　副干酪乳杆菌能有效利用多种糖类，如葡萄糖、乳糖、蔗糖等，通过糖酵解途径生成乳酸。

③ 益生菌特性　副干酪乳杆菌作为益生菌，能够在肠道内定植，通过分泌

乳酸和其他抗菌物质，在改善肠道健康、增强免疫力、减轻便秘等方面发挥重要作用。

④ 抗氧化功能　副干酪乳杆菌能够清除体内自由基，减少氧化损伤，有助于延缓衰老，减少慢性病的发生。

(3) 副干酪乳杆菌的代谢特性　副干酪乳杆菌的代谢特性主要涉及糖类的发酵、乳酸的生成、氨基酸的代谢、短链脂肪酸的生成等方面。通过这些代谢途径，副干酪乳杆菌不仅在食品发酵中产生乳酸，还能生成其他有益的代谢产物，提升食品的风味和营养。

(4) 副干酪乳杆菌在大豆食品中的应用　在豆制品发酵过程中，副干酪乳杆菌通过乳酸发酵生成乳酸，提升酸味，改善风味层次，同时促进氨基酸和短链脂肪酸的生成，增强食品的营养价值。

2.1.1.6 双歧杆菌

(1) 双歧杆菌概述　双歧杆菌是一类重要的益生菌，革兰氏阳性、厌氧、无芽孢的细菌，广泛存在于人类和动物的肠道中，是肠道微生态的重要组成部分。双歧杆菌在保持肠道健康、调节免疫系统、促进食物消化等方面具有至关重要的作用。它们通过发酵食物中的膳食纤维、糖类和其他可发酵物质，产生有益的代谢产物，如短链脂肪酸、乳酸等，有助于维持肠道屏障功能并减少肠道炎症。

(2) 双歧杆菌的菌株特点

① 厌氧性　双歧杆菌是一类严格厌氧的细菌，能够在无氧环境中生长并发挥其代谢功能。由于其缺乏呼吸链和需氧酶，因此它们必须依赖无氧发酵途径来获取能量。这使得双歧杆菌在肠道等缺氧环境中发挥重要作用，同时它们的代谢产物有助于维持该环境的健康。

② 糖代谢能力　双歧杆菌能够利用多种可发酵的糖类，包括葡萄糖、乳糖、果糖及某些膳食纤维、低聚糖等。通过糖酵解和发酵，双歧杆菌能够产生乳酸、短链脂肪酸等代谢产物。

③ 乳酸和短链脂肪酸的生成　双歧杆菌通过发酵产生乳酸、乙酸、丙酸和丁酸等短链脂肪酸（SCFAs），这些代谢产物不仅能够改善食品的风味和酸度，还能在肠道中起到调节 pH 值、抑制病原菌生长、增强免疫功能等重要作用。

④ 黏附性与定殖能力　双歧杆菌能够有效黏附在肠道内壁，并在肠道内定殖，从而增强其益生作用。它们与肠道上皮细胞的紧密连接有助于维持肠道的屏障功能，防止病原菌侵入。

(3) 双歧杆菌的代谢特性　双歧杆菌的代谢特性主要涉及糖类发酵、乳酸生成、短链脂肪酸生成、氨基酸代谢等过程。通过这些代谢途径，双歧杆菌不仅能够为食品提供酸味、风味和营养成分，还能为肠道健康和免疫调节提供益处。

(4) 双歧杆菌在大豆食品中的应用　双歧杆菌的生长代谢为大豆发酵食品提

供了更丰富的风味，尤其是通过谷氨酸和丙氨酸等氨基酸的生成，以及短链脂肪酸的生成，提升了食品的鲜味和营养，有助于改善食品的消化吸收率。

2.1.1.7 开菲尔菌

（1）开菲尔菌概述　开菲尔菌是一类在传统发酵食品开菲尔（Kefir）中常见的微生物群体，是一种由多种乳酸菌、酵母组成的复合微生物群体。它最初起源于高加索地区，现已广泛传播到全球。开菲尔菌不仅可以在乳制品中发挥重要作用，还被广泛应用于植物基食品的发酵过程中，如大豆食品的发酵。

（2）开菲尔菌的菌株特点　开菲尔菌是由多种微生物群体组成的，具体的菌株种类和组成可能因来源不同而有所变化。

① 复合微生物群体　乳酸菌通常是发酵过程中的主力菌种，产生乳酸并改善食品的酸味。酵母菌则有助于产生少量的酒精和二氧化碳，使食品具有一定的气泡感。

② 耐酸性　开菲尔菌的菌株具有较强的耐酸性，能够在低pH值环境中生长。这使得它能够在酸性较强的发酵环境中存活，并保持其发酵能力。

③ 益生菌特性　开菲尔菌能够改善肠道微生态，调节肠道健康。它们能够与肠道内的其他有害菌群竞争，抑制病原菌的生长，从而改善肠道健康。开菲尔菌通过其代谢产物，促进免疫系统的健康，增强人体的抵抗力。

（3）开菲尔菌的代谢特性　开菲尔菌的代谢特性是其在食品发酵中的独特优势。其代谢过程涉及乳酸发酵、氨基酸代谢、酯类和醇类的生成、短链脂肪酸的生成等多方面代谢过程。

（4）开菲尔菌在大豆食品中的应用　在豆制品的发酵过程中，开菲尔菌通过乳酸发酵生成乳酸，提升酸味并改善豆浆的风味层次。同时，开菲尔菌生成的短链脂肪酸和氨基酸提高了豆制品的营养价值。

2.1.1.8 凝结芽孢杆菌

（1）凝结芽孢杆菌概述　凝结芽孢杆菌是一种革兰氏阳性、能形成芽孢、耐高温的细菌。凝结芽孢杆菌通常在温暖和潮湿的环境中生长，能够在低氧或无氧条件下进行代谢。它以其良好的热稳定性、耐酸性和益生功能在食品发酵和健康补充剂中广泛应用。凝结芽孢杆菌具有良好的发酵能力，能够生成乳酸、短链脂肪酸和氨基酸等代谢产物。此外，凝结芽孢杆菌还具备一定的抗氧化、抗炎及免疫调节等功能，因此它被视为一种具有良好健康功能的益生菌。

（2）凝结芽孢杆菌的菌株特点

① 形成芽孢与耐高温性　凝结芽孢杆菌能够在不利环境条件下形成芽孢，芽孢具有极高的耐高温性和抗逆性。凝结芽孢杆菌的芽孢能够在高温和不适宜的环

境中存活，这使其在一些高温发酵环境中依然能够保持活性。

② 耐酸性　凝结芽孢杆菌具有较强的耐酸能力，能够在 pH 值较低的环境中生长和繁殖。

③ 发酵能力　凝结芽孢杆菌能够利用多种碳源（包括糖类、果糖、葡萄糖等）进行发酵，生成乳酸、短链脂肪酸等。

④ 益生功能　凝结芽孢杆菌作为一种益生菌，能够调节肠道微生态，抑制有害病原菌的生长，增强肠道屏障功能，改善肠道健康。

（3）凝结芽孢杆菌的代谢特性

① 较强的耐受性　与许多益生菌不同，凝结芽孢杆菌能够在高温、低氧或酸性环境下形成芽孢，从而增加其在各种发酵过程中稳定性的优势。芽孢能够在热处理过程中保持活性，使得凝结芽孢杆菌成为一种在高温发酵或储存条件下依然能保持功能的细菌。

② 乳酸发酵能力　凝结芽孢杆菌与其他乳酸菌一样，能够通过乳酸发酵将糖类转化为乳酸，从而赋予食品酸味和延长保质期。然而，与传统乳酸菌不同，凝结芽孢杆菌能够在较低的 pH 值环境中稳定生长，并且其乳酸发酵的过程中生成的乳酸量较高，这有助于迅速降低发酵食品的 pH 值，抑制其他微生物的生长，确保食品的安全性。

（4）凝结芽孢杆菌在大豆食品中的应用　凝结芽孢杆菌由于其良好的环境耐受性，在大豆食品发酵过程中，可用于活菌性大豆果糕产品的研制。

2.1.1.9　红曲霉

（1）红曲霉概述　红曲霉是一类广泛应用于食品发酵的真菌。红曲霉主要用于发酵大豆、米、谷物等原料，生产红曲米、红曲酱和各种红色食品添加剂。红曲霉不仅具有天然的红色着色特性，还能通过其代谢产生多种有益的化学物质，如红曲霉素、天然抗氧化物质、氨基酸和其他营养成分。红曲霉菌株在食品发酵中广泛应用，尤其是在大豆食品的生产过程。

（2）红曲霉的菌株特点

① 耐热性与发酵特性　红曲霉是一种耐热的真菌，能够在温暖的环境中生长，并能够在较高温度下进行有效发酵。它能够在不同的发酵条件下产生红色素和多种代谢产物，适用于多种发酵环境。

② 产生红色素（红曲霉素）　红曲霉能够合成红色素（红曲霉素）及其他天然色素，赋予食品鲜艳的红色。这些色素广泛应用于食品、药品和化妆品中，作为天然的食品着色剂。

③ 发酵产物的多样性　红曲霉在发酵过程中能产生多种有益的代谢产物，包括红曲霉素、氨基酸、短链脂肪酸、酚类化合物等。这些代谢产物不仅改善食品的风味，还增加了食品的营养价值和保健功能。

④ 天然抗氧化特性　红曲霉的代谢产物中含有天然的抗氧化物质，这些物质可以清除自由基，减缓氧化过程，帮助延长食品的保质期，并对人体健康有益。

（3）红曲霉的代谢特性

① 红曲霉素　红曲霉最著名的代谢产物之一是红曲霉素，这是一种天然的 HMG-CoA 还原酶抑制剂，通过抑制 HMG-CoA 还原酶，减少胆固醇的合成，从而帮助降低血液中的总胆固醇和低密度脂蛋白水平。此机制使得红曲霉素在降脂、改善心血管健康方面具有广泛的潜在应用。

② 乳酸发酵　红曲霉除了生产红曲霉素外，还能够通过发酵产生乳酸、乙酸和其他有机酸，这些有机酸不仅改善了食品的酸度，还具有保鲜作用。

③ 氨基酸代谢　红曲霉能够分解大豆中的蛋白质，生成一系列氨基酸和小肽。这些氨基酸和小肽不仅增强食品的鲜味，还能提升其营养价值。

④ 短链脂肪酸的生成　红曲霉能够生成一定量的短链脂肪酸，如乙酸、丙酸、丁酸等。这些短链脂肪酸不仅对食品的风味产生重要影响，还对肠道健康具有积极作用。

（4）红曲霉在大豆食品中的应用　红曲霉在大豆食品的发酵中，产生大豆异黄酮与总酚，以及 β- 葡萄糖苷酶。此外，红曲霉通过生成乳酸、短链脂肪酸和红曲霉素等代谢产物，增强大豆发酵食品的风味，赋予豆制品鲜艳的红色，提升其营养价值。

2.1.2　豆清发酵酸奶

豆清发酵酸奶是以大豆蛋白粉、富含大豆异黄酮的豆脐粉为主要原料粉，以熟浆工艺制得的大豆豆清为原料液，将原料粉与原料液混合，经发酵制得。具体工艺及品质分析如下。

将采用熟浆工艺制得的大豆豆清进行过滤，与纯水混合得到原料液。将大豆蛋白粉与豆脐粉混合得到原料粉，将原料粉与原料液混合，并加入乳粉、绵白糖及稳定剂，充分搅拌以形成均匀的原料混合液。对该原料混合液进行均质化处理及过滤，得到更为细腻的混合料液。混合料液经过杀菌处理并冷却后，加入发酵剂，在 40～42℃的环境下发酵 5～10 h。冷藏后熟 10～13 h，得到含有雌马酚的豆清发酵酸奶。

不同商业乳酸菌发酵剂的大豆基豆清酸奶，用大写字母表示如下。

A：嗜热链球菌 JYST-26 和保加利亚乳杆菌 JYLB-19。

B：嗜热链球菌 JYST-26、保加利亚乳杆菌 JYLB-19、副干酪乳杆菌 JLPF-176。

C：嗜热链球菌 JYST-26、保加利亚乳杆菌 JYLB-19、鼠李糖乳杆菌 S24。

D：丹尼斯克（Danisco）混合乳酸菌（嗜热链球菌 JYST-26/ 德氏乳杆菌保加利亚亚种）。

E：嗜热链球菌 JYST-26、保加利亚乳杆菌 JYLB-19、嗜酸乳杆菌 11073。

F：Kefir。

G：嗜热链球菌 JYST-26、保加利亚乳杆菌 JYLB-19、植物乳杆菌 JYLP-002。

H：嗜热链球菌 JYST-26、保加利亚乳杆菌 JYLB-19、乳双歧杆菌 JYBR-190。

I：嗜热链球菌 JYST-26、保加利亚乳杆菌 JYLB-19、植物乳杆菌 JYLP-002、乳双歧杆菌 JYBR-190。

J：嗜热链球菌 JYST-26、保加利亚乳杆菌 JYLB-19、副干酪乳杆菌 JLPF-176、鼠李糖乳杆菌 S24、嗜酸乳杆菌 11073、植物乳杆菌 JYLP-002、乳双歧杆菌 JYBR-190。

K：嗜热链球菌 HCS07-002、德氏乳杆菌保加利亚亚种 HCS10-001、德氏乳杆菌保加利亚亚种 HCS10-005、乳双歧杆菌 HCS04-001、植物乳杆菌 HCS03-084。

2.1.2.1 混合乳酸菌发酵对豆清酸奶 pH 值变化的影响

由图 2-4 可知，丹尼斯克（Danisco）混合乳酸菌发酵的样品 D 的 pH 值在 0～4 h 显著下降，4 h 后趋于平缓，pH 值达到 4.8。由其他乳酸菌发酵的豆清酸奶的 pH 值呈现一致的变化趋势，发酵时间 1～2 h 的 pH 值略有下降，2～8 h 范围内 pH 值持续下降。在发酵过程中，乳酸菌的代谢活动是以碳水化合物为主要碳源，碳水化合物被分解代谢产生酸，主要是乳酸，从而降低了样品的 pH。因此，代谢活动越快，产酸越快，pH 值下降越快，即发酵速度越快。结果表明，Danisco 在发酵的早期阶段具有快速的代谢活性，这可以极大缩短发酵的时间。而其他乳酸菌在发酵初期的代谢活动缓慢，随着发酵时间的延长，益生菌分解糖类产生大量的乳酸，使 pH 值显著降低。

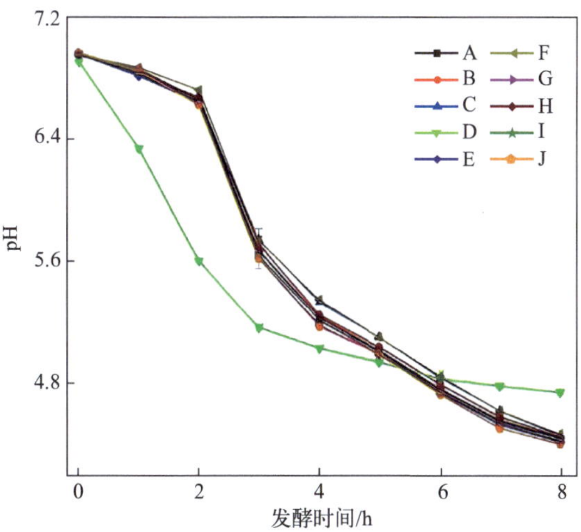

图 2-4 不同商业混合乳酸菌发酵的豆清酸奶的 pH 值

2.1.2.2 混合乳酸菌发酵对豆清酸奶质构特性的影响

由图 2-5（a）可知，大豆基豆清酸奶 A、B、D、F、G、H 和 J 具有较高的硬度，且无显著性差异。由 Kefir 混合乳酸菌发酵的 F 的弹性最高，其次是样品 C、J 和 D，与样品 F 的弹性相比，A、B 和 G 的弹性偏低［图 2-5（b）］。主要原因可能是乳酸菌生长和代谢过程中产生的胞外多糖增加了大豆基豆清酸奶的稳定性，且胞外多糖与其他成分相互作用。因此，导致大豆基豆清酸奶内蛋白质基质的硬度增强。然而，不同的乳酸菌发酵对样品的黏附性有较大影响。如图 2-5（c）所示，用 Kefir 发酵的大豆基豆清酸奶 F 的黏附性显著低于其他样品，其次是 D 和 E。当人咀嚼高黏附性的食品时，会在口中产生过度的黏附性口感，这会对饮品的味道和口感产生负面影响。因此，Kefir 和 Danisco 作为发酵剂分别发酵的大豆基豆清酸奶 F 和 D 具有较好的质构特性。

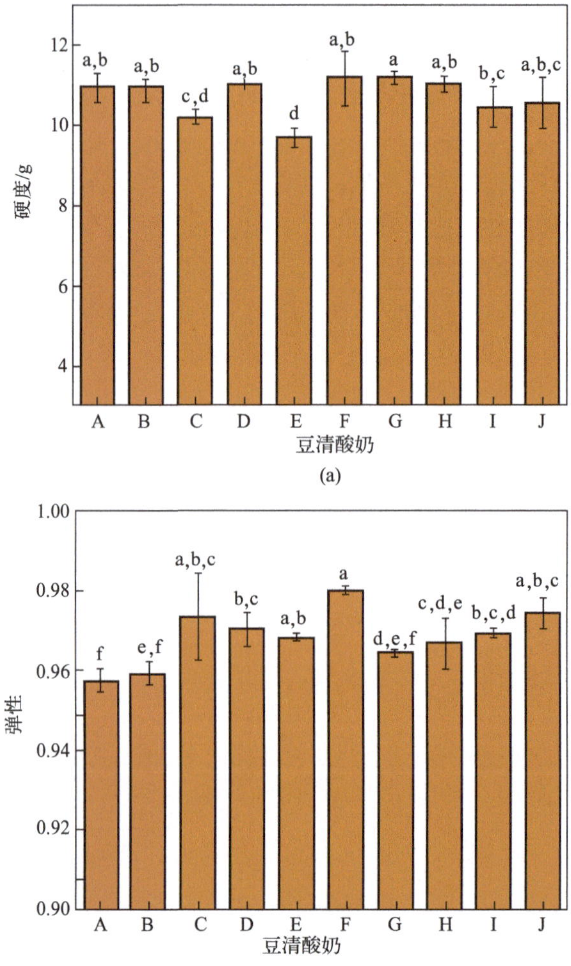

(a)

(b)

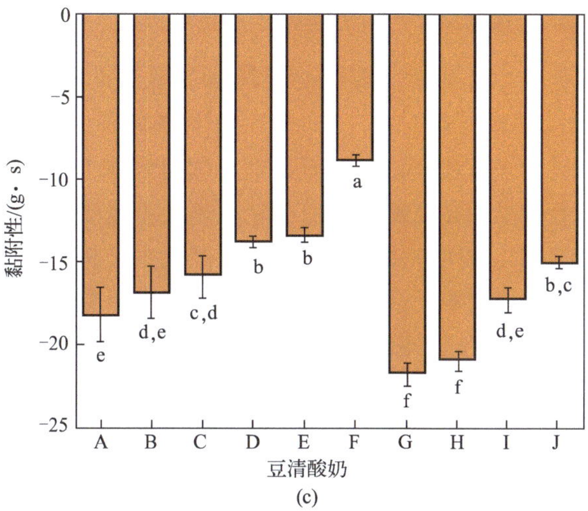

图 2-5 不同商业混合乳酸菌发酵的豆清酸奶的质构特性

2.1.2.3 混合乳酸菌发酵对豆清酸奶持水力的影响

图 2-6 是不同商业混合乳酸菌发酵的 10 种豆清酸奶的持水力的测定结果。由图可知，Danisco 发酵的样品 D 的持水率最高，为 90.92%，其次是 Kefir 发酵的样品 F。样品 J 的持水率最低，为 73.67%。主要原因可能是 Danisco 和 Kefir 具有良好的发酵特性，酸奶D和F中有大量的蛋白成分，形成致密的网状胶体结构，可以容纳水及其他物质，因此提高了其持水性能。同时，除了蛋白质凝胶能结合水，蛋白质表面的脂肪球也能帮助样品保持水分。这也可能是由于上述两种混合乳酸菌在发酵过程中产生了长链多糖，有助于保持水分而不脱水，但长链多糖的产生会降低酸奶的凝胶强度。

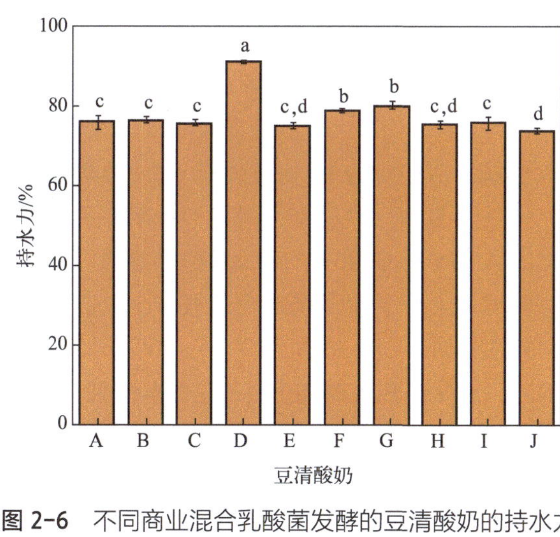

图 2-6 不同商业混合乳酸菌发酵的豆清酸奶的持水力

2.1.2.4 混合乳酸菌发酵对豆清酸奶表观黏度的影响

如图 2-7 所示，表观黏度随着剪切速率的增加呈现下降的趋势。剪切速率 1～20 s^{-1} 时表观黏度显著下降，呈现非牛顿流体特征，20 s^{-1} 以上趋于平稳。主要原因是颗粒或分子在流动或排列方向上的取向超过了分子布朗运动产生的随机化效应，从而导致了剪切变稀。随着剪切速率的不断增加，样品内的分子运动逐渐形成了最佳取向，表观黏度趋于平稳。上述现象反映了样品在口腔中的流变学特性，当舌头和上腭与酸奶之间产生相对运动，将会导致其黏度降低，呈现剪切变稀的流变学特性。在相同的剪切速率下，表观黏度排序为：B ＞ A ＞ C ＞ E ＞ H ＞ I ＞ G ＞ J ＞ F ＞ D。这可能是副干酪乳杆菌在发酵过程中可以产生大量的胞外多糖，从而导致表观黏度达到最大值。

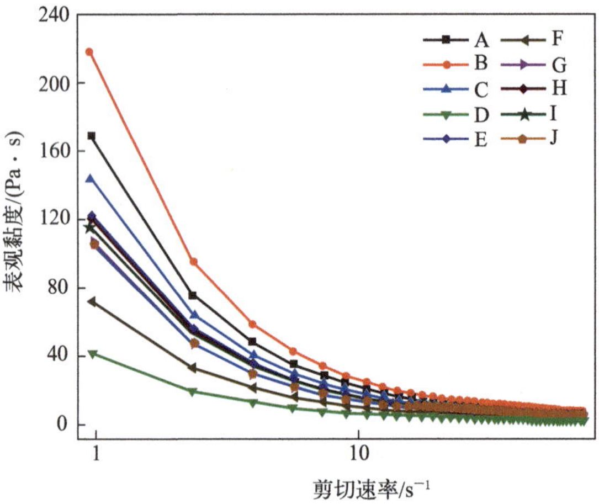

图 2-7 不同商业混合乳酸菌发酵的豆清酸奶的表观黏度变化

2.1.2.5 混合乳酸菌发酵对豆清酸奶流变学特性的影响

如图 2-8（a）和（b）所示，弹性模量 G' 和黏性模量 G'' 分别表示样品内部结构的弹性和黏性行为。$G' > G''$，样品呈现类固体状态；反之，$G' < G''$，样品呈现流体状态。大豆基豆清酸奶的 G' 始终大于 G''，表明弹性成分占主导作用。随着频率的增加，样品的 G' 和 G'' 呈上升趋势，说明样品具有良好的凝胶体系。在同一频率下，样品 A 和 I 的 G' 和 G'' 都比其他样品高。原因可能是乳酸菌没有充分分解蛋白质，系统中大分子蛋白质的含量很高，蛋白质凝胶结构促使样品呈现出明显的弹性和黏性行为。

然而，由 Danisco 混合乳酸菌和 Kefir 混合乳酸菌分别发酵的酸奶 D 和 F 表现出较弱的弹性和黏性行为。这可能是内部水分含量较高，或者由此产生的多糖干扰了蛋白质三维结构的发展，导致弹性和黏性行为较弱。由图 2-8（c）可知，随着频率的增加，样品的复数模量 G^* 均呈现上升趋势，表明样品的抗形变能力

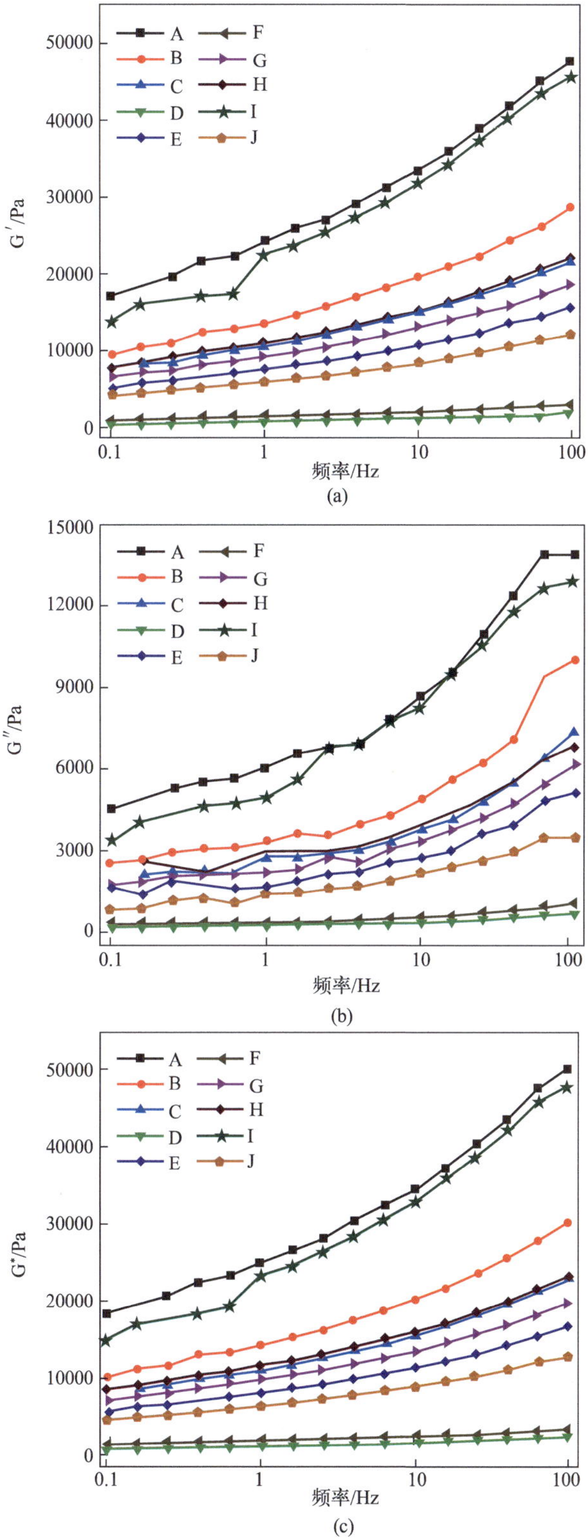

图 2-8

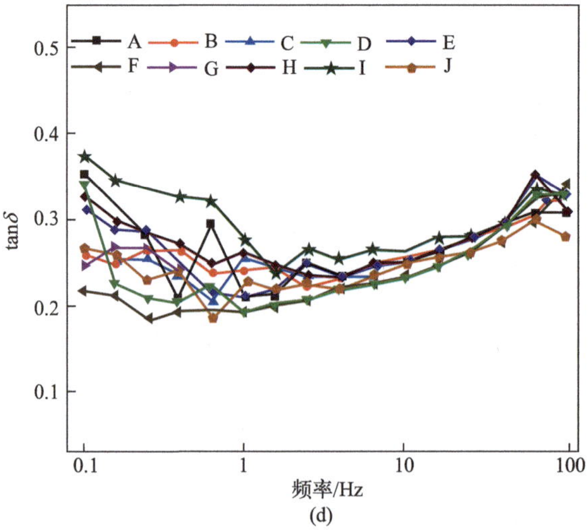

图 2-8　不同商业混合乳酸菌发酵的豆清酸奶的频率响应特性

加强。在相同的频率下，样品的 G^* 排名与上述 G' 和 G'' 一致，再次表明样品 A 和 I 具有良好的凝胶体系。由图 2-8（d）可知，损耗因子 tan δ 始终小于 0.4。随着频率的增加，tan δ 总体呈现上升趋势。结果表明，弹性成分损耗，黏性成分增加。

2.1.2.6　混合乳酸菌发酵对豆清酸奶风味的影响

由图 2-9 可知，不同混合乳酸菌发酵的大豆基豆清酸奶的咸味、苦味、涩味和酸味无显著性差异。Kefir 发酵的样品 F 的鲜味值高于其他样品，其次是 Danisco 发酵的样品 D。样品 D 和 F 的丰富度值最高，无显著性差异。这可能是多个微生物菌株之间的协同作用，将碳、氮源完全代谢成各种小分子，因此，提高了豆清酸奶的新鲜度和丰富度。

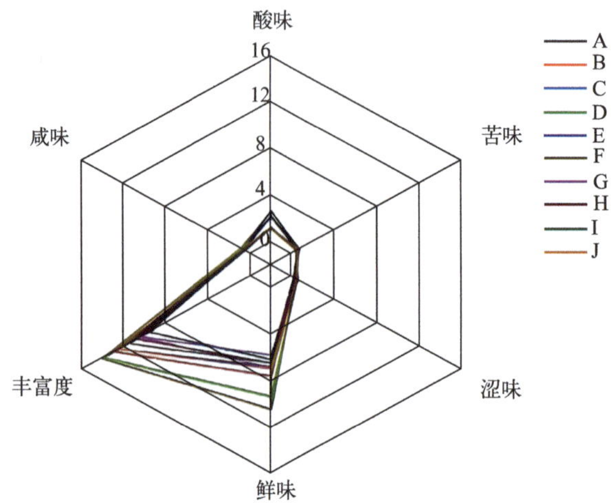

图 2-9　豆清酸奶的电子舌检测风味的结果

2.1.2.7 混合乳酸菌发酵对豆清酸奶感官品质的影响

食物的感官特征会对消费者的主观选择偏好产生极大的影响。本研究中感官评定小组根据质地、外观、口感、香气和总体可接受度，以 5 分制的享乐评分法评估不同混合乳酸菌发酵的豆清酸奶。10 种豆清酸奶的感官评分结果如图 2-10 所示。由图 2-10 可知，利用 Danisco 混合乳酸菌和 Kefir 混合乳酸菌分别发酵的样品 D 和 F 在外观、质地、整体可接受度、口感和香气方面的感官评分较高。样品 A 和 E 的总体感官评分较低，这与质构特性、持水能力和微观结构的检测结果一致。因此，Danisco 和 Kefir 均能改善酸奶的质地和口感。有研究对 Danisco 和 Kefir 发酵的豆清酸奶和饮料的品质及代谢产物进行了研究，与本研究的结果一致。因此，Danisco 和 Kefir 的发酵可以改善豆清酸奶的感官品质。

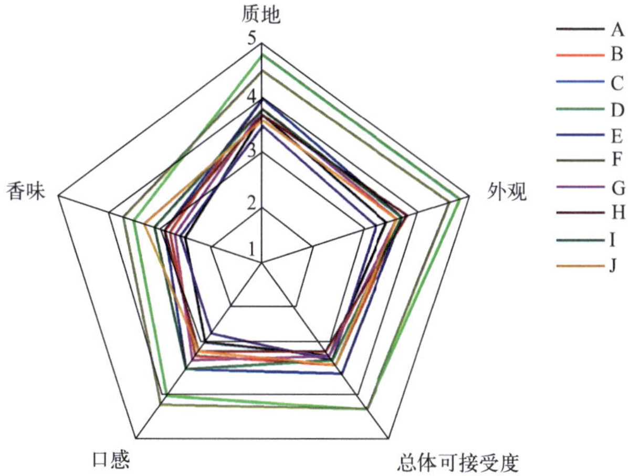

图 2-10 豆清酸奶的感官评分结果

2.1.2.8 不同乳酸菌在豆清酸奶中的生长特性

如图 2-11 所示，五株不同乳酸菌生长良好，经历了潜伏期、对数生长期和稳定期。0～4 h 为菌株的生长潜伏期，其生长繁殖活动较慢，在 4～20 h 菌株充分利用碳源和氮源进行生长代谢活动，从而导致 OD 值显著增加，在 20 h 后，由于菌株生长环境中营养物质较少，且菌株生长过程中产酸，最终导致菌株生长代谢活动减慢。培养时间在 4 h 后，嗜热链球菌、乳双歧杆菌和植物乳杆菌的 OD 值均显著高于德氏乳杆菌保加利亚亚种 HCS10-001 和德氏乳杆菌保加利亚亚种 HCS10-005。以上结果说明在相同的生长条件下，嗜热链球菌、乳双歧杆菌和植物乳杆菌的生长繁殖能力高于德氏乳杆菌保加利亚亚种 HCS10-001 和德氏乳杆菌保加利亚亚种 HCS10-005。

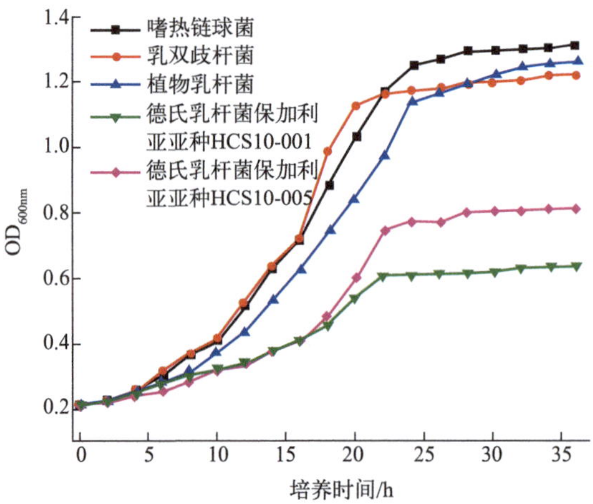

图 2-11 不同发酵菌株的生长曲线

2.1.2.9 不同乳酸菌发酵对豆清酸奶 pH 值的影响

乳酸菌以碳水化合物为主要碳源，将其分解产酸，降低酸奶的 pH 值。不同乳酸菌菌株发酵的豆清酸奶的 pH 值变化曲线如图 2-12 所示。0～4 h 内，单菌菌株发酵的酸奶 pH 值均无显著变化，说明菌株的生长繁殖活动较慢，4 h 之后 pH 值显著降低。主要原因是在发酵初期乳酸菌代谢分解活动较慢，而随着发酵时间的延长，乳酸菌的生长繁殖加快，充分代谢分解碳源和氮源产生大量的乳酸和丁酸等，导致 pH 值的显著降低。在发酵 2 h 后，在同一时间下嗜热链球菌 HCS07-002（SR）和乳双歧杆菌 HCS04-001（SQ）的 pH 值与植物乳杆菌 HCS03-084（ZW）、德氏乳杆菌保加利亚亚种 HCS10-001（BJ001）和德氏乳杆菌保加利亚亚种 HCS10-005（BJ005）相比较低，说明其在发酵过程中嗜热链球菌和乳双歧杆菌的生长代谢活动较快，上述结果与菌株生长特性的分析结果一致。

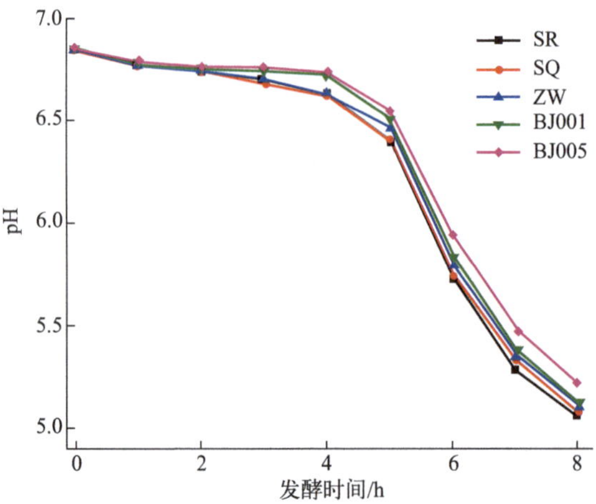

图 2-12 不同乳酸菌菌株发酵的豆清酸奶的 pH 值变化曲线

2.1.2.10 不同乳酸菌发酵对豆清酸奶质构特性的影响

质构特性是评定酸奶品质优劣的重要指标，豆清酸奶的硬度和稠度测定结果如图 2-13 所示。由图可知，乳双歧杆菌发酵的豆清酸奶 SQ 具有最大的硬度和稠度，分别为 22.16 g 和 48.44 g·s，其次是嗜热链球菌发酵的酸奶 SR，分别为 20.73 g 和 45.69 g·s，而保加利亚菌种发酵的酸奶的硬度和稠度最低。这可能是由于在发酵过程中酸奶 SQ 和 SR 的体系中形成了较多的蛋白质胶束基质，构成稳定的三维网络结构，从而提高了酸奶 SQ 和 SR 的质构特性。高分子量蛋白质和蛋白质胶束能够增加酸奶的刚性和稠度。

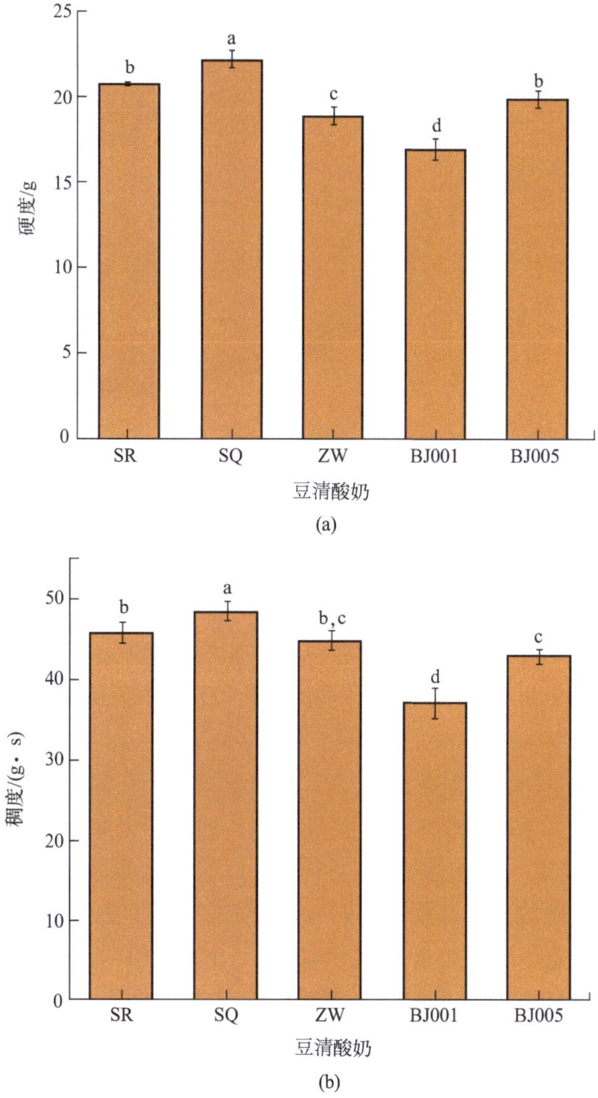

图 2-13 豆清酸奶的硬度和稠度分析

2.1.2.11 不同乳酸菌发酵对豆清酸奶表观黏度的影响

表观黏度是表征食品流变学特性的物理指标之一。由图 2-14 可知，随着剪切速率的增大，豆清酸奶的表观黏度逐渐降低，呈现剪切稀化的行为。剪切速率在 0～20 s^{-1} 之间表观黏度显著降低，在 20 s^{-1} 之后趋于平稳，呈现非牛顿流体的特性。主要原因是剪切作用破坏了大豆基酸奶内部的网络结构，导致表观黏度降低。随着剪切速率的不断增加，酸奶内部的液滴逐渐形成最佳定向取向，致使表观黏度趋于平稳。在同一剪切速率下，豆清酸奶 SQ 和 SR 的表观黏度最大，酸奶 BJ001 和 BJ005 表观黏度较低。这一结果与质构特性检测结果一致。

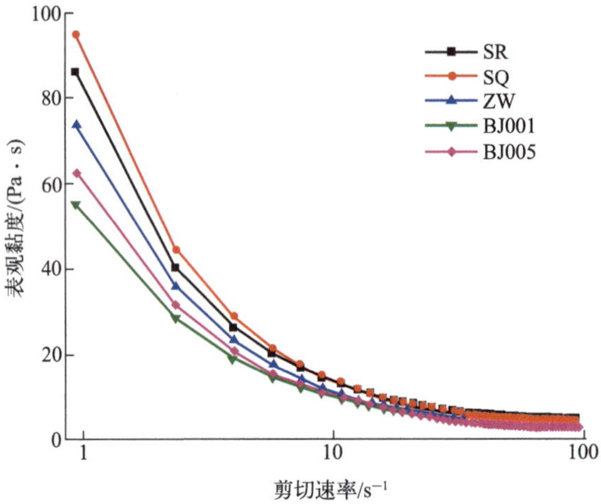

图 2-14 剪切速率对不同菌株发酵的豆清酸奶表观黏度的影响

2.1.2.12 不同乳酸菌发酵对豆清酸奶黏弹性反应的影响

频率扫描常被用来检测样品在逐渐增加的频率扫描下，样品呈现出的黏弹性反应，这可以间接地模拟人类的咀嚼行为，反映样品的质地。不同乳酸菌发酵的豆清酸奶的频率扫描结果如图 2-15 所示。由图可知，随着振荡频率的增大，酸奶的弹性模量（G'）与黏性模量（G''）逐渐增大。在同一振荡频率下，$G' > G''$，表明豆清酸奶体系中弹性成分占主导作用。随着振荡频率的增大，损耗角正切值（$\tan\delta$）总体呈现上升的趋势［2-15（c）］。这一结果表明随着振荡频率的增加，酸奶体系中弹性成分逐渐损耗，黏性成分增多。在同一振荡频率下，大豆基豆清酸奶的弹性模量和黏性模量大小排序均为：SQ ＞ SR ＞ ZW ＞ BJ0005 ＞ BJ001。这可能是由于乳双歧杆菌和嗜热链球菌发酵的豆清酸奶 SQ 和 SR 中含有较多的蛋白质胶束或高分子聚合，致使两者具有较为稳定的凝胶结构，这一结果与质构特性的检测结果一致。以上结果表明乳双歧杆菌发酵的豆清酸奶 SQ 的质构特性和流变学特性最佳。

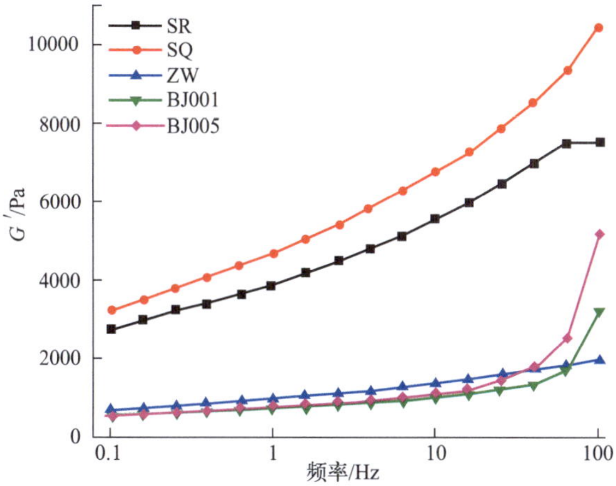

(a) 弹性模量

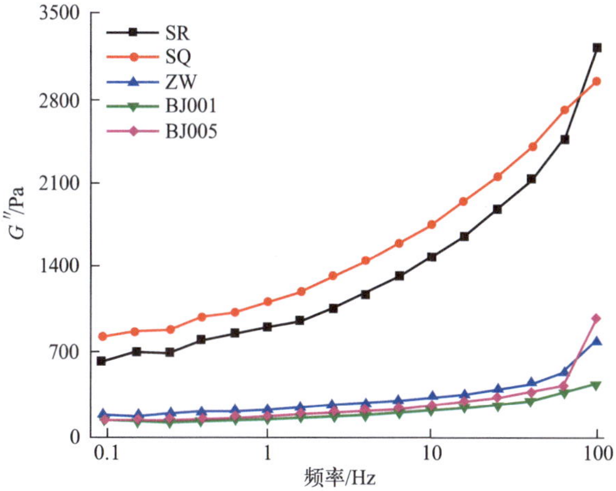

(b) 黏性模量

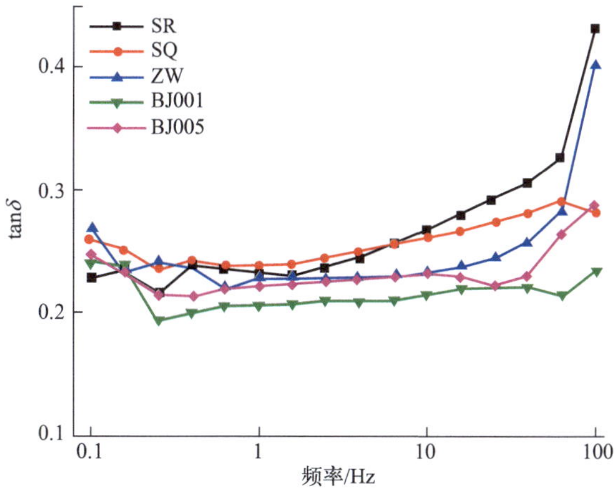

(c) 损耗角正切值

图 2-15 不同乳酸菌发酵的豆清酸奶的频率扫描结果

2.1.2.13 不同乳酸菌发酵对豆清酸奶中异黄酮及雌马酚含量的影响

雌马酚是大豆异黄酮被特定菌株分解代谢而产生的主要代谢产物，其生物活性远高于大豆异黄酮。由图 2-16 可知，不同乳酸菌发酵对大豆异黄酮和雌马酚的含量产生一定影响。本研究中乳双歧杆菌发酵的豆清酸奶 SQ 中异黄酮和雌马酚的含量显著高于其他样品，分别为 135.15 μg/mL 和 0.7262 μg/mL，其次是酸奶 SR。这可能是由于在发酵过程中乳酸菌分泌的各种酶将与蛋白质、脂肪结合的黄酮类物质释放出来。乳双歧杆菌是一种厌氧菌，代谢转化大豆异黄酮和雌马酚的细菌大多为厌氧菌。因此，与其他乳酸菌发酵的豆清酸奶相比，乳双歧杆菌发酵更有利于酸奶中大豆异黄酮和雌马酚的富集。

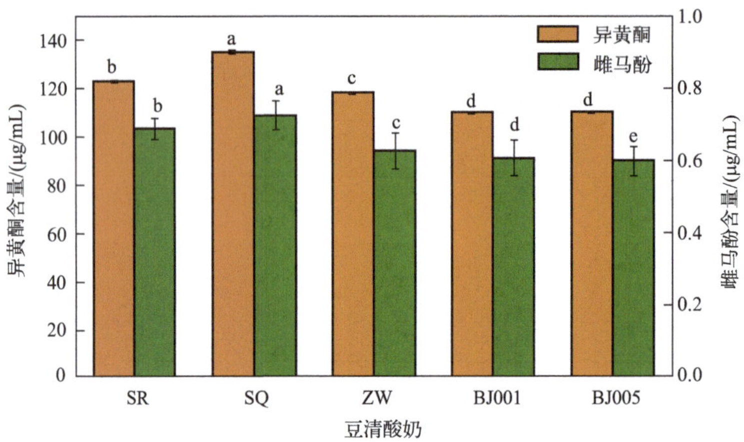

图 2-16 不同乳酸菌发酵的豆清酸奶中异黄酮和雌马酚含量的检测结果

2.1.2.14 不同乳酸菌发酵对豆清酸奶风味特性的影响

利用电子舌检测了不同乳酸菌发酵的豆清酸奶（图 2-17）。由图可知，大豆基豆清酸奶的丰富度和鲜味的响应值最高，且不同乳酸菌发酵的样品之间的丰富度和鲜味存在差异。乳双歧杆菌发酵的酸奶 SQ 的丰富度和鲜味均显著高于其他样品，其主要原因可能是乳双歧杆菌在发酵过程中代谢分解脂肪和蛋白质产生了较多的呈味物质。酸味是由于乳酸菌代谢分解碳源和氮源产生乳酸而形成，其响应值处于中等水平。咸味，苦味和涩味响应值较低。有研究表明，黄酮类物质是涩味的主要来源。

由图［2-17（a）］中右侧放大图可以看出，由乳双歧杆菌发酵的酸奶 SQ 的涩味响应值最大，其次是样品 SR，这一结果与上述异黄酮和雌马酚检测结果一致。根据电子舌检测结果对不同乳酸菌发酵的豆清酸奶的滋味进行差异性分析，得到了主成分分析得分图［图 2-17（b）］和层次聚类分析热图［图 2-17（c）］。由图可知，第一主成分和第二主成分的方差贡献率分别为 55.50% 和 26.36%。丰富度和鲜味与第一主成分呈显著正相关，涩味与第二主成分呈显著正相关。酸奶SQ单独位于第一象限，表明其滋味与其他样品具有明显的差异，而酸奶SR和ZW，BJ001和BJ005距离相近，表明其间的滋味特征相近。豆清酸奶可被分成3类：酸奶SR和ZW，酸奶SQ，酸奶BJ001和BJ005。酸奶SQ的丰富度，鲜味和涩味的信号强度值最大，与主成分分析结果一致。

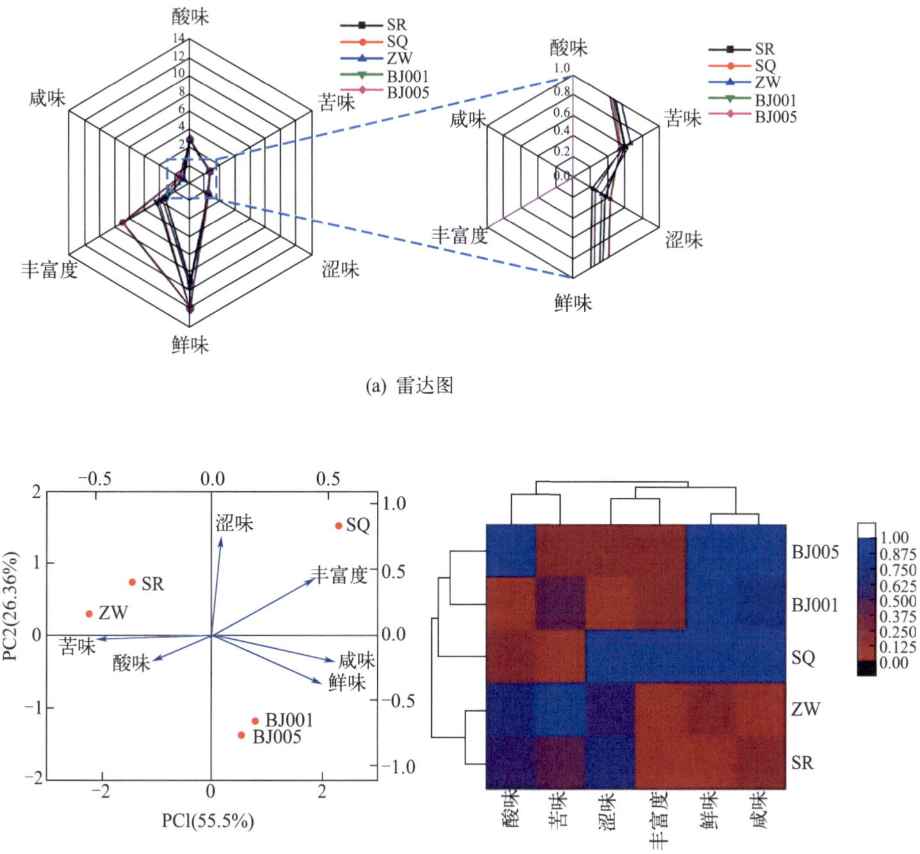

(a) 雷达图

(b) 主成分分析图

(c) 层次聚类热图

图2-17　不同乳酸菌发酵的大豆基豆清酸奶电子舌测定结果

2.1.2.15　不同乳酸菌发酵对豆清酸奶DPPH清除率的影响

目前DPPH清除率已被广泛应用于评价活性物质的抗氧化能力。不同菌株发酵的豆清酸奶的DPPH清除率结果如图2-18所示。由图2-18可知，不同乳酸菌发酵的豆清酸奶均表现出DPPH自由基清除能力。

酸奶SQ的DPPH自由基清除率最高，为59.18%，其次是酸奶SR，清除率为53.51%，酸奶ZW，BJ001和BJ005的DPPH自由基清除能力无显著性差异。这可能是由于厌氧菌乳双歧杆菌在发酵过程中将脂肪等大分子物质转化为黄酮类或者酚类物质。有研究表明，样品中大豆异黄酮和酚类物质的浓度与抗氧化能力呈正相关。本研究酸奶 SQ 中大豆异黄酮和雌马酚含量最高，其抗氧化能力最强。

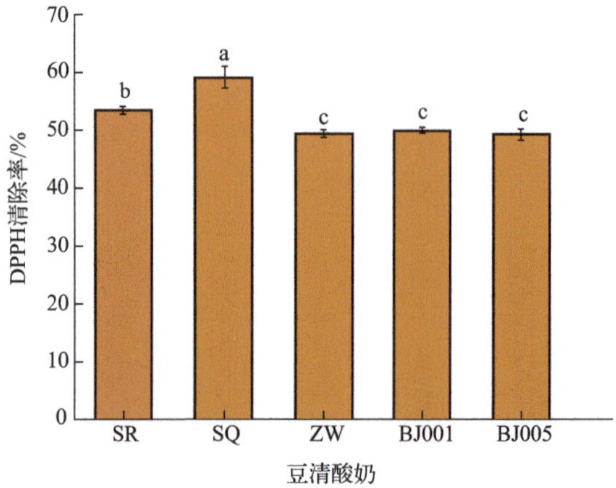

图 2-18 不同乳酸菌发酵的豆清酸奶的 DPPH 清除率

2.1.2.16 不同乳酸菌发酵对豆清酸奶超氧阴离子清除率的影响

超氧阴离子自由基具有很强的氧化能力，与人体内生物大分子物质反应将会对组织造成严重的损伤。不同乳酸菌发酵的豆清酸奶的超氧阴离子清除率结果如图 2-19 所示。由图可知，乳双歧杆菌发酵的大豆基豆清酸奶 SQ 的超氧阴离子清除率最高，达 65.88%，嗜热链球菌发酵的 SR 的超氧阴离子清除率为 60.11%，结果表明 SQ 和 SR 的抗氧化能力较强。这主要是因为酸奶 SQ 和 SR 中大豆异黄酮和雌马酚含量较多。有研究表明，大豆异黄酮和雌马酚具有抗氧化活性，且两者浓度越大抗氧化活性越强。综合以上实验结果可知，乳双歧杆菌发酵的豆清酸奶具有更强的抗氧化能力。

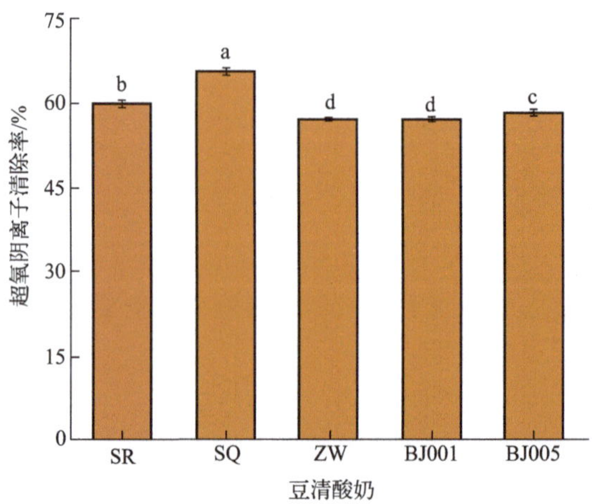

图 2-19 不同乳酸菌发酵的豆清酸奶的超氧阴离子清除率

2.1.2.17 乳酸菌发酵豆清酸奶储藏期间酸度变化

将商业混合乳酸菌 Danisco 和乳双歧杆菌 HCS04-001 发酵的样品分别命名为：D、SQ。图 2-20 为 Danisco 混合乳酸菌发酵的酸奶和乳双歧杆菌发酵的酸奶 SQ 在储藏过程中酸度的变化，滴定酸度值均符合国家标准（> 70 °T）。由图可知，随着储藏时间的延长，酸奶的酸度呈现逐渐增大的趋势。Danisco 混合乳酸菌发酵的酸奶 D 的酸度在 0～10 d 内明显增大，10～20 d 内无显著性变化，最大值为 102.83 °T；乳双歧杆菌发酵的酸奶 SQ 的酸度在 0～15 d 内酸度显著增大，15～20 d 内无显著性变化，最大值为 102.3 °T。虽然乳酸菌的生长代谢活动在冷藏过程中受到了抑制，但仍然能够缓慢进行，与酶同时发挥作用进一步分解糖类物质产生乳酸，导致酸度逐渐增大，使酸奶呈现后酸化现象。Danisco 发酵的酸奶 D 的酸度在储藏 0～15 d 内酸度明显高于酸奶 SQ。这可能是 Danisco 体系中嗜热链球菌和保加利亚亚种在发酵过程和储藏过程中产生乳酸和后酸化的双重效果更大，导致 D 的酸度高于 SQ。

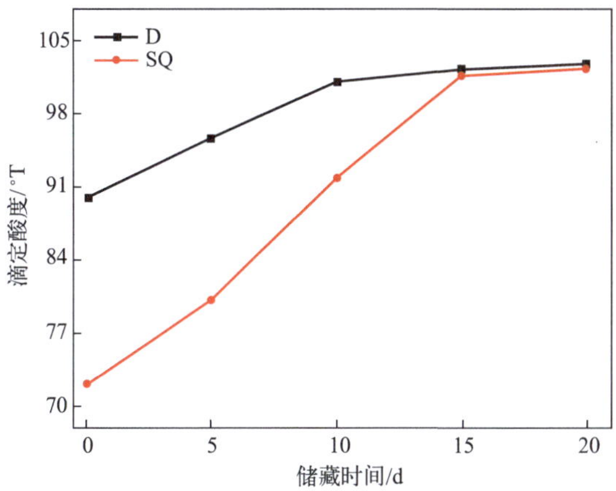

图 2-20 不同乳酸菌发酵的豆清酸奶储藏过程中酸度的变化

2.1.2.18 乳酸菌发酵豆清酸奶储藏期间活菌数变化

酸奶中乳酸菌的活菌数达到一定数量时也可成为有害物侵袭肠道的重要屏障。国家对活菌类益生菌食品明确规定，在食品的储藏期内活菌数不能低于 1×10^6 CFU/mL。因此，分别对豆清酸奶 D 和 SQ 在储藏过程中混合乳酸菌 Danisco 和乳双歧杆菌的活菌数的变化进行了检测（图 2-21）。由图可知，在同一储藏时间，Danisco 的总活菌数显著高于乳双歧杆菌。这是由于混合乳酸菌具有一定的协同作用，能够促进其生长繁殖。

储藏 0～10 d 内，SQ 中乳双歧杆菌和 D 中的嗜热链球菌和保加利亚亚种的总活菌数显著增加，最大值分别为 23.67×10^6 CFU/mL 和 68.33×10^6 CFU/mL。储藏 10～20 d 的过程中活菌数降低。这主要是由于在冷藏过程中，乳酸菌仍具有一定的活性，能够缓慢地进行生长代谢活动。然而，随着储藏时间的不断延长，酸奶体系中的营养物质不足，酸度增大，乳酸菌存活率降低。这一检测结果与豆清酸奶D和SQ的酸度变化趋势一致。

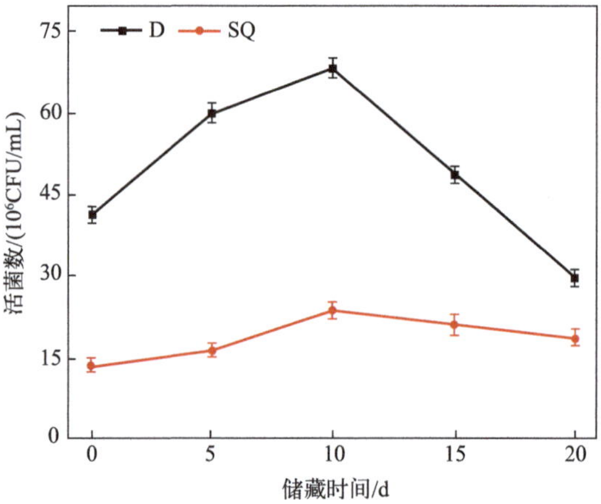

图 2-21　豆清酸奶储藏过程中活菌数的变化

2.1.2.19　乳酸菌发酵豆清酸奶储藏期营养成分变化

Danisco混合乳酸菌和乳双歧杆菌发酵的豆清酸奶在一定的储藏期间内蛋白质、脂肪和总糖含量的测定结果如图2-22所示。由图可知，在0～20 d的储藏过程中，Danisco发酵的样品D的脂肪和总糖含量均高于乳双歧杆菌发酵的酸奶SQ。在0～5 d的储藏时间内，豆清酸奶D中蛋白质含量高于样品SQ，而在10～20 d储藏时间内，豆清酸奶D中蛋白质含量均低于样品SQ。随着储藏时间的延长，Danisco和乳双歧杆菌分别发酵的酸奶D和SQ中蛋白质、脂肪和总糖含量逐渐降低。这主要是由于在冷藏过程中酸奶中的乳酸菌仍保持一定活性，能够进行缓慢的生长代谢活动，将大分子蛋白质、脂肪和碳水化合物分解成人体所需的小分子营养物质。

2.1.2.20　乳酸菌发酵豆清酸奶储藏期质构变化

Danisco混合乳酸菌和乳双歧杆菌发酵的豆清酸奶在储藏期间硬度和稠度的变化如图2-23所示。酸奶体系的硬度值越大，内部的网络结构越坚实。稠度是体系在抵抗外界施加的剪切应力时，其内部产生摩擦的一种表现。

由图2-23可知，随着储藏时间的延长，Danisco混合乳酸菌和乳双歧杆菌分别发酵的酸奶D和SQ的硬度和稠度逐渐增大。酸奶D的硬度和稠度在储藏10 d后无显著性变化，SQ的稠度在储藏15～20 d期间无显著性变化，表明在4℃下冷藏有利于改善酸奶的品质。主要原因可能是在一定的储藏期内，酸奶中乳酸菌仍然具有一定的活性，继续缓慢地生长，酸奶发生后酸化，导致蛋白质不断地附聚，形成更加稳定的结构和良好的稠度特性。随着储藏时间的不断延长，酸奶体系能量不足，酸度较低，抑制了乳酸菌的生长代谢活动，内部体系基本维持稳定，导致酸奶的质构特性无显著性变化。

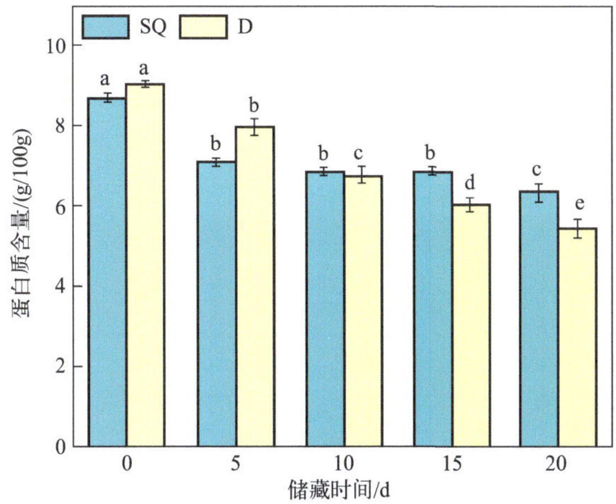

(a) 蛋白质含量的变化

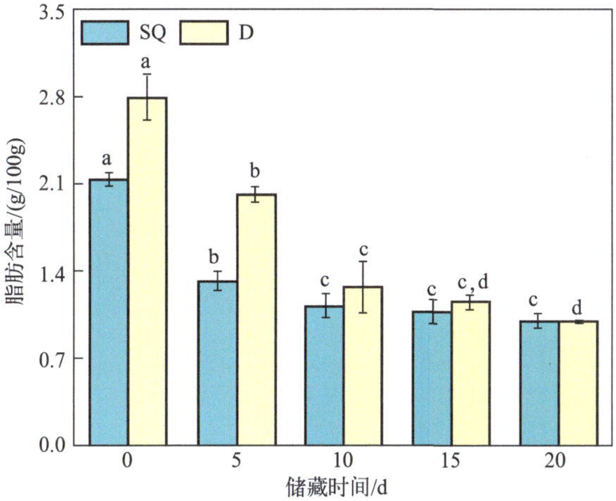

(b) 脂肪含量的变化

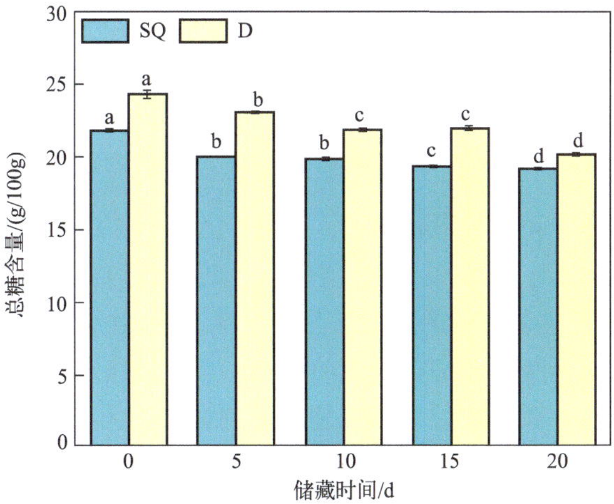

(c) 总糖含量的变化

图 2-22 乳酸菌发酵豆清酸奶储藏过程中蛋白质、脂肪、总糖含量的变化

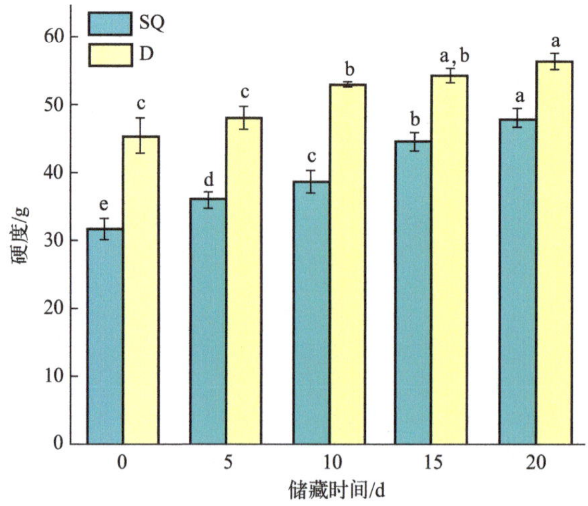

(a) 硬度变化

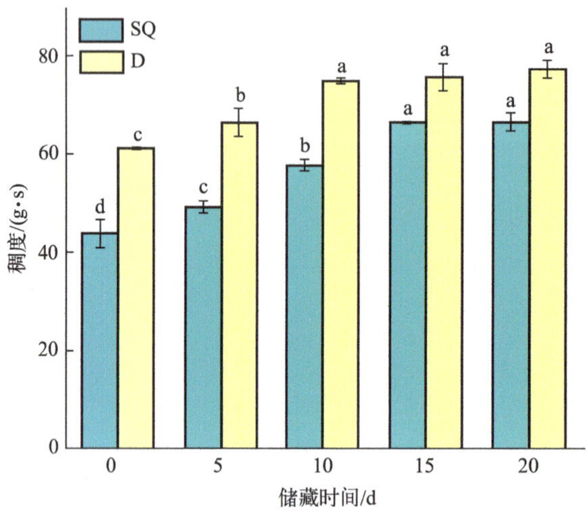

(b) 稠度变化

图 2-23 乳酸菌发酵豆清酸奶储藏过程中硬度和稠度的变化

2.1.2.21 乳酸菌发酵豆清酸奶储藏期表观黏度变化

豆清酸奶 SQ 和 D 在 0 d、5 d、10 d、15 d、20 d 的储藏期内表观黏度的测定结果如图 2-24 所示。0～50 s^{-1} 范围内，随着剪切速率的增大，酸奶 D 和 SQ 的表观黏度呈现显著降低的趋势，剪切速率高于 50 s^{-1} 时，表观黏度趋于平稳。此结果表明酸奶体系呈现剪切稀化的特性，是一种假塑性流体。随着储藏时间的延长，由 Danisco 和乳双歧杆菌分别发酵的酸奶 D 和 SQ 的表观黏度逐渐增大，所以将酸奶在 4℃储藏能够提高酸奶的表观黏度。主要原因是储藏过程中，乳酸菌仍然能够进行缓慢的生长代谢活动，使酸奶体系的酸度增大，蛋白质颗粒附聚形成更加稳定的蛋白胶束，从而导致表观黏度增大。

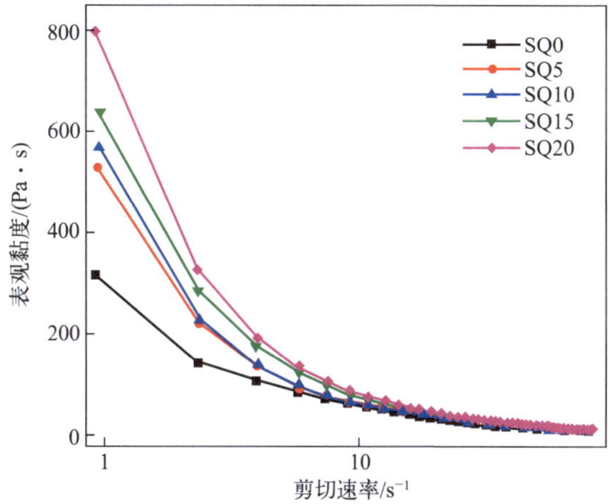

(a) 酸奶SQ

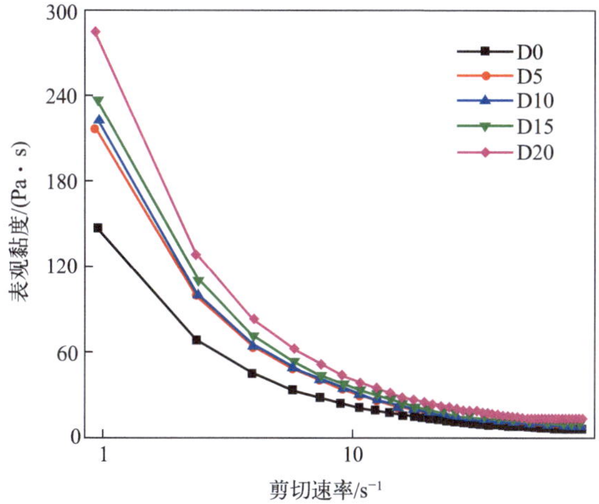

(b) 酸奶D

图 2-24 乳酸菌发酵豆清酸奶储藏过程中表观黏度的变化

2.1.2.22 乳酸菌发酵豆清酸奶储藏期流变学情况

豆清酸奶在 0 d、5 d、10 d、15 d、20 d 的储藏期内频率扫描结果如图 2-25 所示。弹性模量（G'）和黏性模量（G''）分别用于描述样品的类固体和类流体特性。当样品受到力的作用时，G' 越大，样品发生形变程度越小，G'' 越大，样品越不易流动。损耗角正切值（tan δ）为黏性模量与弹性模量的比值，能够表征酸奶体系的黏弹性。由图 2-25（a）和（b）可知，随着频率的增加，由 Danisco 乳酸菌和乳双歧杆菌分别发酵的酸奶 D 和 SQ 的 G' 和 G'' 逐渐增大，呈现出较强的弹性行为和黏性行为。此外，相同样品的 G' 始终高于 G''，酸奶呈现类固体状态。以上结果表明酸奶内部网络结构稳定，可以经受高频率的破坏，两种酸奶体系均呈现固体状态。

随着频率的增加，tanδ整体呈现先减小后增大的趋势［图2-25（c）和（d）］，说明在频率的不断增加的过程中，类固体特征的酸奶体系中弹性成分损耗，黏性成分逐渐增多，酸奶弹性行为逐渐减弱，黏性行为增强。随着储藏时间的延长，Danisco发酵的酸奶D和乳双歧杆菌发酵的酸奶SQ的G'和G''均逐渐增大，而tanδ值无显著性变化。这是由于在0～20 d的储藏期，酸奶中乳酸菌仍然能够进行缓慢的生长代谢，致使酸奶发生后酸化，蛋白质颗粒不断聚集融合，蛋白间相互作用力加强。因此，酸奶在4℃条件下储藏有利于加强其内部结构稳定性，改善其流变学特性。

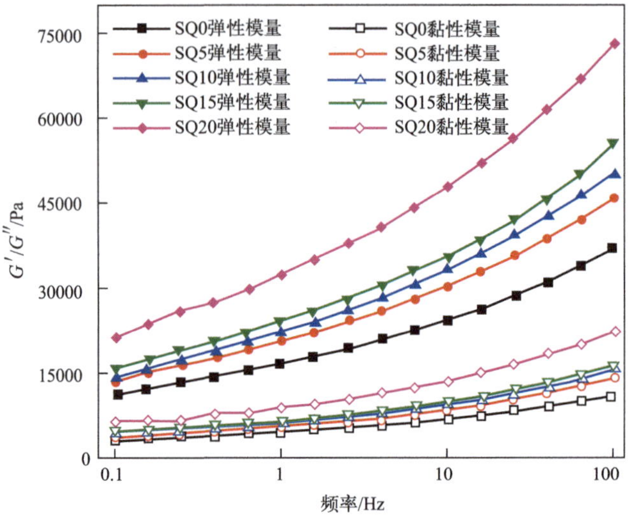

(a) 酸奶SQ的弹性模量和黏性模量

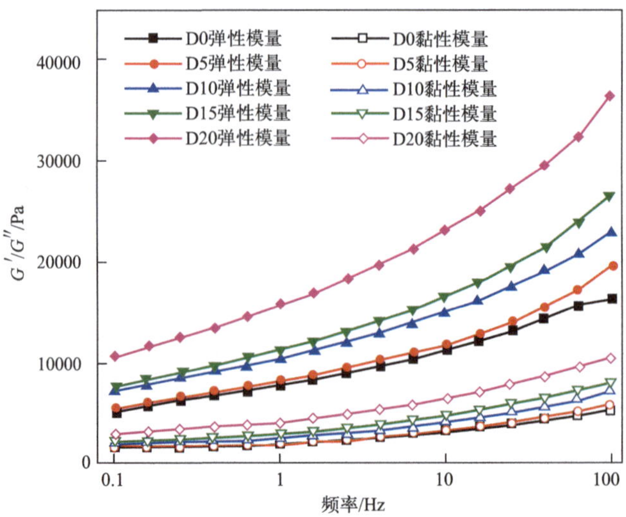

(b) 酸奶D的弹性模量和黏性模量

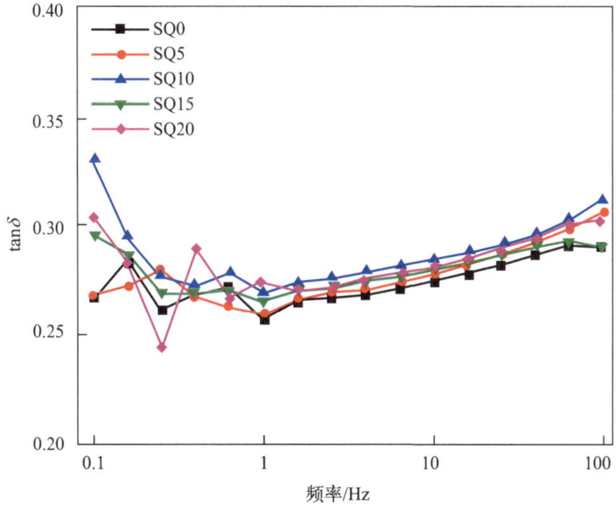

(c) 酸奶SQ的损耗角正切值

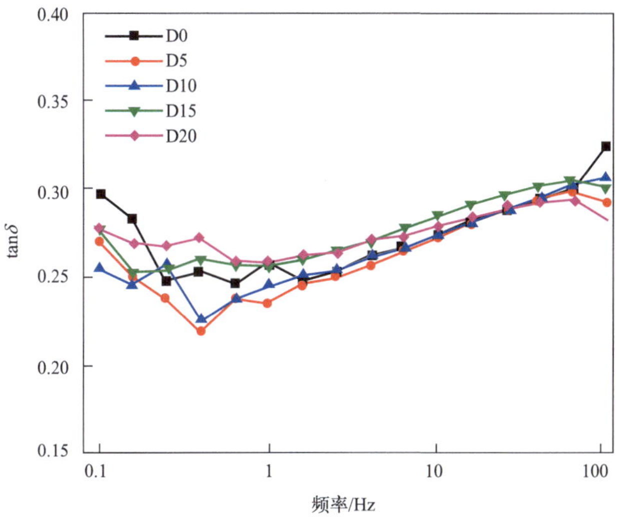

(d) 酸奶D的损耗角正切值

图 2-25 乳酸菌发酵豆清酸奶储藏过程中频率扫描曲线

2.1.2.23 乳酸菌发酵豆清酸奶储藏期 Turbiscan 稳定性指数变化

多重光散射能够快速、准确、客观地反映出乳化体系稳定性，已被广泛应用于化妆品、食品生产加工行业。大豆基酸奶 D 和 SQ 在 0～20 d 的储藏期内 Turbiscan 稳定性指数（Turbiscan stability index，TSI）的变化趋势如图 2-26 所示。由图可知，随着储藏时间的延长，D 和 SQ 的 TSI 值逐渐增大，10 d 后趋于平稳。在同一时间点，乳双歧杆菌发酵的 SQ 的 TSI 值显著低于 Danisco 发酵样品 D 的 TSI 值，说明 SQ 的稳定性高于 D。

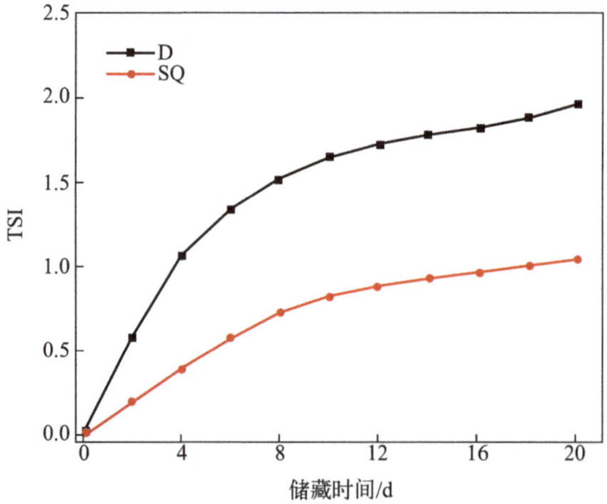

图 2-26 乳酸菌发酵豆清酸奶储藏期 TSI 的变化

2.1.3 豆清果糕

豆清果糕的原料豆渣、豆清浆液为良好的营养基质，适宜乳杆菌生长代谢，并富集氨基酸、低聚糖等活性物质，进一步促进凝结芽孢杆菌的生长，提升果糕的益生菌活菌数；同时促进发酵豆香风味形成，使制备的果糕具有清香爽口的特点。

2.1.3.1 工艺流程、配方及响应面分析

在深入探讨豆清果糕的丰富特性之前，了解其独特的工艺及配方是至关重要的基础。

（1）工艺流程

① 采用磨浆机制作豆浆过程中，利用浆渣分离机滤出大豆豆清以及豆渣。

② 将大豆豆清与豆渣按约 3∶1 的比例混合。用胶体磨均质，每次 5 min，通过 3～4 次得到浆料。

③ 将得到的浆料通过微波进行灭菌。

④ 将灭菌后的浆料，晾至室温，接种植物乳杆菌，于 35℃培养 8 h。

⑤ 制备果浆。选取新鲜苹果、山楂，苹果与山楂比例为 3∶2；加入等体积水，加热搅拌，冷却室温形成果浆。

⑥ 将果浆与发酵后的浆料按比例 1∶1 混合，同时加入白砂糖、凝结芽孢杆菌和液态食用琼脂。

⑦ 放入模具成模，脱模后密封真空包装，4℃冷藏。

（2）配方　豆清果糕的生产配方见表 2-1。

表 2-1 豆清果糕的生产配方

序号	原料	含量（以豆清果糕计）/%	序号	原料	含量（以豆清果糕计）/%
1	山楂	5.7	5	豆渣	11.39
2	苹果	17.1	6	豆清	34.13
3	水	22.78	7	白砂糖	6.5
4	液态食用琼脂	2.4			

（3）响应面分析　图 2-27 是豆清果糕工艺的响应面分析图，展示了不同因素交互作用对感官评分的影响。图（a）呈现了豆渣、豆清水配比（*A*）与植物乳杆菌添加量（*B*）交互作用对感官评分的影响；图（b）展示了豆渣、豆清水配比（*A*）与凝结芽孢杆菌添加量（*C*）交互作用对感官评分的影响；图（c）则是植物乳杆菌添加量（*B*）与凝结芽孢杆菌添加量（*C*）交互作用对感官评分的影响。响应面的曲面形状反映了各因素间交互作用的强弱，曲面越陡峭，表明因素交互作用对感官评分的影响越显著，通过这些图可找到各因素的较优组合以提升豆清果糕感官品质。

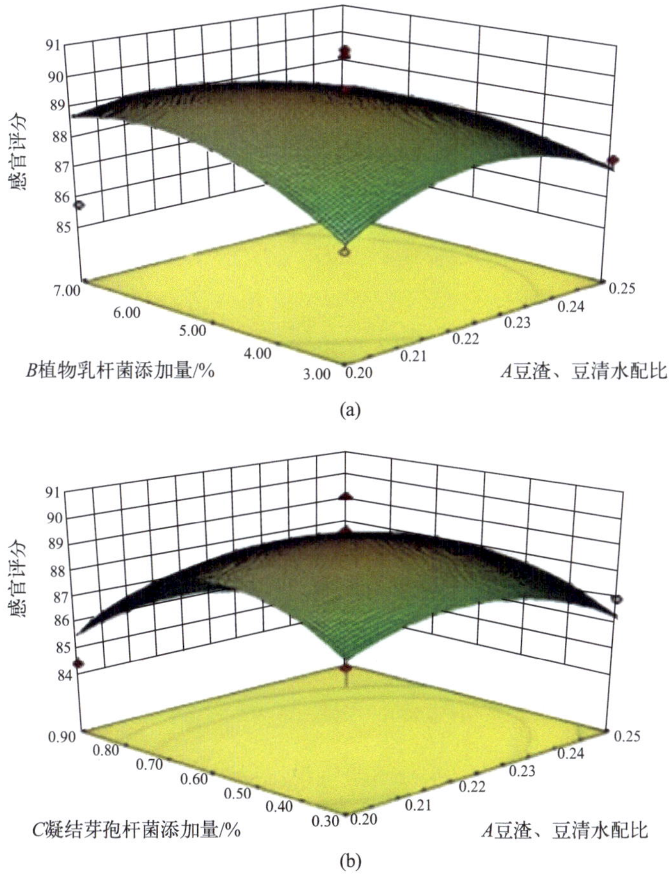

图 2-27

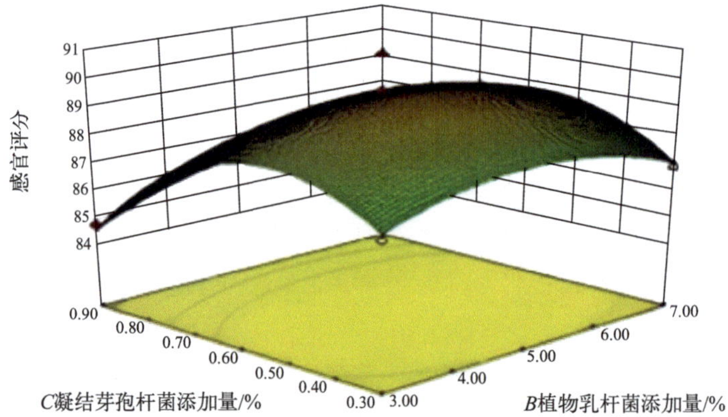

(c)

图 2-27 豆清果糕工艺的响应面分析

2.1.3.2 豆清果糕储藏期微生物组成变化

图 2-28 中的试验结果所示，果糕在储藏至第 9～10 天时，表面会出现杂菌菌落，且根据菌落总数的测定发现，第 9 天时菌落中出现了杂菌，因此以 9 d 为限，测定第 0 d、3 d、6 d、9 d 时的果糕品质变化。

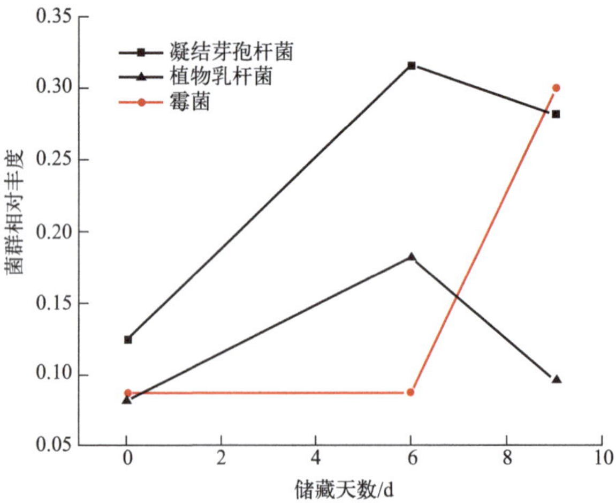

图 2-28 储藏期豆清果糕微生物组成变化图

2.1.3.3 豆清果糕储藏期色差变化

由图 2-29 可知，随着储藏时间的增长，豆清果糕的色泽也会随之变化。果糕的 L^* 值在逐渐降低，也就是说果糕色泽逐渐变暗，L^* 值的下降很有可能是因为果糕在储藏期间水分的流失。其 a^* 值和 b^* 值则随着储藏时间的延长波动性较小。一般来说因为褐变的作用，在储藏期间的 a^* 值和 b^* 值应该随着储藏时间的增长而升高，那么此时果糕的 a^* 值和 b^* 值的变化在储藏期内保持较平稳的变化，表明在 9 天内果糕的色泽稳定性较好。

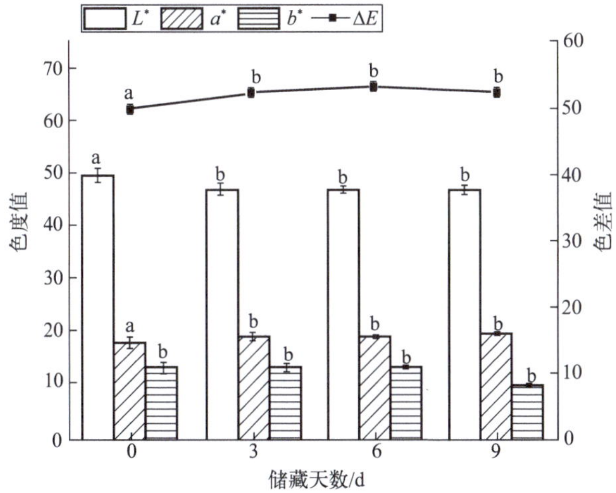

图 2-29 储藏期豆清果糕色差的变化

CIELAB（L^*代表亮度，a^*值表示红度和绿度，b^*值表示黄度和蓝度，ΔE表示色差）颜色体系已被证实能对食品的色泽变化有很直观的描述。CIELAB颜色体系对各种色调都能进行精确地表示，特别是对于相近颜色的差别程度或食品的变色程度都能表现出较为显著的差异

2.1.3.4 豆清果糕储藏期持水力变化

图 2-30 的可知，在 0～9 d 的储藏期内豆清果糕的持水力保持相对稳定，波动变化趋势并不显著。随着储藏时间的延长，果糕的持水力出现先增加后降低的趋势。也就是说，在储存期间，果糕的凝胶网络结构逐渐变得不稳定。有研究发现胞外多糖含量高的凝胶的持水力会更高，而乳酸菌在生长代谢过程中其外壁就会出现微生物胞外多糖，那么第 3 天时的升高，很有可能是因为多糖含量的增加。

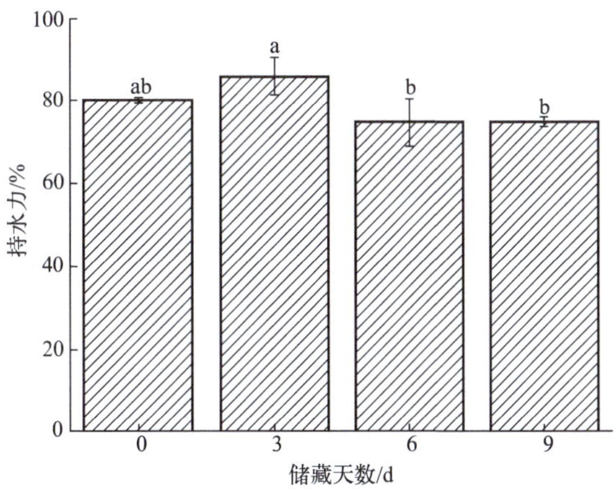

图 2-30 储藏期豆清果糕持水力的变化

2.1.3.5 豆清果糕储藏期风味变化

从图 2-31 中可以看到，豆清果糕的风味在电子鼻的检测下，对 R（2）和 R（7）两个传感器的响应度最强，也就是说豆清基果糕中的挥发性成分中，氮氧化物和硫化物成分可能含量更大。其次是 R（6）和 R（8）两个传感器。R（6）对碳氢化合物敏感，而 R（8）则对醇类和一些芳香族化合物敏感。在 0～9 d 的储藏期内，果糕的挥发性成分中均出现了先增后降的趋势，在储藏期第 3 天时传感器的响应强度达到最高。也就是说第 3 天时的风味最浓郁。

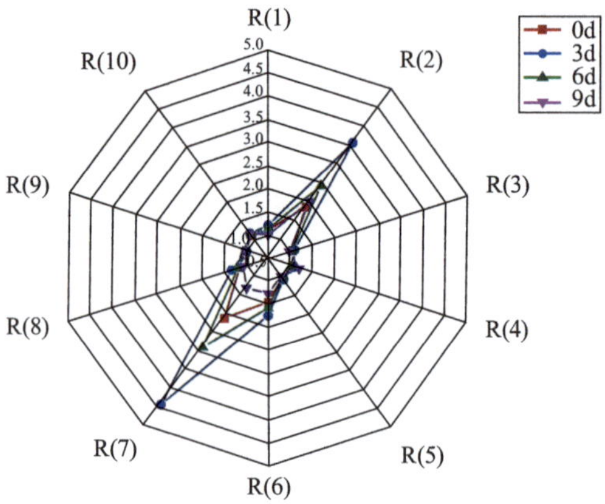

图 2-31 储藏期豆清果糕挥发性成分的电子鼻传感器响应强度变化雷达图

2.1.3.6 豆清果糕储藏期营养成分变化

在图 2-32 中，4℃条件下，0～9 d 的储藏时间内，豆清果糕的脂肪含量是随着储藏天数的增加而升高；蛋白质含量随着储藏天数的增加呈现先上升后下降的趋势；还原糖含量则是随着储藏时间的增加先下降后上升。但总的来说通过显著性分析可知，在这短期的储藏期内，这些变化的波动并不大。

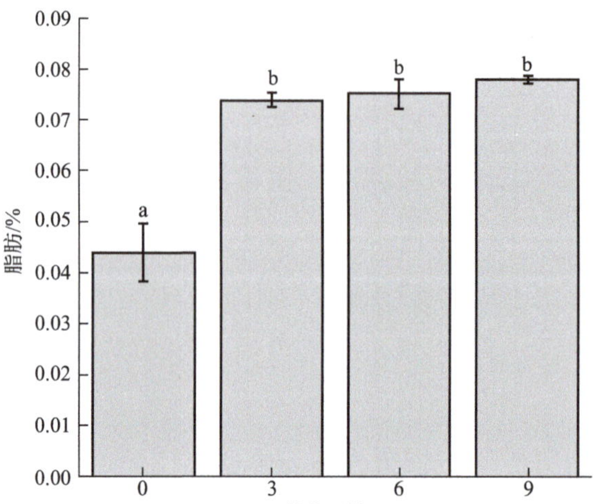

(a)

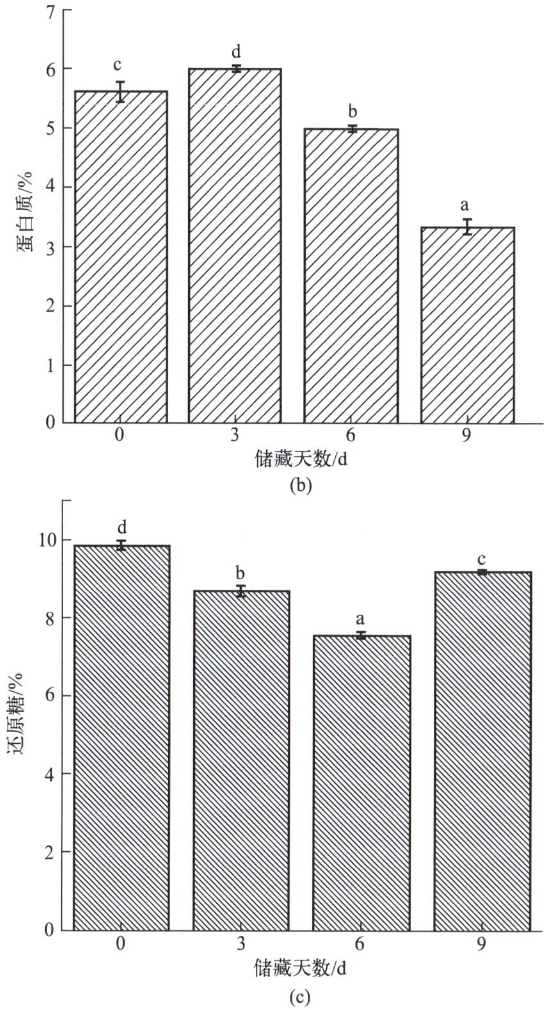

图 2-32 储藏期豆清果糕中脂肪、蛋白质以及还原糖含量的变化

2.1.4 豆清营养豆

采用黄豆为发酵底物，豆清为浸泡液，红曲霉作为发酵菌种，通过固态发酵技术，可获得高苷元型异黄酮的豆清营养豆。该产品联合红曲发酵代谢物和大豆异黄酮的双重降脂功效，为功能性食品的开发利用提供有价值的原料，充分地提高大豆豆清的经济附加值及营养价值。具体工艺如下。

① 将黄豆置于大豆豆清溶液中浸泡，捞起沥干，收集备用。

② 将上述处理后的黄豆装入瓶中，补充大豆豆清溶液，再进行高温灭菌，制备成固体发酵培养基备用。

③ 将红曲霉菌悬浮液接种到固体发酵培养基中，发酵培养的时间控制为

9～15 d，发酵培养期间 0～4 d 时控制培养温度为 30～32℃，发酵培养的第 5 天至发酵结束期间控制培养温度为 27～29℃，发酵培养期间，每隔 3 天进行一次翻曲，直至发酵结束。

④ 培养结束后的培养物，干燥后即得高苷元型异黄酮豆清营养豆（红曲豆）。

2.1.4.1 红曲豆发酵主要活性物质变化

由图 2-33、图 2-34 通过对红曲豆发酵过程中的主要活性物质变化规律进行监测，发现大豆异黄酮含量从 72.90 mg/kg 增加到 1474.88 mg/kg，其中，大豆苷元、黄豆黄素、染料木苷含量分别增加了 684.73 mg/kg、280.94 mg/kg、436.30 mg/kg。*β*- 葡萄糖苷酶活性的变化规律与大豆异黄酮的变化趋势相一致，于发酵第 8 天达到最大值，约 391.01 U/g，与未发酵样品相比，总酚含量增加了 3.1 倍。

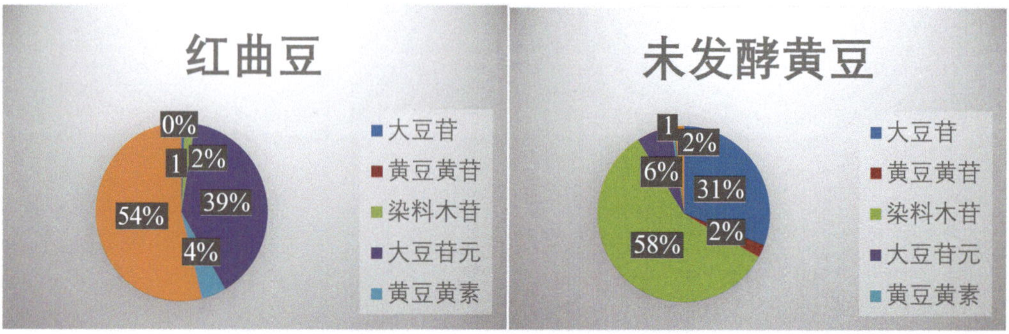

图 2-33 红曲豆与未发酵黄豆异黄酮含量对比分析

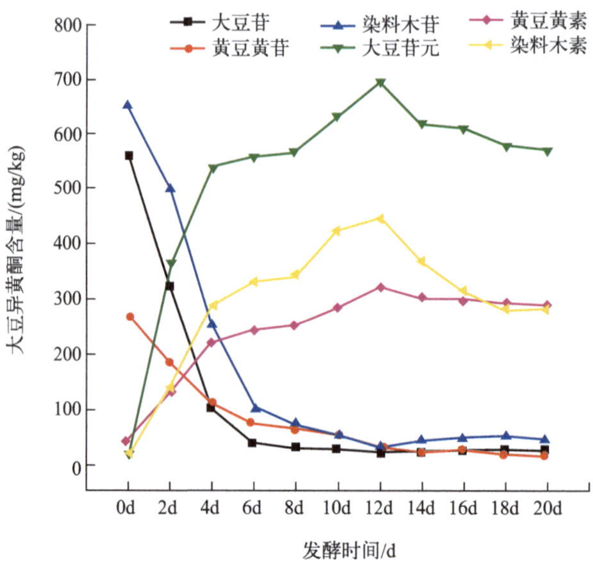

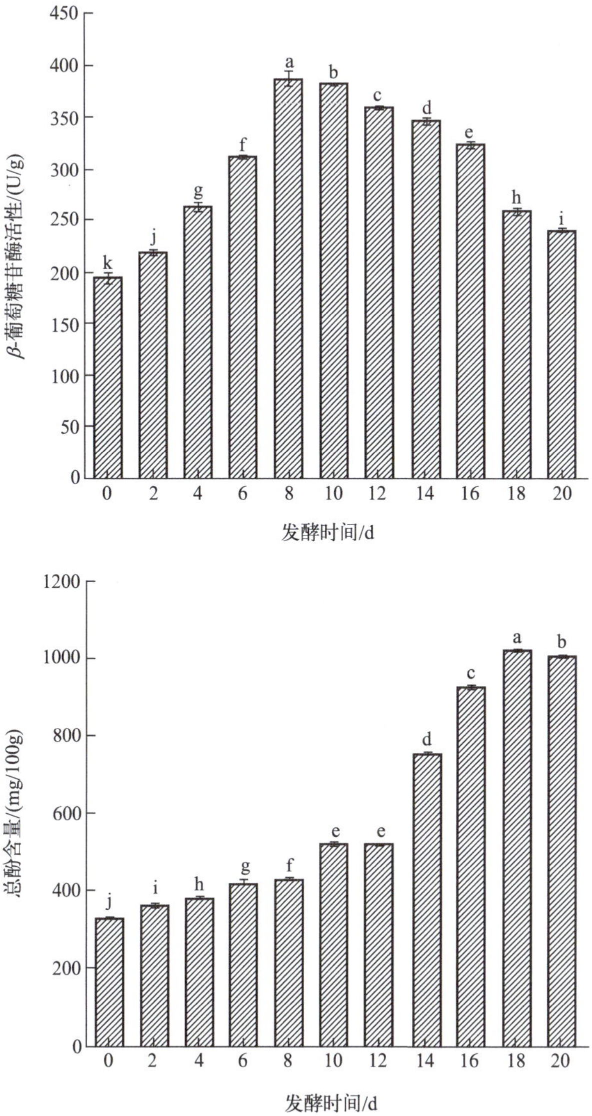

图 2-34　红曲豆发酵期间活性物质变化趋势

柱状图中相同字母表示差异不显著（$P>0.05$），不同字母表示差异显著（$P<0.05$）。余同

2.1.4.2　红曲霉发酵黄豆营养成分及工艺响应面分析

红曲霉发酵对黄豆营养成分的影响如表 2-2 所示。与未发酵豆粉相比，红曲豆粉总蛋白质增加了 3.2%；脂肪含量从（21.17±0.02）g/100g 降至（19.08±0.21）g/100g；发酵后总膳食纤维含量略有下降，但是可溶性膳食纤维增加了 2 倍。粗纤维可能被红曲霉分泌的纤维素酶和半纤维素酶降解。红曲霉发酵大豆工艺的响应面分析见图 2-35。

表 2-2　红曲霉发酵对黄豆营养成分的影响

样品	水分/%	灰分/%	蛋白质/%	脂肪/%	可溶性膳食纤维/%
未发酵豆粉	6.08±0.02	4.06±0.03	34.07±0.24	21.17±0.02	3.67±0.02
发酵豆粉	4.97±0.02	4.65±0.21	37.27±0.08	19.08±0.21	8.27±0.47

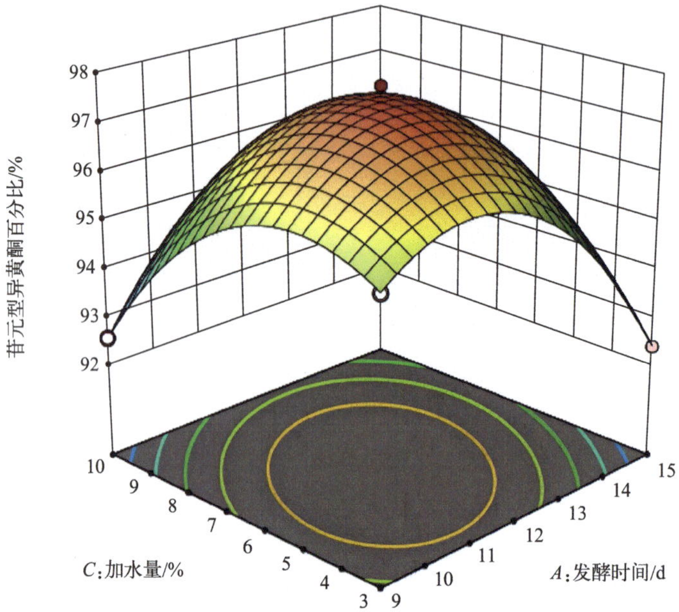

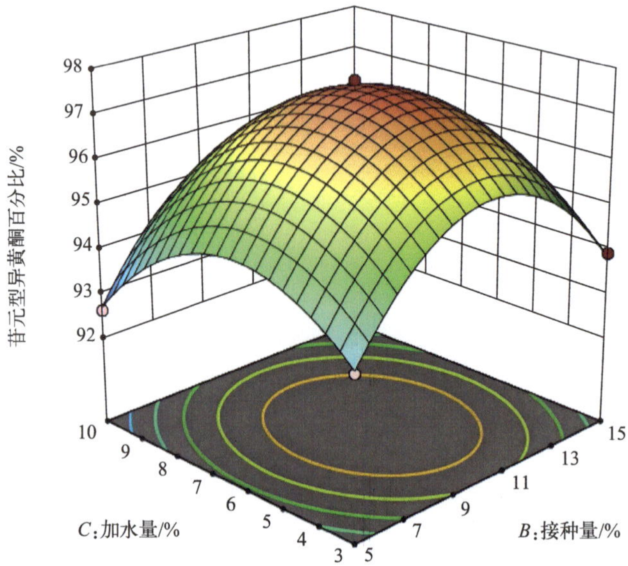

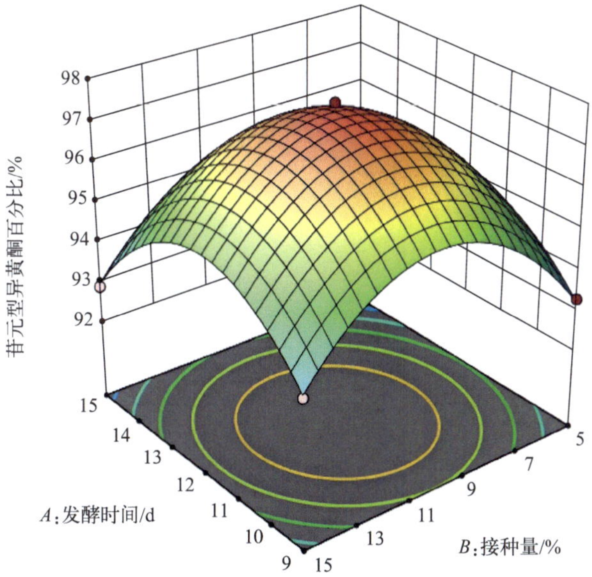

图 2-35 红曲霉发酵大豆工艺的响应面分析

2.1.4.3 红曲豆粉馒头风味特性分析

将红曲豆粉应用于馒头制作。用 PEN3 型电子鼻传感器（表 2-3）分析风味特性。风味分析结果表明（图 2-36），红曲豆粉馒头中的醇类物质比普通馒头多了 5 种，比未发酵豆粉馒头多了 8 种，醛类物质比普通馒头多了 14 种，比未发酵豆粉馒头多了 10 种，酯类比普通馒头多了 4 种，比未发酵豆粉馒头多了 8 种，酮类比普通馒头多了 4 种，比未发酵豆粉馒头多了 6 种。更值得注意的是，红曲豆粉馒头新增 4 种吡嗪类物质和 1 种呋喃类物质，最终使得红曲豆粉馒头的风味比普通馒头和未发酵豆粉馒头风味更丰富。

表 2-3 PEN3 型电子鼻传感器

编号	传感器	传感器响应特征	检查极限/（mL · mL^{-1}）
R1	W1C	对芳香化合物敏感	10^{-5}
R2	W5S	对氮氧化物敏感	10^{-6}
R3	W3C	对氨和芳香化合物敏感	10^{-5}
R4	W6S	对氢敏感	10^{-4}
R5	W5C	对烯烃和芳香化合物敏感	10^{-6}
R6	W1S	对碳氢化合物敏感	10^{-4}
R7	W1W	对硫化氢敏感	10^{-6}
R8	W2S	对醇类和一些芳香族化合物敏感	10^{-4}
R9	W2W	对芳香族化合物和有机硫化物敏感	10^{-6}
R10	W3S	对烷烃（甲烷等）敏感	10^{-5}

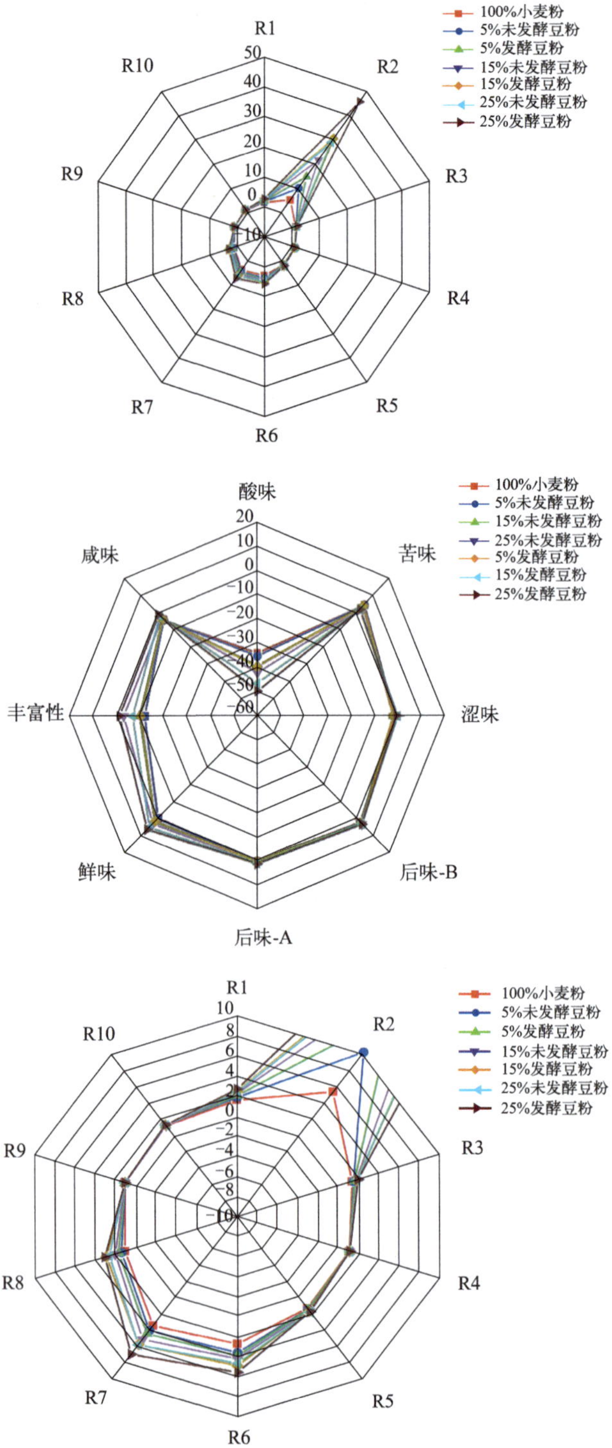

图 2-36　红曲豆粉馒头与其他馒头风味特性的对比

2.2 豆清酒精饮品

目前，我国酒精类饮品市场需求不断上升，消费者诉求表现在对口味、原生态、健康型的创新型产品上，为了迎合这一市场转型，精酿啤酒、低醇饮料等新兴酒精饮品不断出现，深受年轻人追捧。大豆豆清酒精饮品是一种以大豆豆清为液态基础原料的酒精饮料，通常通过酵母菌发酵过程，将豆清中的糖分转化为酒精。这种饮品在口感体验、营养价值挖掘方面更具有创新性。

2.2.1 豆清酒精饮品的种类

参考市场上对酒精饮品健康、创新和多样化口味的需求，根据大豆豆清及搭配的生产原料和酿造工艺的不同，大豆豆清酒精饮品种类主要为豆清精酿啤酒、豆清低醇饮料。

图 2-37 豆清精酿啤酒

精酿啤酒凭借独特的口感与风味，受到各类消费者的钟爱。然而啤酒中的酒精主要由人体肝脏代谢，长期及大量饮用后会导致酒精性肝损伤，造成身体伤害。因此，富含大豆功能因子，具有营养健康功效的豆清精酿啤酒（图 2-37），不但可以弥补功能性啤酒市场的空缺，而且也可以满足长期饮啤酒人群的健康需求。

豆清低醇饮料是一种酒精含量较低（低于 5% vol）的豆清饮品，将豆清加入豆乳中，经过轻微发酵或特殊工艺处理制成，使其含有微量酒精（< 0.5% vol）。豆清低醇饮料是一种创新型饮品（图 2-38），结合了传统低醇豆乳发酵特性和大豆的营养优势，使其成为一种低醇、健康、富含益生菌的功能性发酵饮品。

图 2-38 豆清低醇饮料

2.2.2 豆清酒精饮品发酵菌株的作用机制及对产品的影响

2.2.2.1 酵母菌及其代谢机制

酵母菌是一类单细胞真菌，广泛用于酒精饮品的生产中，是大豆豆清酒精饮品发酵过程中的关键微生物，它可以将大豆中的可发酵糖类转化为乙醇，同时产生多种风味化合物和生物活性物质，赋予酒精饮品独特的口感和营养价值。

酵母菌的发酵代谢作用主要包括糖代谢与乙醇发酵、风味物质的形成、蛋白质和多肽的降解、抗氧化物质的生成以及酸度调节等多个方面。

（1）糖代谢与乙醇发酵　通过豆清前期处理（如酶解、麦芽化或添加外源糖源），可以为酵母菌提供发酵所需的碳源。酵母菌主要利用单糖（如葡萄糖、果糖）和二糖（如麦芽糖、乳糖）进行代谢。这种方式主要用于酵母菌的生长和增殖阶段，产生的 ATP 较多。厌氧条件下，酵母通过糖酵解途径生成乙醇（酒精）和二氧化碳。

（2）风味物质的形成　酵母菌在发酵过程中不仅产生乙醇，还合成多种风味活性物质，包括高级醇、酯类、醛类和有机酸等，这些物质共同塑造了大豆豆清酒精饮品的独特风味。

① 高级醇类。高级醇类是蛋白质代谢过程中由氨基酸转化而来的产物，如：异戊醇带有温暖的香气，适量可增强酒体的复杂度；异丁醇带有轻微果香，增强酒体的柔和度；苯乙醇带有玫瑰花香气。但是高级醇类过量可能导致酒精饮品出现粗糙、辛辣的口感，因此在发酵过程中需优化酵母菌的代谢条件，以调控其含量。

② 酯类。酯类是醇类与有机酸共同作用的结果，赋予酒体果香和花香。乙酸乙酯带有清新的果香。乳酸乙酯带有奶油和焦糖香气。辛酸乙酯带有苹果、梨的果香。酯类物质是决定酒体风味的重要成分，其生成受发酵温度、酵母菌种类和营养环境的影响。

③ 醛类与酮类。乙醛是酵母菌代谢过程中形成的一种中间产物，赋予酒体轻微的新鲜感，但过量会导致刺激性气味。糠醛带有坚果、焦糖的香气，少量有助于酒体风味的丰富性。

④ 有机酸。乳酸赋予酒体柔和的酸感。乙酸在适量范围内可增强酒体层次感，但过量会导致刺鼻的醋味。

酵母是啤酒风味与营养的主要来源，酵母的添加量影响着啤酒的整体口感，但由于发酵液中碳源和氮源的数量有限，因此选用适量的酵母可以在发挥发酵液最大营养价值的条件下节约生产成本。由图 2-39 可知，酵母添加量在达到 0.04% 以上时对啤酒感官的影响较小，因此出于对成本的考量，选用较少的 0.04% 的酵母添加量更符合生产需求。

（3）多肽的降解与抗氧化物质的生成　在发酵过程中，大豆蛋白质被降解为小分子肽和游离氨基酸，可提升酒精饮品的口感和生物利用度。

① 蛋白酶。酵母菌分泌的蛋白酶将大豆蛋白水解为短肽和氨基酸。

② 游离氨基酸。如谷氨酸、甘氨酸等，可增强酒体的鲜味和甜味。

③ 某些生物活性肽。如抗氧化肽、降血压肽，在发酵过程中产生，使大豆豆清酒精饮品具备一定的健康功能。

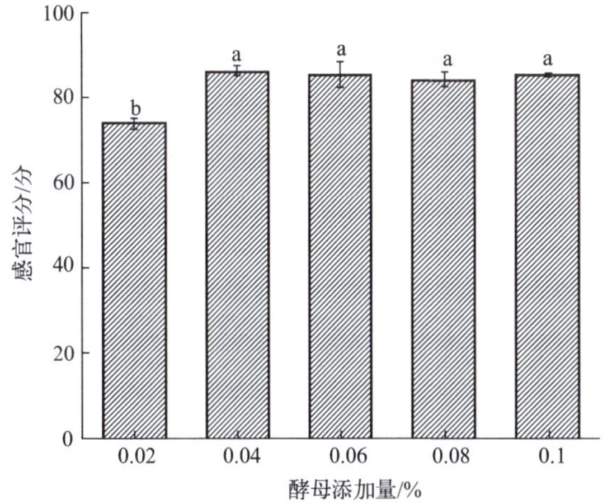

图 2-39 不同酵母添加量对豆清精酿啤酒的感官评分

④ 抗氧化物质。酵母菌在发酵过程中可促进大豆中的多酚类物质和异黄酮转化，使其更易被人体吸收。

2.2.2.2 酵母菌与益生菌的互作机制

益生菌是一类对宿主有益的微生物，可以改善肠道健康，增强免疫系统，抑制有害菌的生长。益生菌能与酵母菌产生协同作用促进发酵，改善酒精饮品的风味，提升酒精饮品的功效。

(1) 参与互作益生菌的种类及特点

① 双歧杆菌　双歧杆菌是一类常见的益生菌，广泛存在于发酵乳制品中，也可以在酒类发酵中发挥作用。双歧杆菌通过代谢糖类生成短链脂肪酸（如乙酸、丙酸、丁酸等），这些短链脂肪酸对酒的风味产生一定影响，同时也对肠道健康具有积极的作用。

② 醋酸菌　醋酸菌是一类特殊的益生菌，能够将乙醇转化为醋酸。醋酸的生成是许多酒类发酵过程中不可忽视的因素之一，尤其是在某些传统酒类的酿制中，如醋酸发酵啤酒、格瓦斯等，醋酸的形成有助于酒的酸度增加，丰富酒的风味。醋酸菌不仅能增加酒的酸度，还能在酒体中产生独特的风味，使得酒更加具有层次感和复杂性。

(2) 参与互作益生菌的作用机制

① 代谢相互作用　在酒精发酵过程中，酵母菌和益生菌的代谢产物会相互影响。酵母菌主要通过糖发酵生成乙醇和二氧化碳，而乳酸菌和其他益生菌则会将糖类发酵生成乳酸、醋酸等酸性物质，这些酸性物质不仅影响酒的酸度和风味，

还能改变酒的口感层次。益生菌在发酵过程中生成的酸性代谢产物，有助于调节酵母菌的活性，提升酒的风味平衡。

② 酵母菌与益生菌的竞争与共生　尽管酵母菌和益生菌之间有竞争关系，如在酵母菌和乳酸菌争夺糖源的过程中，二者的相互竞争可能影响发酵速率，但在某些情况下，它们也能通过共生合作来促进发酵过程的进行。例如，乳酸菌通过发酵糖类生成乳酸，抑制有害细菌的生长，从而为酵母菌提供更有利的生长环境。

③ 酵母菌与益生菌的协同作用　在酒类的酿造中，酵母菌与益生菌的协同作用十分关键。益生菌能够通过调节酸度、生成特定风味物质、抑制不良微生物的繁殖等方式，优化发酵环境，为酵母菌提供更有利的生长条件。反过来，酵母菌的代谢产物则为益生菌提供了生长所需的营养，从而形成一种互利的共生关系。

为了筛选有利于改善豆清精酿啤酒风味和外观的益生菌菌株，以豆清添加量为 50% 的豆清精酿啤酒为对照组，分别在二次发酵过程中以不同的益生菌接种豆清精酿啤酒，接种量为 0.04%，在 22℃下发酵 14 d，对发酵完成的啤酒进行感官评价（图 2-40）。各类益生菌发酵均在不同程度上改善了豆清精酿啤酒的风味，采用植物乳杆菌 360、嗜酸乳杆菌 11073 和副干酪乳杆菌 LCG 三种益生菌发酵豆清啤酒优于植物乳杆菌 LP-66 和格氏乳杆菌 NSL1801 两种益生菌。

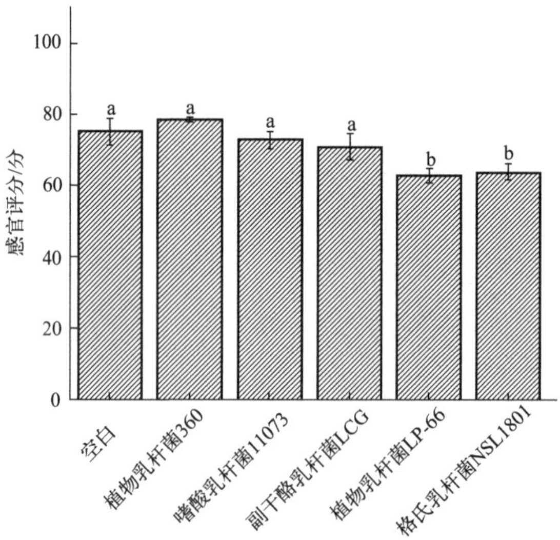

图 2-40　不同益生菌发酵对豆清精酿啤酒的感官评分

（3）益生菌对豆清精酿啤酒的感官评价分析　选取植物乳杆菌 360（Z）、嗜酸乳杆菌 11073（S）和副干酪乳杆菌 LCG（F），以及双菌复配（Z+S、Z+F、S+F）和三菌复配（Z+S+F），对豆清精酿啤酒进行感官评价分析。由图 2-41 可知，复合益生菌发酵的豆清精酿啤酒的感官评价高于单一益生菌发酵的结果。其中，在两种菌株复合发酵的结果中，植物乳杆菌和嗜酸乳杆菌复合发酵的效果优于其他两种菌混合发酵的结果，而三种益生菌复配后的发酵的豆清精酿啤酒感官评分高于两种益生菌和单一益生菌发酵的结果。

（4）益生菌接种量对豆清精酿啤酒的感官评价分析　如图 2-42 所示，三种益生菌复配后（植物乳杆菌 360∶嗜酸乳杆菌 11073∶副干酪乳杆菌 LCG=1∶1∶1）发酵后的豆清精酿啤酒，感官评分随益生菌接种量表现出先增后减的趋势，0.04% 的接种量表现最佳。因此，选定最佳的益生菌接种量为 0.04%。表 2-3 为不同益生菌发酵豆清精酿啤酒的挥发性风味物质检测结果。

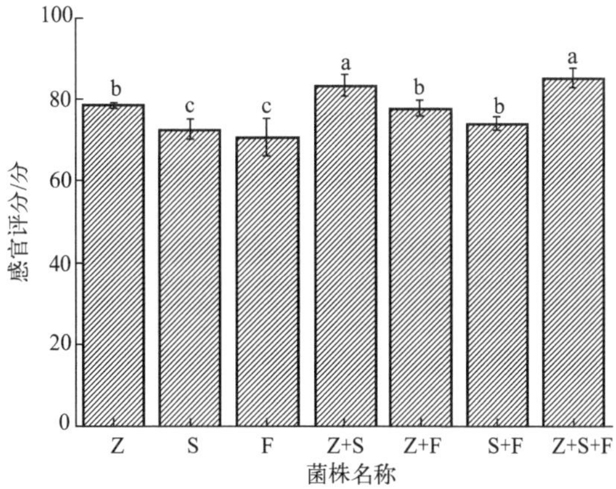

图 2-41　单一益生菌和复配益生菌发酵对豆清精酿啤酒的感官评分

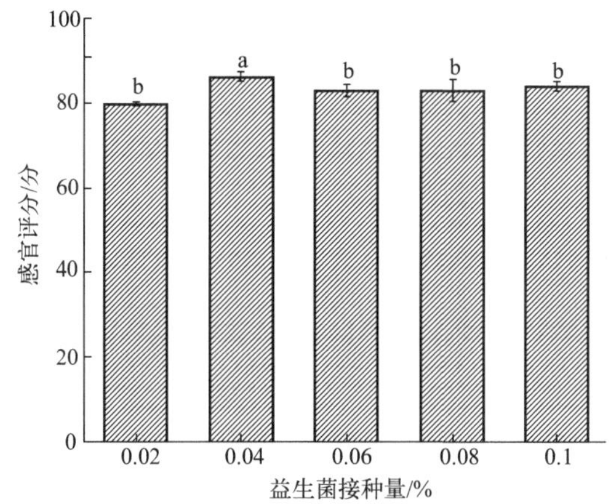

图 2-42　不同益生菌接种量对豆清精酿啤酒的感官评分

（5）益生菌对豆清精酿啤酒的挥发性风味物质的影响　由表 2-4、表 2-5 可知，共检测出 34 种挥发性风味物质，其中包括 8 种醇类物质、14 种酯类物质、6 种酸类物质以及其他 6 种类别的物质。样品 1、样品 2、样品 6 以及样品 7 中检测到的 2- 甲氧基 -4- 乙烯基苯酚是源自啤酒花的特殊风味物质，具备丁香和木质的香气；此外，样品 7 中还包含苯乙醇等风味类物质，进一步提升了啤酒的香气。然而，胺类化合物主要是引起啤酒异味的物质，包括苯乙醛和正己酸等，样品 7 中未检测到以上异味物质，表明三菌复配发酵在有效地降低了啤酒发酵过程中异味物质的生成，从而使得啤酒的风味更加出色。

表 2-4　不同益生菌发酵的豆清精酿啤酒组成

样品编号	样品名称	添加益生菌
1	自制精酿啤酒	无
2	豆清精酿啤酒	无
3	植物乳杆菌360豆清精酿啤酒	单菌：植物乳杆菌360
4	嗜酸乳杆菌11073豆清精酿啤酒	单菌：嗜酸乳杆菌11073
5	副干酪乳杆菌LCG 豆清精酿啤酒	单菌：副干酪乳杆菌LCG
6	双菌复配 豆清精酿啤酒	双菌：植物乳杆菌360+嗜酸乳杆菌11073=1：1
7	三菌复配 豆清精酿啤酒	三菌：植物乳杆菌360：嗜酸乳杆菌11073：副干酪乳杆菌LCG=1：1：1

表 2-5　不同益生菌发酵豆清精酿啤酒的挥发性风味物质检测

风味物质		峰面积/%						
		1	2	3	4	5	6	7
醇类	3-甲基-1-丁醇	13.14	—	15.19	—	15.3	14.61	—
	苯乙醇	11.86	14.84	14.33	13.13	14.91	13.13	16.93
	香茅醇	1.31	—	—	—	—	—	—
	3,7-二甲基-2-辛烯醇	—	1.45	1.25	1.16	—	1.81	—
	香叶醇	—	1.28	1.19	—	—	—	—
	2-甲基-1-丙醇	—	—	1.06	—	1.3	—	5.73
	乙醇	—	—	—	—	—	13.61	9.81
	芳樟醇	—	—	—	—	—	—	—
酯类	辛酸乙酯	10.63	6.10	4.20	6.82	6.27	5.21	4.99
	己酸乙酯	2.52	1.19	—	2.29	2.6	1.26	—
	9-癸烯酸乙酯	1.72	1.37	1.02	2.69	—	—	1.68
	苯乙醇乙酸酯	4.53	7.93	7.52	7.98	—	6.27	8.61
	癸酸乙酯	3.29	2	1.41	2.76	1.98	1.32	2.18
	3-甲基-1-丁醇乙酸酯	4.09	21.26	—	20.64	7.56	—	—
	硅烷二醇二甲酯	—	—	—	1.04	—	—	—
	月桂酸乙酯	—	—	—	2.09	—	—	—
	乙酸2-苯乙酯	—	—	—	—	8.37	—	—
	十二酸乙酯	—	—	—	—	2.06	—	—
	4-乙基苯甲酸十六酯	—	—	—	—	—	1.49	1.45
	异丁酸芳樟酯	—	—	—	—	—	—	2.51
	硅烷二醇二甲酯	—	—	—	—	—	—	1.83
	3,7-二甲基-2-辛烯醇丙酸酯	—	—	—	—	—	—	1.84

续表

风味物质		峰面积/%						
		1	2	3	4	5	6	7
酸类	醋酸	3.53	—	—	—	—	—	—
	癸酸	2.52	2.39	2.95	2.01	—	1.79	2.41
	辛酸	8.17	11.17	10.85	8.54	9.45	8.01	11.41
	正己酸	1.67	—	—	—	—	—	—
	正癸酸	—	—	—	—	2.28	—	—
	庚酸	—	—	—	—	—	1.5	—
烷烃类	十二甲基-环六硅氧烷	3.43	3.95	—	3.34	3.16	—	2.57
	十二甲基环己氧烷-	—	—	5.51	—	—	1.56	—
	十四甲基环七硅氧烷	—	—	1.32	—	—	—	—
	二甲氧基二甲基硅烷-	—	—	—	—	—	1.01	—
	环五聚二甲基硅氧烷	—	—	—	—	—	1	—
酚类	2-甲氧基-4-乙烯基苯酚	—	1.09	1.11	—	—	1.22	1.32

（6）益生菌对豆清精酿啤酒酒精度的影响　啤酒的酒精度指的是其中所含酒精的浓度。酒精度对啤酒的品尝口感有着重要影响，过高或过低都会直接影响口感的感受。由图 2-43 可知，酵母在无氧条件下，经过糖酵解过程将可发酵性糖转化为乙醇和二氧化碳，而豆清中含有一定量的可发酵性糖，因此在添加豆清的啤酒发酵液中酒精度有了显著的提升。

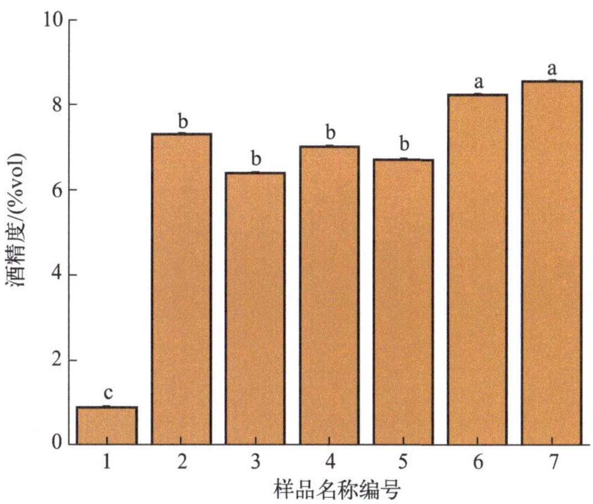

图 2-43　不同益生菌发酵的豆清精酿啤酒的酒精度

（7）益生菌对豆清精酿啤酒原麦汁浓度的影响　原麦汁浓度的高低会对成品酒的酒精度产生影响，使成品酒感官品评得分发生变化。原麦汁浓度和啤酒的酒精度直接相关，由图 2-44 可知，豆清啤酒的原麦汁浓度趋势与酒精度类似。样品 2（豆清精酿啤酒）中原麦汁浓度为 15.61 °P，而样品 7（植物乳杆菌 360 + 嗜酸乳杆菌 11073+ 副干酪乳杆菌 LCG 豆清啤酒）的原麦汁浓度为 17.99 °P，相较于样品 1 的原麦汁浓度提高了 15.25%。

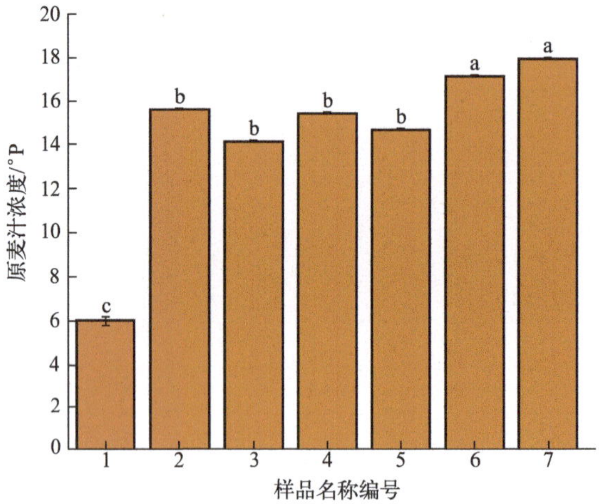

图 2-44 不同益生菌发酵的豆清精酿啤酒的原麦汁浓度

（8）益生菌对豆清精酿啤酒总酸的影响　麦芽中含有一定量的总酸，糖化反应会产生有机酸，这些都会影响啤酒的总酸含量。总酸含量如图 2-45 所示，添加豆清发酵后啤酒中的总酸含量明显增加，研究表明啤酒中的总酸主要是由有机酸来表示，影响其含量变化主要包括原料、糖化工艺和酵母发酵等条件。

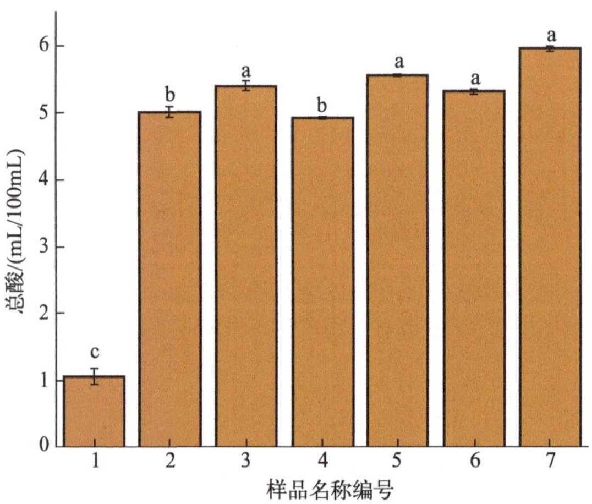

图 2-45 不同益生菌发酵的豆清精酿啤酒的总酸含量

（9）益生菌对豆清精酿啤酒二氧化碳含量的影响　在发酵过程中酵母细胞通过对碳源和氮源的吸收利用，进行有氧呼吸。当发酵液中溶解氧消耗殆尽，便转入无氧发酵阶段，此时发酵液降糖速率加快，将糖转换为酒精和二氧化碳。如图 2-46 所示，样品 7（植物乳杆菌 360 + 嗜酸乳杆菌 11073+ 副干酪乳杆菌 LCG 豆清精酿啤酒）的二氧化碳含量较低，为 0.05 g/100 mL，与样品 2（豆清精酿啤酒）相比降低了 58.33%。这可能是三种益生菌在发酵过程中对啤酒中碳源的利用较多，使得啤酒中含糖量减少，进一步导致了二氧化碳含量的减少。

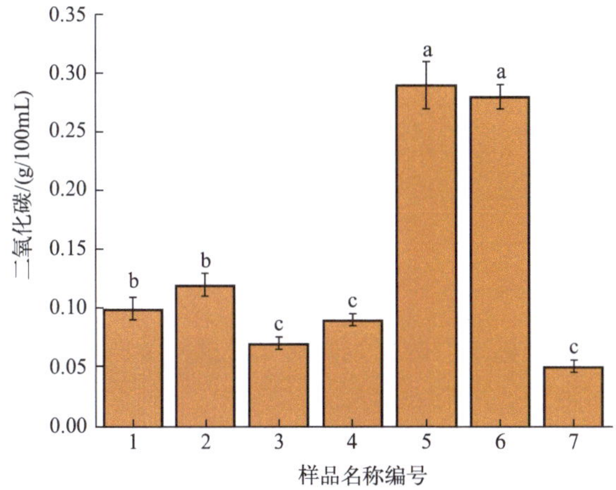

图 2-46　不同益生菌发酵的豆清精酿啤酒的二氧化碳含量

（10）益生菌对豆清精酿啤酒真实发酵度的影响　啤酒的发酵度与酒精度和原麦汁浓度相关，由图 2-47 可知，除了样品 1（普通精酿啤酒）以外的发酵度均有提升，说明添加豆清为啤酒发酵液提供了更多的碳源和氮源，间接地提高了发酵液中的酒精度和原麦汁浓度，与上述的结论相符。与样品 2 相比，样品 7（植物乳杆菌 360 + 嗜酸乳杆菌 11073+ 副干酪乳杆菌 LCG 豆清精酿啤酒）发酵度提高了 0.88%。

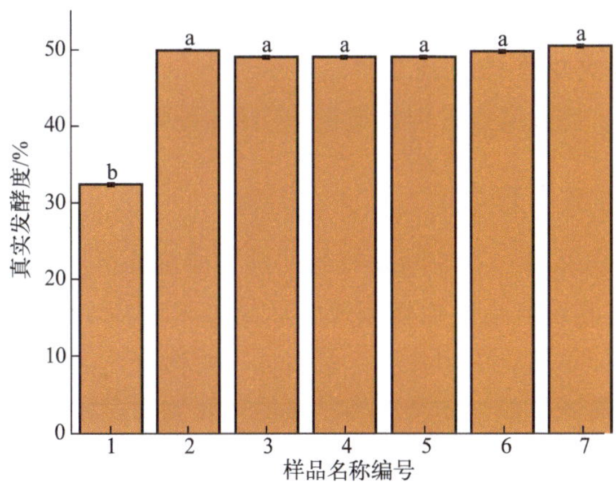

图 2-47　不同益生菌发酵的豆清精酿啤酒的真实发酵度

2.2.3 豆清精酿啤酒生产

2.2.3.1 豆清精酿啤酒工艺

豆清精酿啤酒工艺，主要为大豆豆清前处理，麦芽糖化，煮沸麦汁，加入啤酒花（简称酒花），控温发酵。通过酵母菌与多种益生菌共同发酵形成协同效应，使啤酒中富集大豆苷元、大豆异黄酮及低聚糖等活性物质，发挥营养健康功效。具体工艺如下。生产配方见表 2-6。

表 2-6 豆清精酿啤酒的生产配方

原料	占比/%	原料	占比/%
大麦芽	17.42	酵母	0.04
小麦芽	1.16	水	40.65
酒花	0.08	豆清	40.65
益生菌发酵剂	0.04		

（1）大豆豆清预处理。收集豆制品生产过程中产生的新鲜大豆豆清，加水后制成大豆豆清溶液加热至 72～92℃。

（2）原料预处理。挑选无虫害的大麦芽与小麦芽，烘干后粉碎成颗粒状。

（3）浸泡糖化。将大豆豆清溶液加入混合好的混合麦芽中，使温度保持在 66～70℃，浸泡 60 min，制得糖化麦汁。

（4）过滤麦汁。回流直至麦汁澄清，向过滤后的麦芽中分多次加入步骤（1）制备的大豆豆清溶液，静置 8～12 min 排出麦汁。

（5）煮沸麦汁。将上述步骤得到的麦汁煮沸，在第 8～20 min 时，加入部分酒花；在第 40～50 min 时加入剩下的酒花；煮沸至 55～65 min 时停止。

（6）一次发酵。将步骤（5）的麦汁冷却至室温，取出至发酵桶中，加入酵母发酵，于 20～25℃发酵 10～20 d。

（7）二次发酵。称取糖，与益生菌发酵剂一起补充入步骤（6）的发酵液，于 20～40℃继续发酵 10～18 d。

（8）冷藏。将发酵好的啤酒放在 4℃冷库冷藏。

2.2.3.2 不同工艺参数对豆清啤酒质量的影响

（1）豆清添加量对豆清精酿啤酒的感官评价分析　由图 2-48 可知，0、30% 和 50% 添加量的感官结果比较接近。而 80% 和 100% 的豆清添加量对啤酒的影响较大，高添加量的豆清中含有大量的蛋白类物质，这些物质在与酵母的发酵过程中容易产生酸味物质，如辛酸等不良的风味物质。由于 0～50% 的感官结果差异不显著，出于对营养物质含量的考量，选用 50% 豆清添加量，既保留了豆清中的营养物质，又降低对啤酒的风味产生影响。

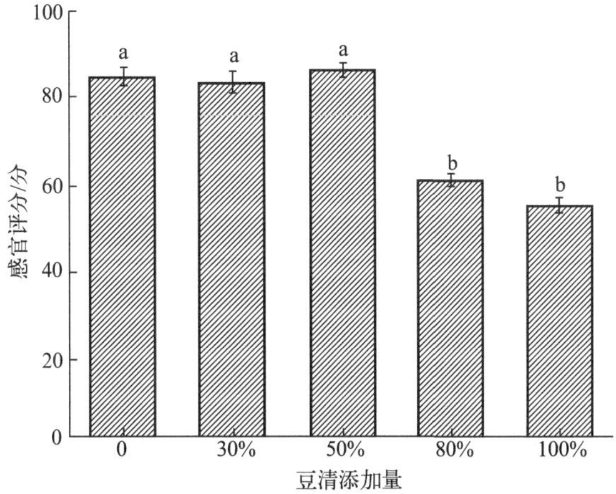

图 2-48 豆清添加量对豆清精酿啤酒的感官评分

（2）啤酒花添加量对豆清精酿啤酒的感官评价分析　由图 2-49 可知，低添加量的酒花对啤酒风味的影响很小，不具备酒花所带来的风味物质，而高添加量的酒花虽然呈现出较高的酒花风味，但酒花中单宁类物质的影响导致啤酒的口感很苦，因此酒花添加量的最佳比例为 0.08%。

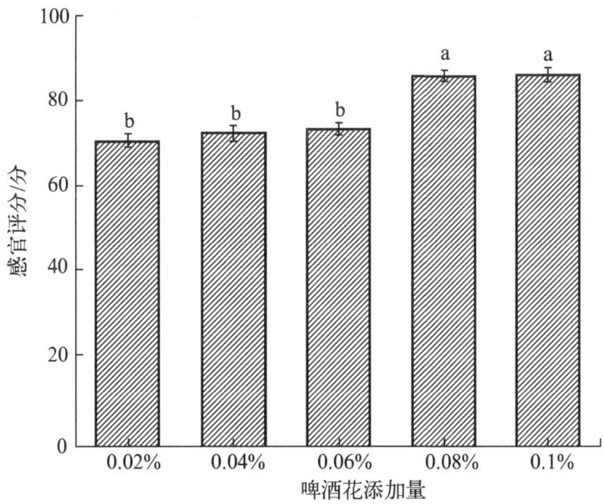

图 2-49 啤酒花添加量对豆清精酿啤酒的感官评分

（3）发酵温度对豆清精酿啤酒的感官评价分析　由图 2-50 可知，发酵温度对啤酒的影响非常明显，由于酵母的生长和繁殖需要合适的温度，酵母在适宜的温度下才能最大程度地利用发酵液中的碳源和氮源，从而产生酒精和风味物质。由图可知，发酵温度在 22℃时酵母对豆清精酿啤酒的感官评分影响最明显。

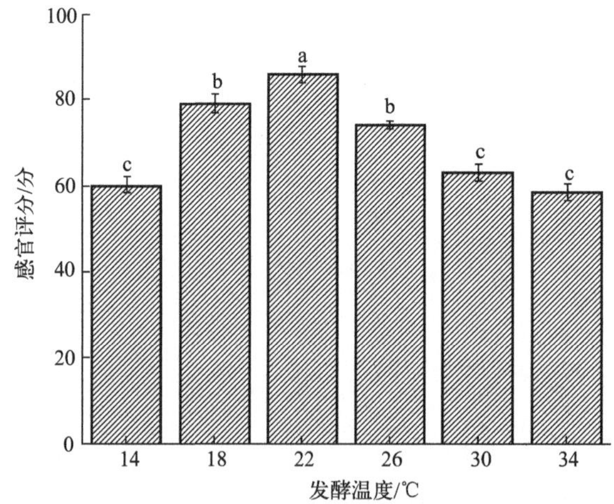

图 2-50 不同发酵温度对豆清精酿啤酒的感官评分

(4) 豆清精酿啤酒体外抗氧化分析 如表 2-7 所示为豆清精酿啤酒的体外抗氧化能力检测，分别以 DPPH 自由基、·OH（羟基自由基）、还原力与 $\cdot O_2^-$（超氧阴离子自由基）的清除能力为指标。样品 7（植物乳杆菌 360+ 嗜酸乳杆菌 11073+ 副干酪乳杆菌 LCG 豆清精酿啤酒）中酵母菌与三种益生菌复配协同发酵，DPPH 自由基清除能力为 88%，与啤酒样品 2 相比提升了 10.00%，同时也是益生菌参与豆清啤酒中发酵值最高的；样品 7 羟基自由基清除能力在各组啤酒中最高为 36%，相较于样品 2 提高了 157.14%；样品 7 超氧阴离子自由基的清除能力为 63%，与样品 2 相比提高了 43.18%，同样高于其他益生菌发酵组；还原力各组之间较为相近。

表 2-7 豆清精酿啤酒体外抗氧化检测结果

样品编号	抗氧化能力			
	DPPH	·OH	还原力	$\cdot O_2^-$
1	69%±0.02	32%±0.04	0.34±0.01	51%±0.01
2	80%±0.02	14%±0.01	0.32±0.04	44%±0.01
3	85%±0.02	25%±0.04	0.34±0.02	57%±0.02
4	84%±0.06	34%±0.06	0.33±0.03	58%±0.05
5	83%±0.03	13%±0.06	0.30±0.02	59%±0.01
6	73%±0.04	31%±0.05	0.32±0.03	57%±0.01
7	88%±0.03	36%±0.05	0.34±0.01	63%±0.02

2.2.4 豆清低醇饮料生产

2.2.4.1 豆清低醇饮料工艺

大豆豆清低醇饮料的制作涉及多个关键步骤，包括大豆原料预处理、接种活化、发酵、后熟和包装。具体工艺如下。

（1）原料选择。选取无虫害、无腐烂的黄豆，清洗干净，浸泡 24 h 待用；豆清在 90℃条件下灭菌 20 min，冷却到 50℃，冷却至室温，待用。

（2）豆乳基料。黄豆和水用打浆机进行打浆，煮沸，保持 5 min，冷却到室温备用。

（3）接种活化。无菌接种，乳酸菌接种量为 0.5%（*v*/*v*）。取无菌水，迅速降温至 32℃，取一定量的安琪啤酒活性干酵母加入其中，豆清的用量为啤酒活性干酵母量的 10 倍，然后保温使其活化。

（4）发酵。进行充分摇动使水和酵母均匀接触，活化 2 h 后即可用于接种发酵。接种后混合均匀，28℃发酵 48 h。

（5）后熟。加入稳定剂。随后将发酵液灭菌后，放入 4℃冰箱冷藏 24 h 后熟。

（6）包装与存储。采用密封包装，低温冷藏（4℃），保持风味和营养。

2.2.4.2 豆清低醇饮料品质分析

（1）豆清添加量对低醇饮料酸度和 pH 值的影响　随着豆清添加量的增加，饮料的 pH 值逐渐增加，酸度呈上升趋势，影响显著（$P < 0.05$），豆清添加量为 100% 时，饮料的 pH 值为 4.47，酸度为 100.03 °T，酸度值较高，超过国标要求。随着豆清添加量的增加，饮料的各项指标呈现增加趋势，其原因可能是饮料中豆乳所占比例较高使固形物含量及酪蛋白含量不足导致的；豆清添加量为 75% 时，pH 值为 4.43，酸度为 73.25 °T，酸甜可口，感官较好，故选择豆清添加量为 75%（图 2-51）。

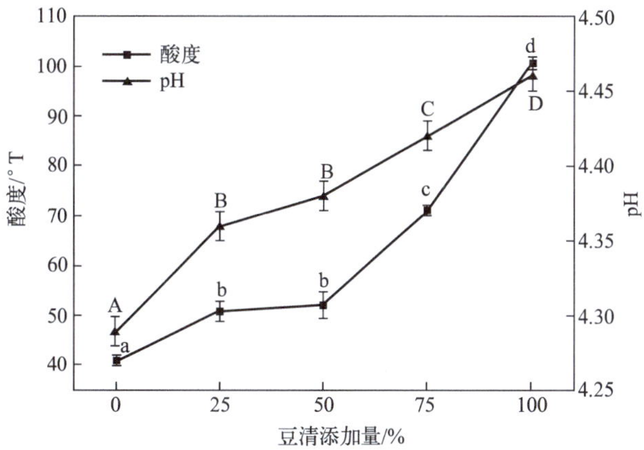

图 2-51　豆清添加量对低醇饮料酸度和 pH 值的影响

（2）豆清添加量对低醇饮料酒精含量的影响　随着豆清添加量的不断增大，酒精积累量不断升高，当豆清添加量为 100% 时，酒精含量最高为 4.03%vol（图 2-52），但此时低醇饮料中酸度较高，口感较差。豆清添加量为 75% 时，酒精含量为 2.46%vol，感官评价较好。

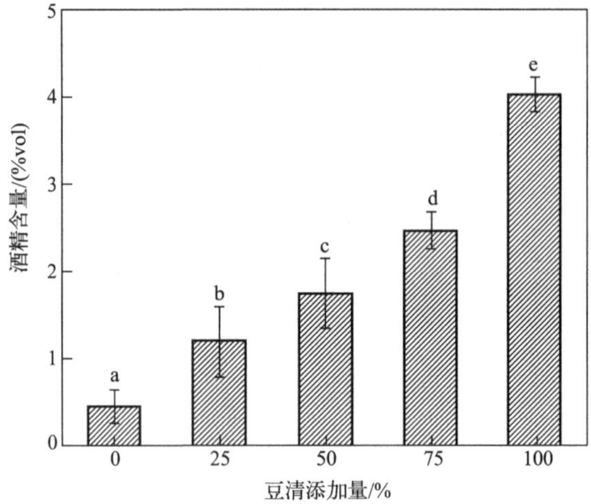

图 2-52　豆清添加量对低醇饮料酒精含量的影响

（3）豆清添加量对低醇饮料蛋白质含量的影响　随着豆清添加量的增加，饮料样品中蛋白质的变化大体趋势都是上升，蛋白质含量（0.98 g/100g）在豆清添加量为 100% 时到达最大值。在低醇饮料发酵过程中，不同蛋白酶降解蛋白质，从而得到所需小分子肽，这样既可满足发酵微生物的生长、繁殖条件，同时可获得更多天然氨基酸，增强饮料的营养价值和香味（图 2-53）。

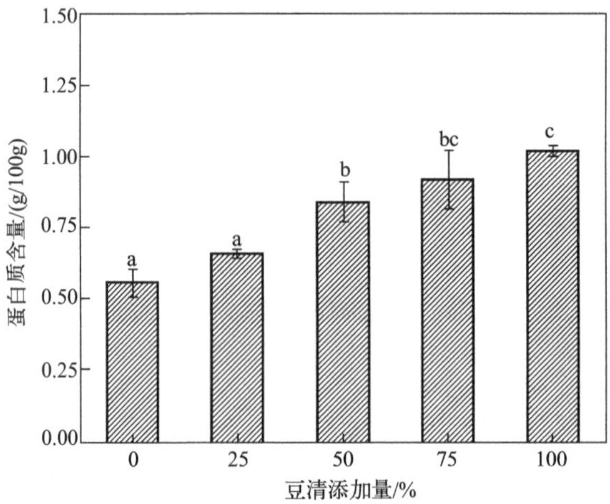

图 2-53　豆清添加量对低醇饮料蛋白质含量的影响

（4）豆清添加量对低醇饮料可溶性固形物含量的影响　随着豆清添加量的增加，可溶性固形物含量逐渐增加的趋势，当豆清添加量为 75% 时，可溶性固形物含量 5.77%（图 2-54）。

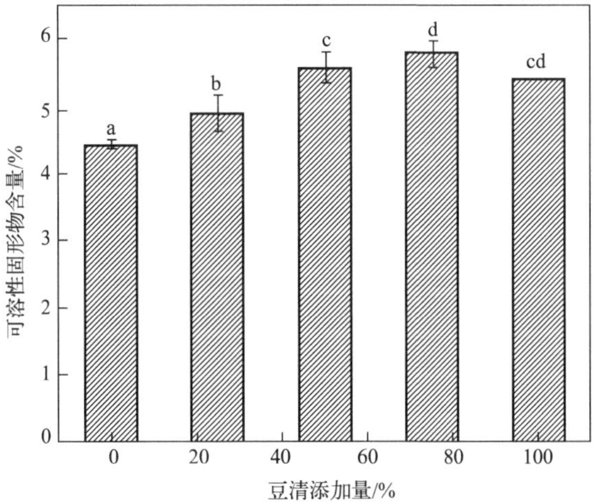

图 2-54　豆清添加量对低醇饮料可溶性固形物含量的影响

（5）豆清添加量对低醇饮料总糖含量的影响　随着豆清添加量的增加，总糖含量不断增加，再添加量达到 75% 时，总糖含量可以达到 29.73 mg/mL（图 2-55）。

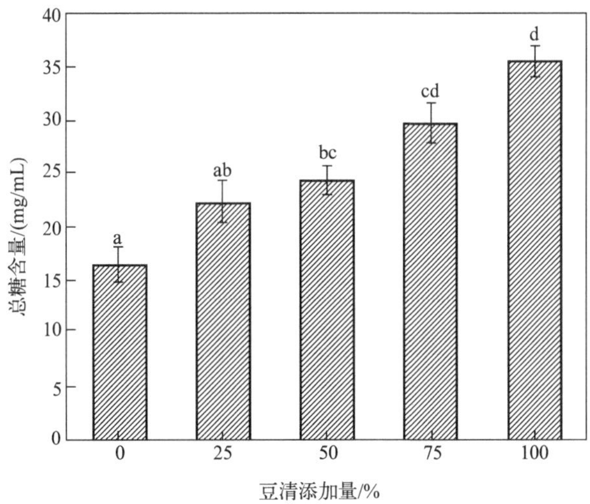

图 2-55　豆清添加量对低醇饮料总糖含量的影响

（6）豆清添加量对低醇饮料总黄酮含量的影响　黄酮类化合物是豆清低醇饮料中的主要功能性成分，其含量高低决定了饮料的营养价值高低与抗氧化活性的强弱。随着豆清添加量的增加，低醇饮料中黄酮类物质均呈现增长趋势（图 2-56）。在微生物发酵过程中，微生物可以分泌酶，如 β- 葡萄糖苷酶，可以释放游离的类黄酮化合物。这是解释异黄酮含量增强的原因之一。另一个原因可能是随着豆清的添加，发酵环境变化，可以转化合成大豆黄酮类化合物。

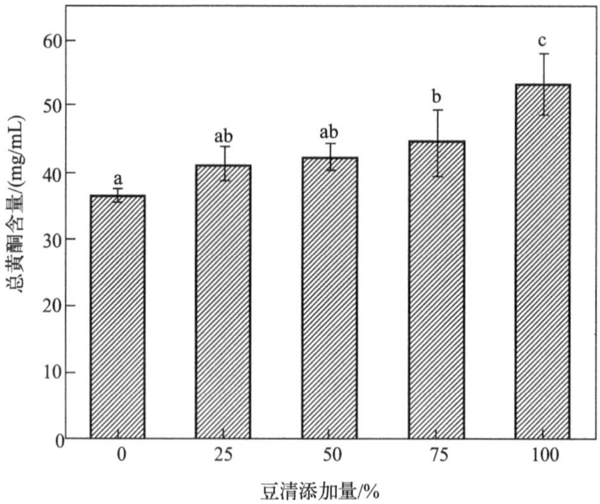

图 2-56 豆清添加量对低醇饮料总黄酮含量的影响

（7）豆清添加量对低醇饮料乳酸和乙酸含量的影响　随着豆清添加量的增加，乙酸和乳酸含量不断增加。豆清添加量为 75% 时，乙酸的含量为 7.12 mg/mL、乳酸 5.62 mg/mL（图 2-57）。低醇饮料中乙酸含量高于乳酸含量。

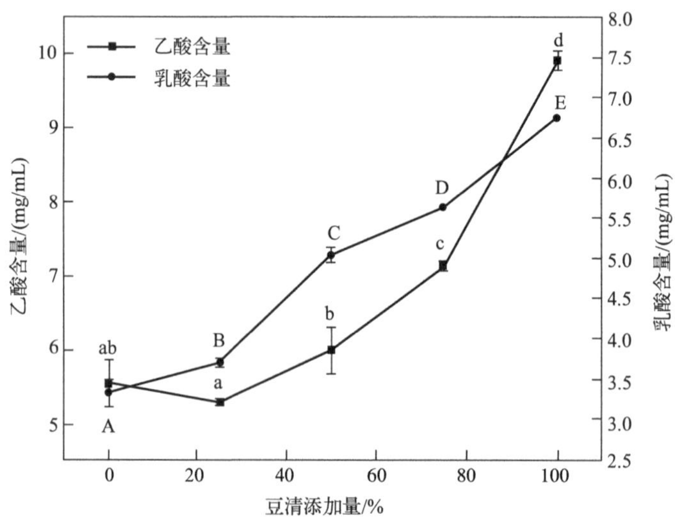

图 2-57 豆清添加量对低醇饮料乳酸和乙酸含量的影响

（8）稳定剂对低醇饮料离心沉淀率的影响　由图 2-58 可知，不同复配稳定剂的配比对豆清低醇饮料吸光比、离心沉淀率的影响较为明显，存在显著性差异（$P < 0.05$）。其中离心沉淀率最小的是六偏磷酸钠∶羧甲基纤维素钠∶微晶纤维素为 1∶2∶1，离心沉淀率为 1.8%；吸光比为 5.48，是最高吸光值。六偏磷酸钠∶羧甲基纤维素钠∶微晶纤维素为 1∶1∶1 时，离心沉淀率为 1.87%，吸光比为 0.57，为最小吸光值。稳定性分析结果表明，六偏磷酸钠∶羧甲基纤维素钠∶微晶纤维素为 1∶2∶1 时稳定性最好，其次是六偏磷酸钠∶羧甲基纤维素钠∶微晶纤维素为 1∶1∶1。

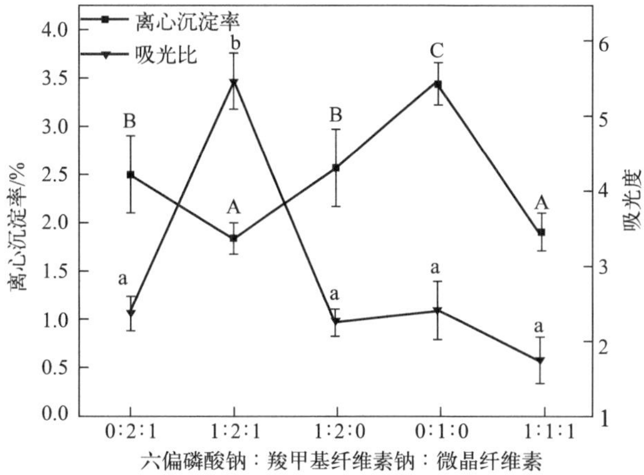

图 2-58　复配稳定剂添加比例的实验结果

（9）豆清添加量对低醇饮料离心沉淀率的影响　由图 2-59 可知，随着豆清添加量的不断增加，离心沉淀率也在不断上升，这是随着豆清添加量的增加，体系中的蛋白和纤维状物质也在增加，使得体系中物质变得更加复杂，从而导致离心沉淀率也在增加。

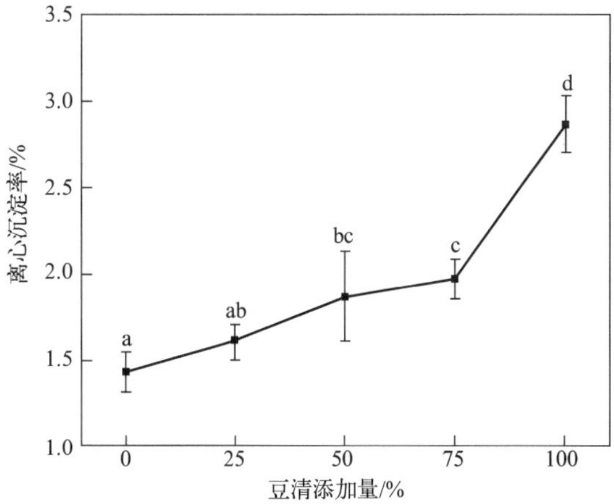

图 2-59　豆清添加量对低醇饮料离心沉淀率的影响

（10）豆清添加量对低醇饮料表观黏度的影响　由图 2-60 可知，加入豆清后的低醇饮料都表现出典型的牛顿流体，溶液黏度随剪切速率增大而降低。这是因为低醇饮料中所含的胶体粒子中，含有蛋白质、淀粉 - 蛋白等高分子的胶体成分，其在静止或低流动速度下，在悬挂或缠结状态下相互黏结，胶质密度较大。但流速增加后，因剪切应力作用，使得相对散漫的链状粒子滚动旋转而浓缩成团，相互勾挂消失，形成剪切稀释现象。

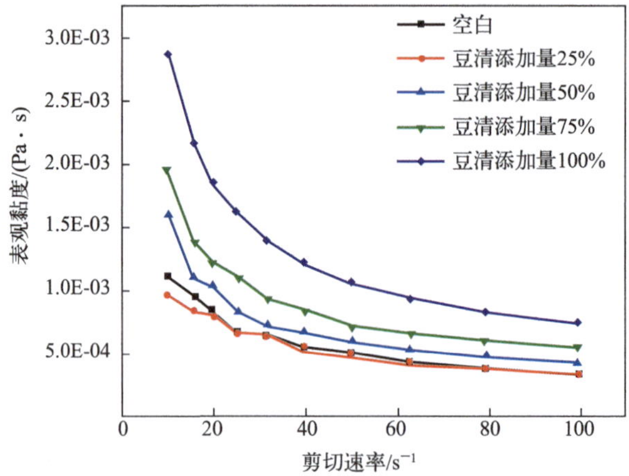

图 2-60　豆清添加量对低醇饮料表观黏度的影响

（11）豆清添加量对低醇饮料 TSI 的影响　由图 2-61 可知，豆清添加量为 0 时样品整体 TSI 较小，随着豆清添加量的增多，TSI 先增大后减小，添加量为 50% 时 TSI 值最大。低醇饮料的 TSI 值随时间而增大，表明测定饮料时，饮料稳定性下降，其原因可能是体系的蛋白质含量过高，导致不稳定悬浮物含量升高，继而造成体系稳定性降低。综合考虑豆清添加量对饮料离心沉淀率、体系黏度和 TSI 的影响，豆清添加量为 75% 最理想。

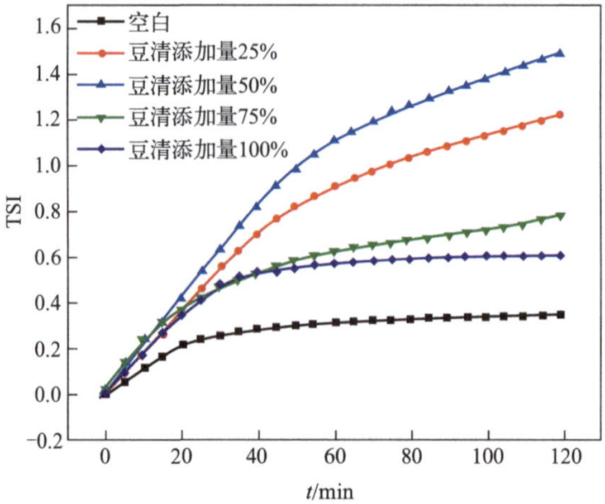

图 2-61　豆清添加量对低醇饮料 TSI 值的影响

（12）豆清添加量对低醇饮料电子鼻风味的影响　不同豆清添加量的低醇饮料的电子鼻雷达图如图 2-62 所示。其中每一条直线代表着一个传感器的相对电阻率的变化情况。从图中我们可以看到，不同饮料的风味特征之间存在差异，这表明这 5 种豆清低醇饮料的挥发物都有一定程度的差异。在电子鼻的 10 个传感器中（表 2-3），R2 和 R7 传感器的反应值明显，这表明传感器更容易受到来自豆清低醇饮料的氮氧化物和硫化氢等挥发性成分的影响。通过 R2、R7 号传感器的变化规律可以看出，随着豆清添加量的增加，氮氧化物、硫化氢含量逐渐升高。

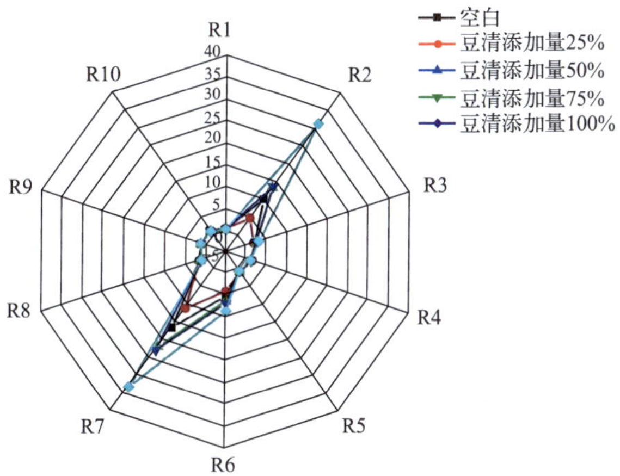

图 2-62　低醇饮料的电子鼻雷达图

（13）豆清添加量对低醇饮料电子舌风味的影响　从图 2-63 中可以看出加入豆清后，饮料的酸味和鲜味明显提升。涩、苦、咸等口感无明显改善，丰富性也无明显提升。

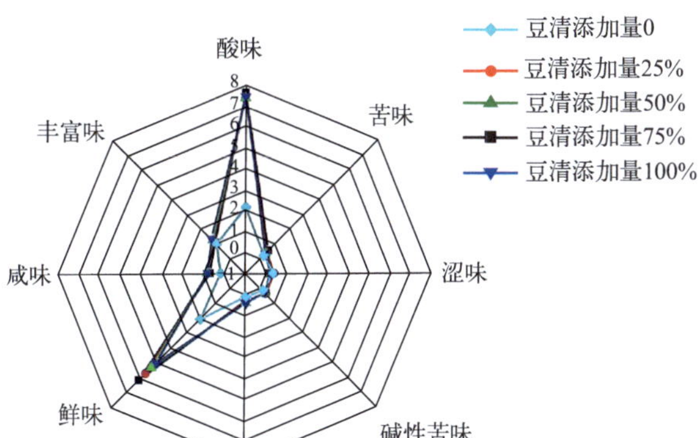

图 2-63　豆清低醇饮料的电子舌雷达图

（14）贮藏期豆清低醇饮料离心沉淀率的变化分析　图 2-64 显示，随着存放时间的增加，豆清低醇饮料的离心沉淀率逐渐增加，离心沉淀率也随温度显著增加（$P < 0.05$）。饮料在后续贮藏的情况下，饮料的沉降质量增加，稳定性下降，根据贮藏过程中表观黏度值的变化，可以发现体系黏度值下降，从而降低悬浮液的表面张力，能有效地阻碍固体颗粒的运动，降低系统的稳定性。

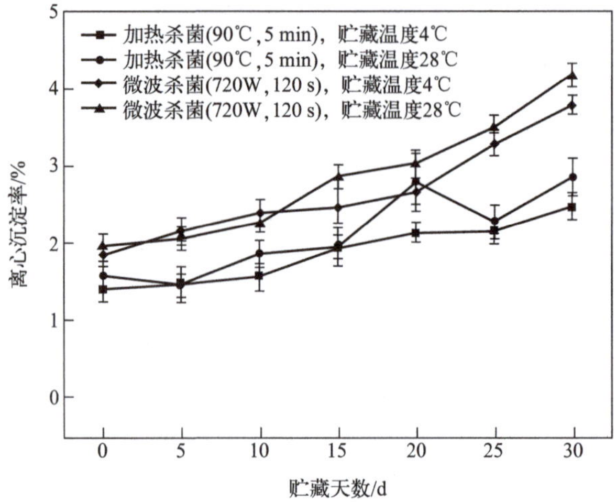

图 2-64　贮藏期间豆清低醇饮料离心沉淀率的变化

（15）不同杀菌、贮藏条件下豆清低醇饮料黏度与剪切速率变化分析　图 2-65 中，(a) 为加热杀菌（90℃，5 min），贮藏温度 4℃；(b) 为加热杀菌（90℃，5 min），贮藏温度28℃；(c) 为微波杀菌（720 W，120 s），贮藏温度4℃；(d) 为微波杀菌（720 W，120 s），贮藏温度 28℃。不同贮藏时间下的豆清低醇饮料随剪切速率增加黏度均呈

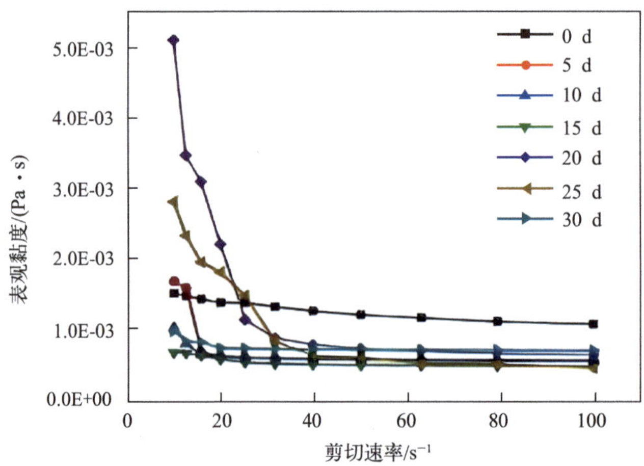

(a)

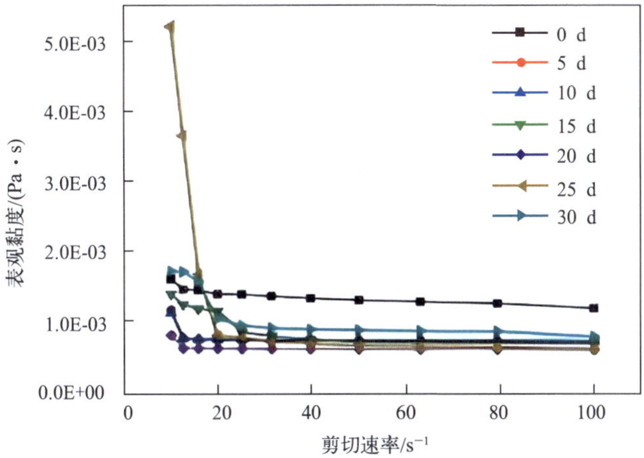

(b)

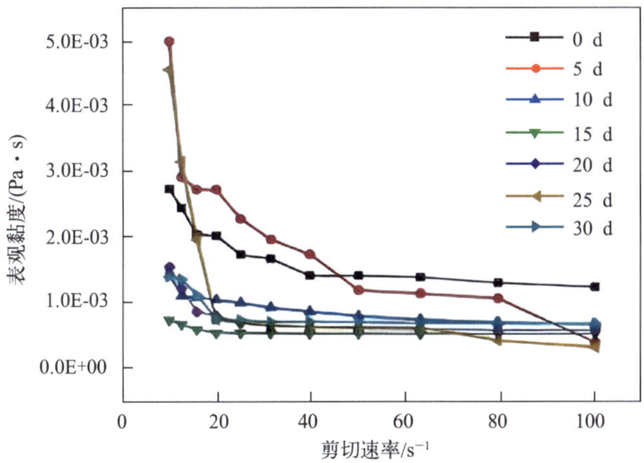

(c)

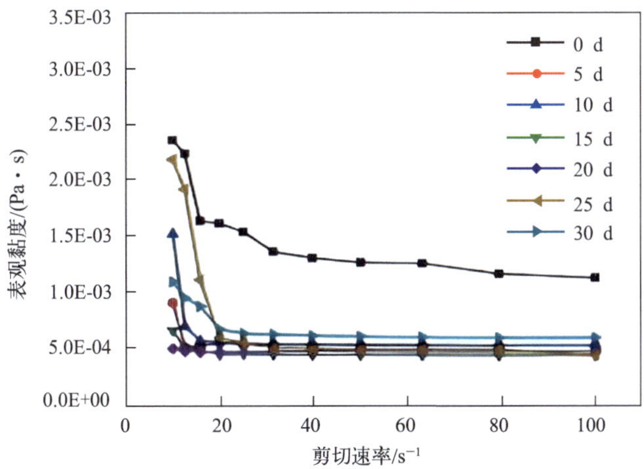

(d)

图 2-65 不同杀菌、贮藏条件下黏度与剪切速率关系

逐渐下降趋势。当随着剪切速率的增加，剪切应力增加，豆清低醇饮料体系的颗粒受到较大的剪切力。分子结构中，颗粒间结合受到破坏，附着点降低，致使黏度急剧降低。贮藏 0 d 的豆清饮料黏度显著高于贮藏 5～20 d 的豆清饮料黏度，贮藏 30 d 后饮料黏度趋于稳定，说明可达到一个相对较稳定的体系。

（16）不同杀菌、贮藏条件下豆清低醇饮料 TSI 值变化分析　由图 2-66 可以看出，豆清低醇饮料的 TSI 值随着贮藏时间的增加而增加，前 10 d 变化较小，TSI 值由 0.01 增长到 0.02，从第 10 d 开始到第 30 d，TSI 值明显增加。贮藏温度 28℃的 TSI 值明显高于加热杀菌，说明其稳定性较差。TSI 值越小，代表豆清低醇饮料越稳定，低醇饮料 TSI 值的改变表明随贮藏时间延长，饮料开始变得不稳定，这是由于在储藏期间，豆清低醇饮料体系物理性质发生变化所致，因而影响饮料稳定性。

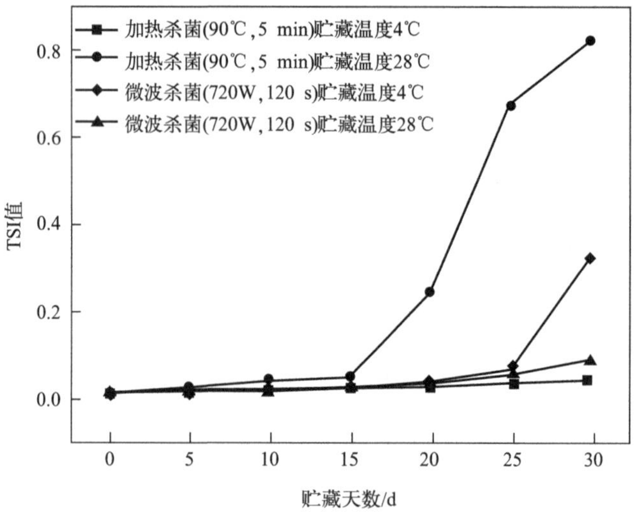

图 2-66　不同杀菌、贮藏条件下豆清低醇饮料的 TSI 值变化

（17）豆清添加量对低醇饮料总酚含量的影响　酚类化合物是豆清中主要的抗氧化剂，因此在加工过程中酚类化合物含量的变化很重要。根据标准曲线得出各样本总酚含量。如图 2-67 所示，随着豆清添加量的增加，未发酵组总酚含量变化不明显，发酵后的饮料总酚含量显著增加（$P < 0.05$）。这种趋势可能与乳酸菌的生长和代谢有关，发酵过程中乳酸菌生长所引起的 pH 值变化也可能会对酚类化合物的结构产生影响，可能导致复杂的酚类化合物转化为简单的化合物。综上所述，发酵组总酚含量显著高于对照组总酚含量。

（18）豆清添加量对低醇饮料还原能力的影响　图 2-68 显示了豆清添加量对低醇饮料还原能力影响较大。发酵前，随豆清添加量增大，低醇饮料吸光度缓慢增加，表明还原能力缓慢提高。发酵后，随着豆清添加量增大，吸光度呈上升趋势，添加量大于 50% 后，吸光度明显升高；当豆清加入量 100% 时，吸光度最高达 1.1。

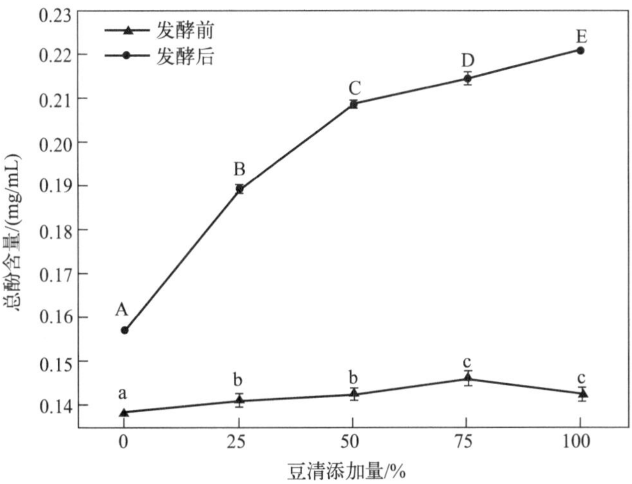

图 2-67　发酵前后豆清添加量对低醇饮料总酚含量的影响

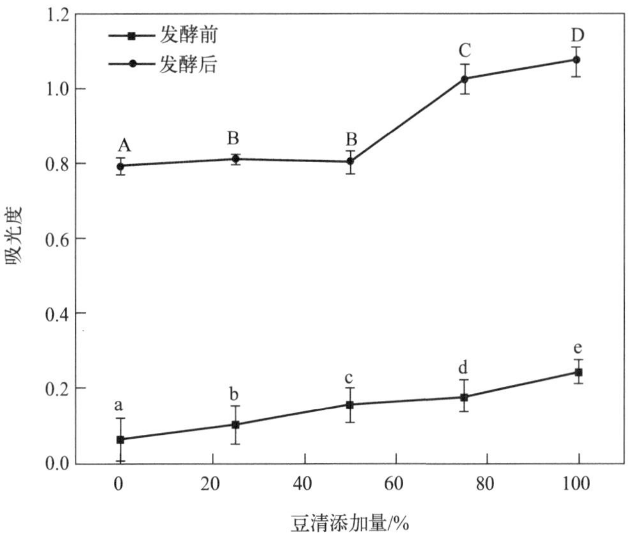

图 2-68　发酵前后豆清添加量对低醇饮料还原能力的影响

（19）豆清添加量对低醇饮料 DPPH 自由基清除率的影响　由图 2-69 可知，DPPH 自由基清除能力随着豆清低醇饮料中豆清含量的增加而显著增加。未发酵低醇饮料对 DPPH 自由基清除率达到 48.32%，发酵的低醇饮料对 DPPH 自由基清除率为 60.67%。发酵的低醇饮料对 DPPH 自由基清除率极显著提高。结果表明，发酵低醇饮品和未发酵低醇饮品对 DPPH 自由基的去除随着豆清添加量的增加而显著增加，豆清低醇发酵饮料明显高于未发酵饮料。在发酵过程中，具有较强抗氧化活性的酚类物质，提高了豆清低醇饮料的抗氧化活性。

（20）豆清添加量对低醇饮料超氧阴离子自由基清除能力的影响　由图 2-70 可知，豆清低醇饮料对 · O_2^- 清除率随其豆清添加量的增加而增强。当豆清添加量为 100% 时，发酵的豆清低醇饮料对 · O_2^- 清除率为（29.65±0.85）%，未发酵的豆清低醇饮料为（17.81±0.91）%。发酵的低醇豆清饮料和未发酵的低醇豆清饮料对 · O_2^- 清除率均有显著提高，发酵后的低醇豆清饮料的抗氧化能力明显高于未发酵的低醇饮料。

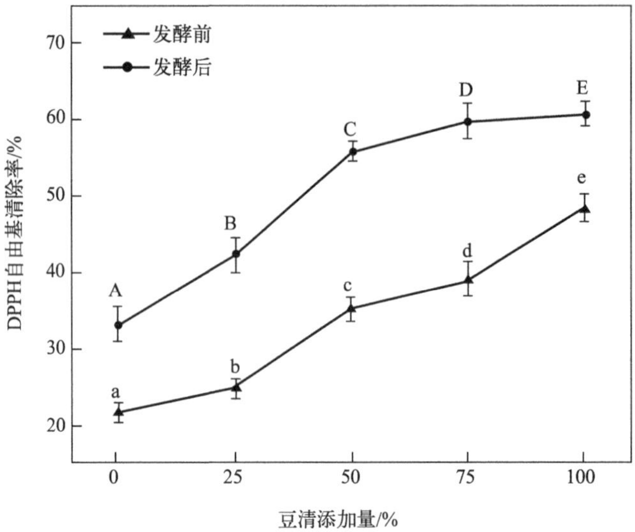

图 2-69　发酵前后豆清添加量对发酵低醇饮料的 DPPH 自由基清除率影响

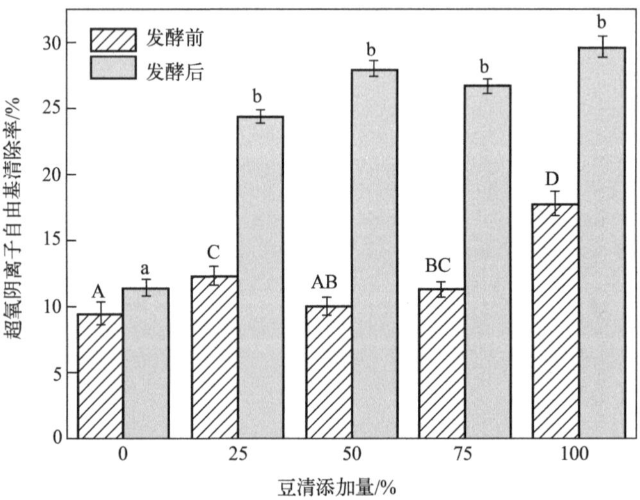

图 2-70　发酵前后豆清添加量对发酵低醇饮料超氧阴离子自由基清除能力的影响

附录

本章原料、辅料索引

编号	名称	厂家	型号
21001	大豆蛋白粉	山东禹王生态食品有限公司	YP510A
21002	豆脐粉	山东禹王生态食品有限公司	YD100
21003	乳粉	黑龙江农垦龙王食品有限公司	—
21004	绵白糖	南京甘汁园股份有限公司	—
21005	稳定剂	深圳市晨馨香精香料有限公司	—
21006	嗜热链球菌	山东中科嘉亿生物工程有限公司	JYST-26
21007	保加利亚乳杆菌	山东中科嘉亿生物工程有限公司	JYLB-19
21008	鼠李糖乳杆菌	四川高福记生物科技有限公司	S24
21009	混合乳酸菌	丹尼斯克（中国哈尔滨）	Danisco
21010	副干酪乳杆菌	山东中科嘉亿生物工程有限公司	JLPF-176
21011	嗜酸乳杆菌	四川高福记生物科技有限公司	11073
21012	混合乳酸菌	Lallemand SAS	Kefir
21013	植物乳杆菌	山东中科嘉亿生物工程有限公司	JYLP-002
21014	乳双歧杆菌	山东中科嘉亿生物工程有限公司	JYBR-190
21015	大豆	巴彦县汉粮粮食贸易有限公司	—
21016	植物乳杆菌	四川高福记生物科技有限公司	350
21017	鲜山楂	香橙源连锁超市	—
21018	寒富苹果	香橙源连锁超市	—
21019	赤藓糖醇	山东三元生物科技股份公司	—
21020	凝结芽孢杆菌	善恩康生物科技（苏州）有限公司	BC01
21021	琼脂	上海宏腾健康科技有限公司	—
21022	果胶	河南万邦实业有限公司	—
21023	红曲霉	上海保藏生物技术中心	SHBCCD11635
21024	活性酵母	安琪酵母股份有限公司	—
21025	小麦粉	金沙河集团有限公司	—
22001	豆清	锦州亿和豆业有限公司	—
22002	淡色艾尔麦芽	欧麦（保定）麦芽有限公司	—
22003	小麦芽	欧麦（保定）麦芽有限公司	—
22004	卡斯凯特酒花	雅基玛酒花公司（美国）	—
22005	英式艾尔酵母	弗曼迪斯（法国）	S-04
22006	植物乳杆菌	四川高福记生物科技有限公司	360
22007	副干酪乳杆菌	四川高福记生物科技有限公司	LCG
22008	嗜酸乳杆菌	四川高福记生物科技有限公司	11073
22009	植物乳杆菌	青岛诺森生物技术有限责任公司	LP-66
22010	格氏乳杆菌	青岛诺森生物技术有限责任公司	NSL1801
22011	黄豆	十月稻田集团股份有限公司	—
22012	乳酸菌	北京川秀国际贸易有限公司	—
22013	啤酒活性干酵母	安琪酵母股份有限公司	CS31

大豆豆清高值化创新研究

INNOVATIVE RESEARCH
ON HIGH-VALUE UTILIZATION OF
SOYBEAN WHEY

第三章

豆清软饮料开发

软饮料，又称清凉饮料、无醇饮料，是指酒精含量低于0.5%（质量比）的天然的或人工配制的饮料。其主要原料包括饮用水或矿泉水、果汁、蔬菜汁或植物的根、茎、叶、花和果实的抽提液等。得益于国内经济的持续增长和消费者购买力的稳步提升，中国软饮料市场规模持续扩大，年复合增长率达到5.94%，增速大幅领先于其他饮品，成为食品行业的支柱型产业。近年来，随着年轻消费群体对于产品风味、口感以及营养健康需求的日益深入，具有天然活性成分和特定营养功能的软饮料成为新消费市场的主流。

豆清中含有丰富乳清蛋白、低聚糖、大豆异黄酮、皂苷和小分子肽等成分，具有良好的抗衰老、提高机体免疫、改善肠道健康等功效。此外，豆清富含钙、镁等矿质元素，对于维持机体酸碱和渗透压的平衡、促进机体新陈代谢、加速疲劳的恢复有着良好的功效。然而，新鲜豆清液略带豆腥味，口味淡薄、发涩，且极易酸化变质，很难直接作为饮料商品化出售。另外，豆清中营养成分富集工艺也相对复杂，成本较高。因此大多数豆制品企业仅通过简单的处理便将豆清作为废液直接排放，造成了严重的环境污染和资源浪费。

以豆清为基料开发具有功能活性的风味软饮料，不仅能够保证豆清营养成分的高效转化利用，实现豆清的零排放，同时顺应市场对于营养、健康和环境可持续发展的追求。豆清软饮料的创新发展为植物蛋白饮料产业注入了新的活力，对于推动行业技术进步和品质升级具有重要意义。

3.1 非发酵型豆清软饮料

3.1.1 原味豆清

原味豆清（图3-1）以豆清（编号31001，详细信息见附录 本章原料、辅料索引）为原料，经过脱盐、脱豆腥味和高温杀菌制得。

3.1.1.1 感官评价

产品清甜可口，豆香味浓郁（图3-2）。

3.1.1.2 工艺流程

原味豆清工艺流程如图3-3所示。

脱盐：豆清脱盐主要采用强酸型阳离子和强碱型阴离子交换树脂串联过滤或者经过多功能膜分离工艺。

脱豆腥味：向豆清中加入0.5%的β-环糊精，将其置于微压设备中加热。当压力达到0.08 MPa后，保持15 min。

图 3-1　原味豆清

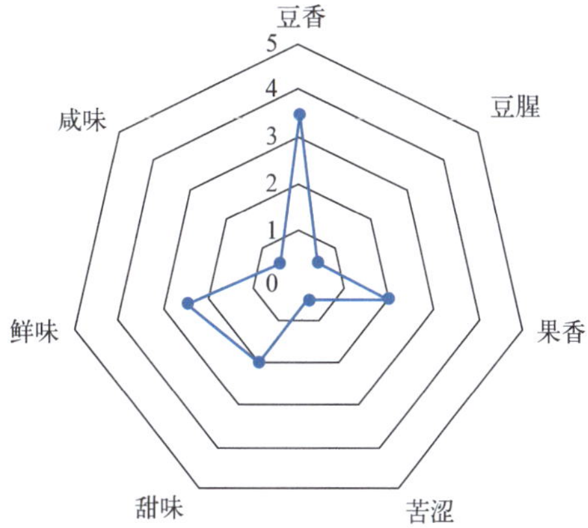

图 3-2　原味豆清感官评价

杀菌：采用超高压瞬时杀菌。

豆清 ⟶ 脱盐 ⟶ 脱腥 ⟶ 静置冷却 ⟶ 杀菌 ⟶ 灌装

图 3-3　原味豆清工艺流程

3.1.2　豆清柠檬水

豆清柠檬水以豆清为主要原料，配合适量柠檬、柑橘、糖等辅料，经巴氏杀菌、充气制得（图 3-4）。

3.1.2.1　感官评价

产品酸甜爽口、清香宜人（图 3-5）。

图 3-4　豆清柠檬水

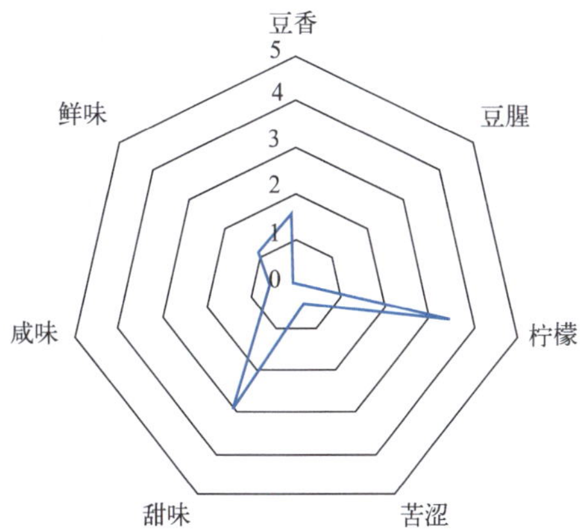

图 3-5　豆清柠檬水感官评价

3.1.2.2 工艺流程

工艺流程见图 3-6。

豆清 → 微压处理 → 复配柠檬汁、蔗糖、果葡糖浆调味 → 静置冷却 → 过滤 → 杀菌 → 充气

图 3-6 豆清柠檬水工艺流程

（1）豆清微压处理：将豆清置于微压设备中加热，当煮沸后排除多余空气后进一步提升压力进行高温加热，当压力达到 0.08 MPa，保持 15 min 得微压处理热豆清。

（2）加复配柠檬汁、糖：在无菌环境下向处理后的豆清加入 10 %～15 % 复合柠檬汁，待样品 pH 值达到 4.5 后，加入 3 %～5 % 的蔗糖、果葡糖浆调节糖酸比得到调味豆清。

（3）过滤：静置冷却后的调味豆清通过离心的方法滤除沉淀物。

（4）杀菌、充气：采用巴氏杀菌的方法对样品进行杀菌处理后，充入 CO_2 灌装。

3.1.2.3 营养成分

豆清柠檬水中微量元素含量如表 3-1 所示。

表 3-1 豆清柠檬水微量元素含量

微量元素	B	Ca	K	Mg	S	Si	Zn
含量/（mg/L）	0.43	19.70	83.00	110.00	191.16	7.30	0.84

豆清柠檬水中营养标签如表 3-2 所示。

表 3-2 豆清柠檬水营养标签

项目	每100 mL	营养素参考值（NRV）%
能量	163 kJ	2 %
蛋白质	0 g	0 %
脂肪	0 g	0 %
碳水化合物	9.6 g	3 %

3.1.2.4 添加蔗糖、赤藓糖醇对异黄酮含量的影响

在豆清中分别添加蔗糖、赤藓糖醇经过巴氏杀菌、高温高压杀菌后，置于 42℃培养箱中储藏 1 个月，异黄酮含量变化如图 3-7 所示，上述豆清柠檬水在 42℃贮藏过程中大豆异黄酮并没有大量减少，反而一些条件下有少量增加。

图 3-7 中 Z 表示添加蔗糖巴氏杀菌，D 为添加赤藓糖醇巴氏杀菌，ZH 为添加蔗糖高温高压杀菌，DH 为添加赤藓糖醇高温高压杀菌。

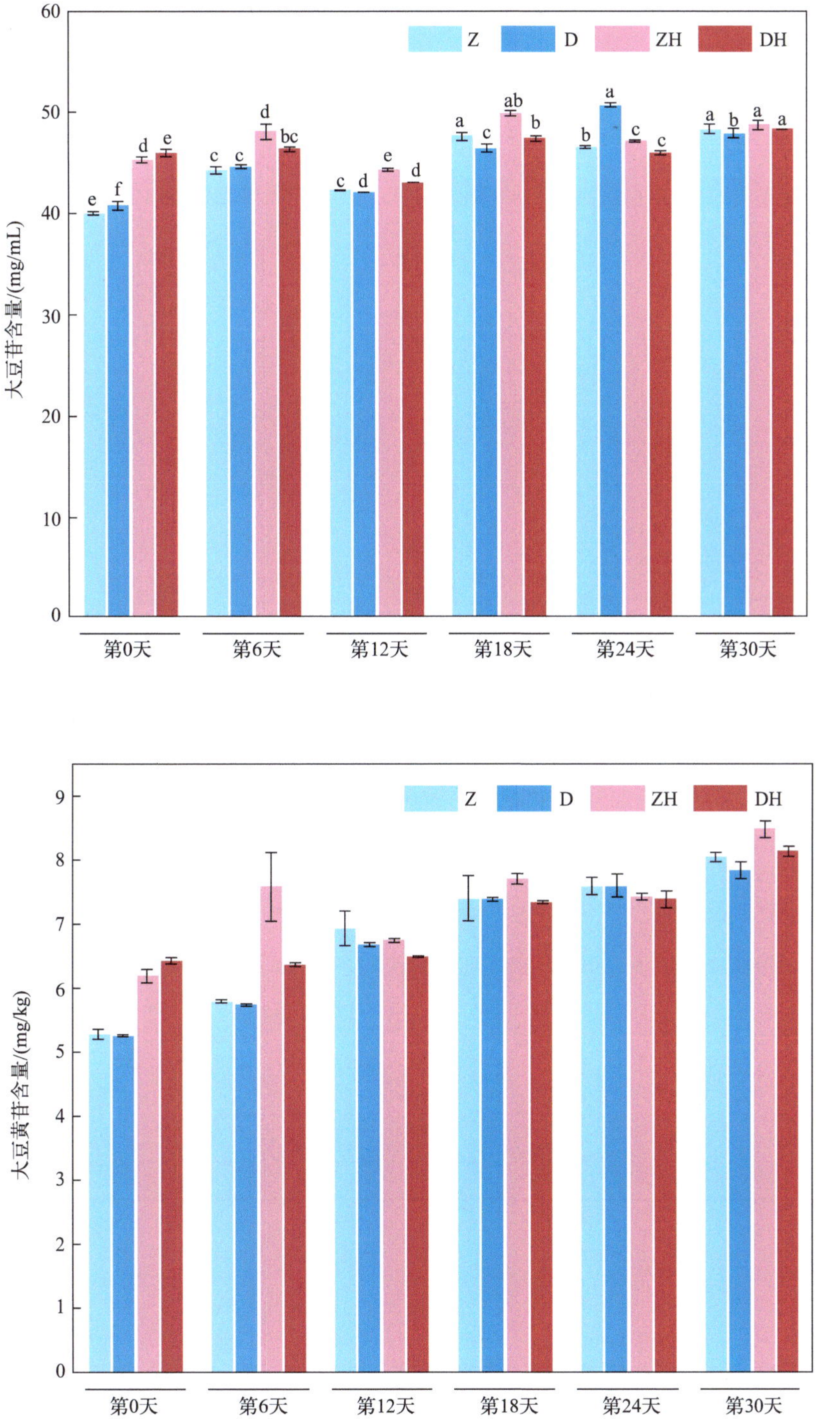
Z
D
ZH
DH
大豆苷含量/(mg/mL)
第0天
第6天
第12天
第18天
第24天
第30天
大豆黄苷含量/(mg/kg)
第0天
第6天
第12天
第18天
第24天
第30天

图 3-7

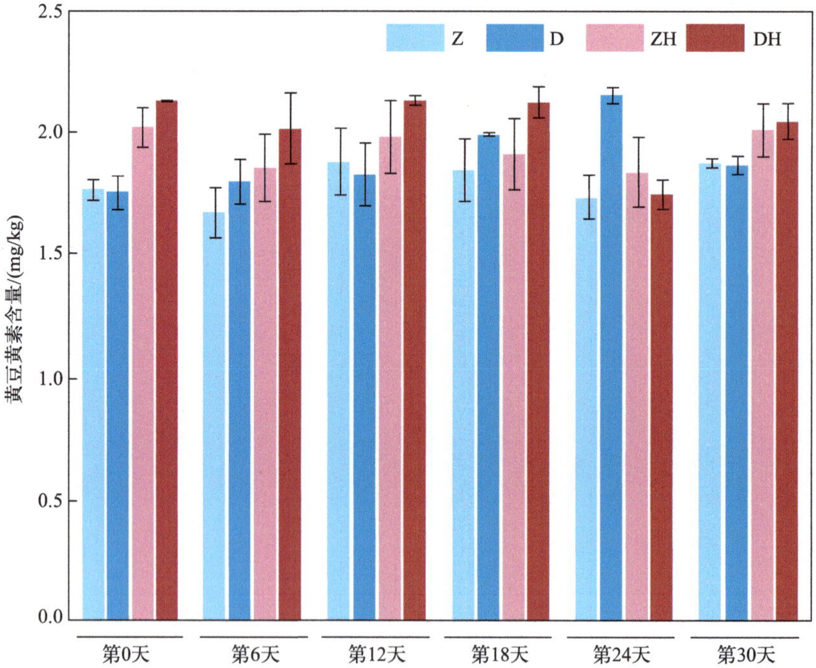
Z
D
ZH
DH
黄豆黄素含量/(mg/kg)
2.5
2.0
1.5
1.0
0.5
0.0
第0天
第6天
第12天
第18天
第24天
第30天

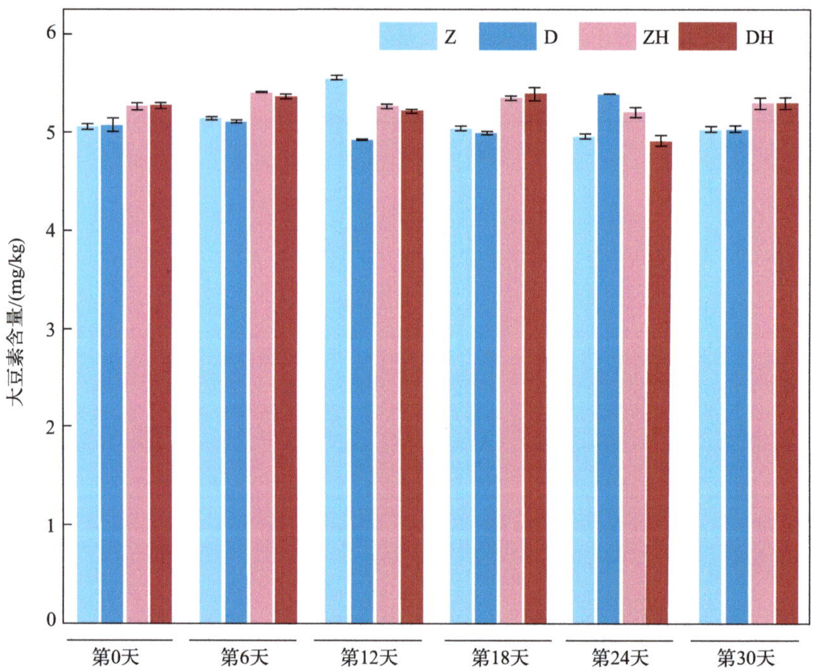
Z
D
ZH
DH
大豆素含量/(mg/kg)
6
5
4
3
2
1
0
第0天
第6天
第12天
第18天
第24天
第30天

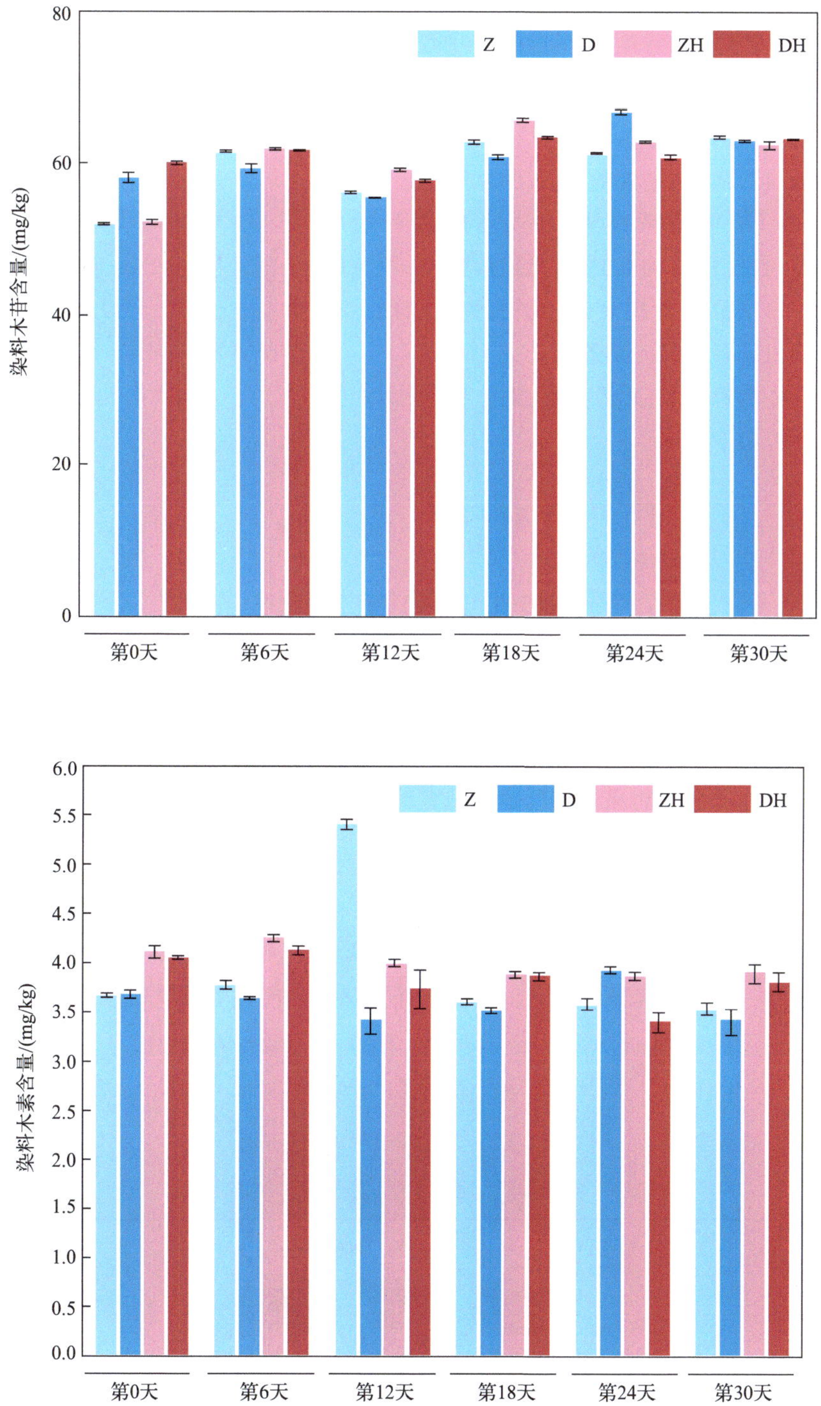

图 3-7 添加蔗糖、赤藓糖醇豆清饮料经巴氏杀菌、高温高压杀菌后 42℃储藏大豆异黄酮含量变化

3.1.3 豆清红枣汁

图 3-8 豆清红枣汁

豆清红枣汁（图 3-8）以豆清（70%）、红枣浓缩汁（20%）、枸杞原浆（5%）、阿胶粉（5%）为主要原料，复合琼脂、果胶、CMC（羧甲基纤维素）、双乙酰酒石酸单（双）甘油酯（共 0.3%），经过均质、杀菌制得。该产品对延缓衰老、提高免疫功能、补充气血具有良好的功效。

豆清红枣汁工艺流程如图 3-9 所示。操作要点如下。

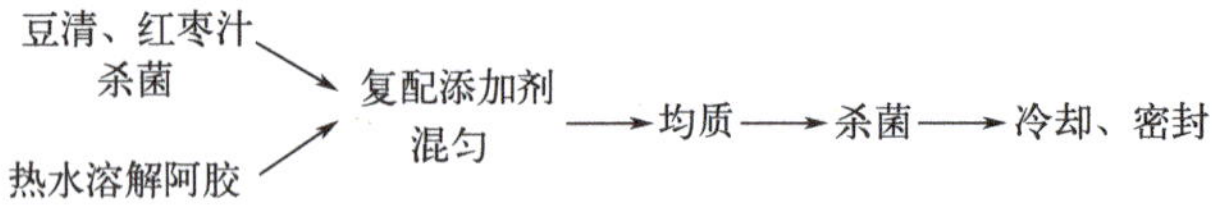

图 3-9 豆清红枣汁工艺流程

（1）豆清、红枣汁杀菌：密封玻璃罐装豆清、红枣汁，108℃、15 min 高压杀菌。

（2）阿胶溶解：向阿胶粉中加入一定比例的沸水，搅拌至阿胶完全溶解。

（3）均质：采用高速剪切仪在 700 r/min 条件下均质 10 min。

（4）杀菌：可采用巴氏杀菌或者超高压瞬时杀菌。

3.1.4 其他功能性豆清饮料

此外，豆清还可复配党参、黄芪等提取物、椰汁、茶叶、咖啡等浓缩液，经过过滤、均质、杀菌等工艺，制备不同风味的功能性豆清软饮料（图 3-10）。

图 3-10 不同风味的功能性豆清软饮料

3.2 发酵型豆清软饮料

3.2.1 豆清红茶菌饮料

红茶菌（又称“海宝”和“胃宝”等，现多被称作“康普茶”），是一种历史悠久的民间传统酸性饮料。红茶菌主要以茶和糖水为发酵基质，由乳酸菌、醋酸杆菌和酵母菌混合发酵而成。本团队通过红茶菌发酵豆清制备的饮品，口感丰富，酸甜适宜，豆腥味较低，具有良好的抗氧化功效。

3.2.1.1 工艺流程

豆清红茶菌饮料工艺流程见图 3-11。

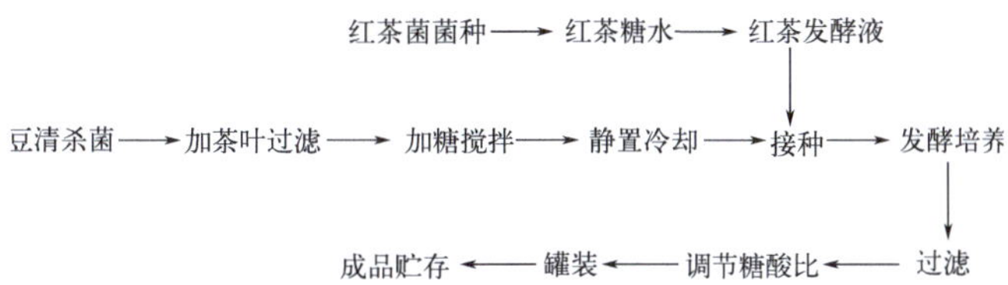

图 3-11 豆清红茶菌饮料工艺流程

操作要点如下。

（1）豆清杀菌：将豆清置于密封玻璃罐中，121℃、20 min 高温高压杀菌。

（2）加茶叶、糖：在无菌环境下向灭菌后的豆清中加入红茶（7 g/L），浸泡 15 min后滤除茶叶渣，加入白砂糖（114 g/L），搅拌溶解，得到基料，放凉备用。

（3）发酵培养：向基料中接入 13% 活化后的红茶菌，置于 37℃下培养。

（4）过滤：待基料表面长出菌膜后过滤收集得到发酵液。

（5）调节糖酸比：采用水、复配甜味剂调节发酵液口感，置于 4℃存放。

3.2.1.2 产品质量分析

（1）检测指标：产品置于 4℃条件下储存，分别于储藏期 0 d、5 d、10 d、15 d、20 d、25 d 取样，测定产品 pH 值、酵母菌活菌数、醋酸菌活菌数、总酚、总黄酮、DPPH 自由基清除率、还原力、ABTS 阳离子自由基清除率、羟基自由基清除率变化情况。

（2）检测结果：储藏期间内，产品 pH 值从 3.6 降低到 3.4；酵母菌活菌数对数值由初始的 11.3 减少到 3.0，醋酸菌活菌数对数值由开始的 10.1 减少为 2.5；初始总酚含量 3.6 mg/mL，到第 20 天升至 4.6 mg/mL，随后趋于稳定；初始总黄酮含量 2.84 mg/mL，第 20 天降 0.56 mg/mL，随后趋于稳定。抗氧化指标 DPPH 自由基清除率在第 25 天仍能达到 60%，还原力达到 1.15，羟自由基清除率达到 60%，ABTS 阳离子自由基清除率达到 40%。

3.2.2 豆清胡萝卜酵素

豆清胡萝卜酵素以鲜豆清和胡萝卜为主要原料，接入多种复合益生菌发酵制得。

3.2.2.1 工艺流程

豆清胡萝卜酵素工艺流程如图 3-12 所示。操作要点如下。

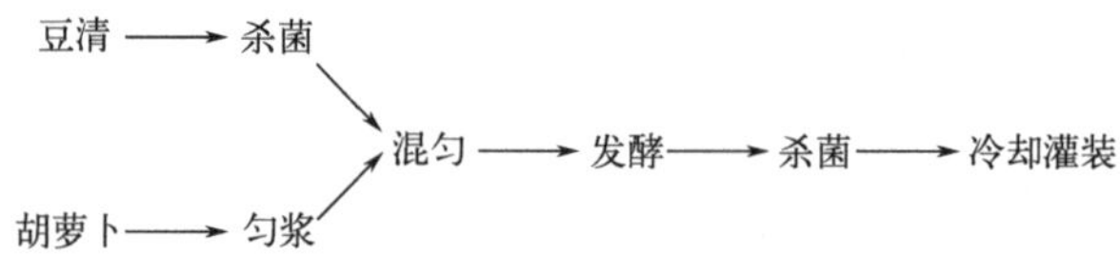

图 3-12 豆清胡萝卜酵素工艺流程图

（1）豆清杀菌：将新鲜豆清用滤布进行过滤，采用巴氏杀菌法进行杀菌。

（2）胡萝卜匀浆：将新鲜的胡萝卜洗净后与一定比例的水混合、匀浆。

（3）发酵：将鲜豆清与胡萝卜按照 2∶1 的比例混合后，接入 0.03‰的植物乳杆菌、嗜酸乳杆菌、副干酪乳杆菌混合益生菌，在 37℃条件下发酵 10 h。

（4）杀菌：采用 121℃、20 min 高温高压杀菌，所得豆清胡萝卜酵素中可溶性固形物含量为 25.93 °Brix。

3.2.2.2 风味分析

根据图 3-13 样品电子鼻数据可知，益生菌发酵使得芳香气味敏感的传感器（R1、R2、R5）上升，相较于单独的豆清发酵，加入胡萝卜后再进行益生菌发酵，这种芳香使传感器上升的趋势更加明显，说明胡萝卜对豆清风味的改善起到了一定的作用，并且三种益生菌发酵的效果比双菌和单菌发酵的效果更好。另外，单独在豆清中加入胡萝卜，也会一定程度上改善豆清的风味，说明豆清所含果蔬（胡萝卜）的加入和益生菌发酵对于豆腥味和苦涩味的去除具有良好的效果。

此处，单菌为植物乳杆菌；双菌为 1∶1 的植物乳杆菌、嗜酸乳杆菌；三菌为 1∶1∶1 的植物乳杆菌、嗜酸乳杆菌和副干酪乳杆菌。

根据图 3-14 电子舌对豆清胡萝卜酵素的风味分析结果可知，益生菌发酵使豆清的苦味、涩味、苦味回味、涩味回味下降，增加了酵素中鲜味等良好特征风味的丰度。加入胡萝卜后，这些不良风味的下降趋势更加明显，三菌发酵豆清胡萝卜酵素的苦味涩味分别为 0.44 和 0.22，三菌发酵组的鲜味强度数值高达 5.5。胡萝卜和发酵的双重作用在一定程度上改善了豆清的不良风味。

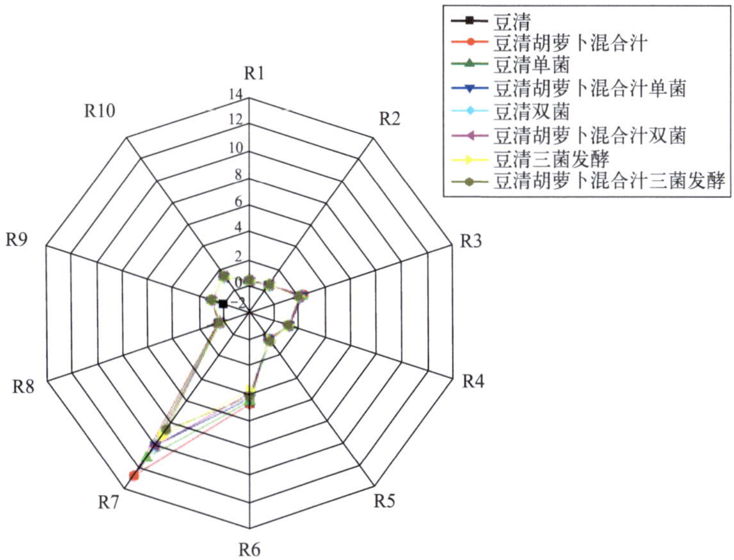

图 3-13　不同发酵条件下酵素样品挥发性成分电子鼻数据的雷达指纹分析

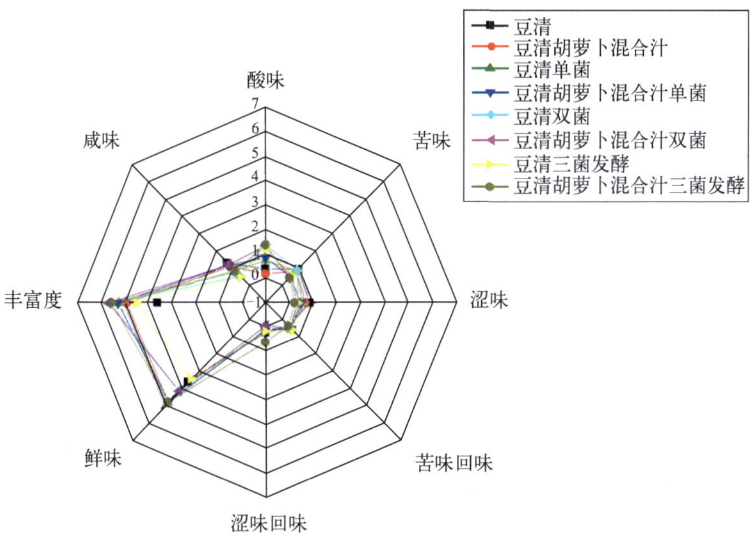

图 3-14　不同发酵条件下酵素样品挥发性成分电子舌数据的雷达指纹分析

3.2.2.3　营养成分分析

（1）短肽结构　采用 LC-TOF-MS 对未发酵组、单菌发酵组（植物乳杆菌）、双菌发酵组（植物乳杆菌∶嗜酸乳杆菌 =1∶1）、三菌发酵组（植物乳杆菌∶嗜酸乳杆菌∶副干酪乳杆菌 =1∶1∶1）的短肽结构进行检测。检测结果显示，未发酵组为

980～1428 Da 的短肽混合物；单菌发酵组主要是 340 Da 和 1052～1368 Da 的短肽的混合物；双菌发酵组分为 600～800 Da 的短肽组成的混合物；三菌发酵组主要是 255 Da 和 503 Da 的短肽混合物。可见，经过益生菌发酵，豆清胡萝卜酵素（未发酵组）中的短肽进行降解，不同的种类的益生菌复配发酵对于蛋白质的降解能力不同，三种益生菌对于蛋白质的降解效果最好，短肽片段较小。

（2）氨基酸含量　由表 3-2 可知，与未发酵组相比，发酵组的总氨基酸和必需氨基酸均下降，这是由于益生菌代谢消耗所致。根据样品发酵前后甜味氨基酸和苦味氨基酸的含量变化可知，三种菌复合发酵对未发酵组的风味改善效果最好。与未发酵组相比，三种菌复合发酵的产品中甜味氨基酸苏氨酸、丝氨酸、脯氨酸、甘氨酸、丙氨酸含量上升分别上升至 101 mg/mL、87 mg/mL、104 mg/mL、87 mg/mL、121 mg/mL，苦氨酸总量下降至 1406 mg/mL。

表 3-2　豆清胡萝卜酵素氨基酸含量检测

氨基酸名称	含量/（mg/mL）			
	豆清胡萝卜酵素	单菌发酵组	双菌发酵组	三菌发酵组
天冬氨酸	239	219	220	218
苏氨酸	94	98	99	101
丝氨酸	85	90	89	87
谷氨酸	418	395	398	397
脯氨酸	96	87	101	104
甘氨酸	85	80	79	87
丙氨酸	117	112	111	121
缬氨酸	133	127	128	124
蛋氨酸	123	120	125	121
异亮氨酸	64	66	67	60
亮氨酸	79	76	75	75
酪氨酸	165	150	154	148
苯丙氨酸	105	103	103	103
组氨酸	102	115	109	101
赖氨酸	192	194	196	188
精氨酸	102	93	93	89
总氨基酸	2199	2125	2147	2124

3.2.3 酸豆清

酸豆清是通过调整豆清中糖蛋白质等物质构成，通过发酵、调味获得的一款风味饮料。

酸豆清工艺流程如图 3-15 所示。

（1）自然发酵：将混合好的物料置于 42℃环境中自然发酵至 pH 4.5 以下。

（2）除杂：采用过滤、离心等手段除去发酵液中的不溶物。

（3）调味：加入糖、酸、香精、果汁等调节风味口感。

（4）灭菌：采用巴氏灭菌法对样品进行杀菌处理。

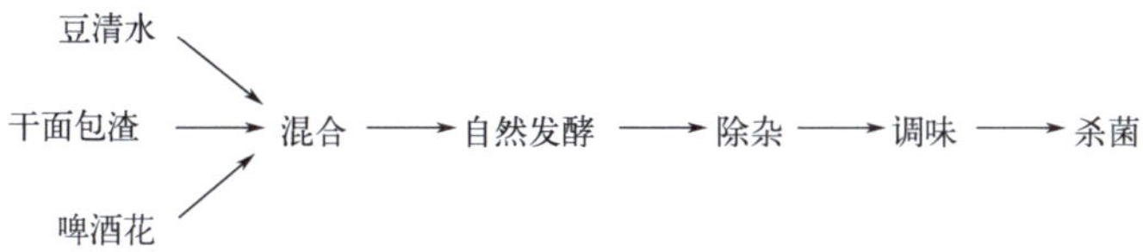

图 3-15 酸豆清工艺流程

3.2.4 豆清格瓦斯

豆清格瓦斯是由豆清和面包渣混匀后，经过糖化、发酵、调味制得的一款低醇饮料。该产品不仅融合了格瓦斯原有的发酵香气，同时补充了异黄酮、多酚、皂苷、大豆肽等活性成分，兼具良好的风味口感和营养功效。

豆清格瓦斯工艺流程如图 3-16 所示。

（1）糖化：向混合好的豆清和面包渣中加入耐高温 α- 淀粉酶，在 80℃条件下搅拌 30 min。降温至 60～65℃，加入糖化酶，搅拌 30 min，得到基料。

（2）煮沸、冷却、过滤：将基料煮至中心温度达到 95℃后保温 10 min，然后冷却、过滤。

（3）发酵：接入酿酒酵母、保加利亚乳杆菌、酵母菌，置于 37℃培养箱中发酵。

（4）调配、充气：将发酵好的基料后稀释至合适的浓度，调节糖和酸，充入 CO_2 得到最终产品。

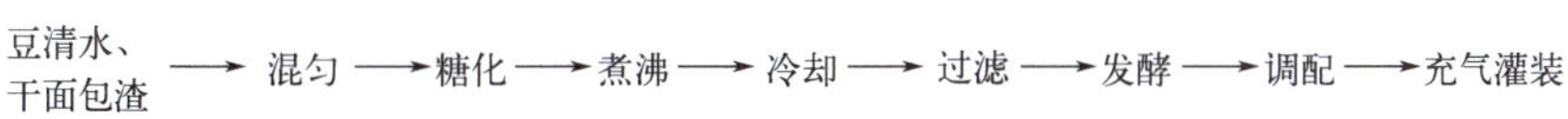

图 3-16 豆清格瓦斯工艺流程

附录

本章原料、辅料索引

编号	名称	厂家	型号
31001	豆清	渤海大学自制	—
31002	β-环糊精	国民淀粉化学有限公司	—
31003	柠檬	达川食品工业有限公司	—
31004	柑橘	达川食品工业有限公司	—
31005	果葡糖浆	广东福正东海食品有限公司	—
31006	红枣浓缩汁	达川食品工业有限公司	—
31007	枸杞原浆	宁夏杞里香枸杞有限责任公司	—
31008	阿胶粉	东阿阿胶股份有限公司	—
31009	琼脂	佳禾食品工业股份有限公司	—
31010	果胶	佳禾食品工业股份有限公司	—
31011	CMC	佳禾食品工业股份有限公司	—
31012	双乙酰酒石酸单（双）甘油酯	佳禾食品工业股份有限公司	—
31013	党参	北京同仁堂健康药业股份有限公司	—
31014	黄芪	北京同仁堂健康药业股份有限公司	—
31015	厚椰乳	浙江菲诺食品有限公司	—
31016	茶叶	福建省安溪县崇德茶业有限公司	—
31017	黑咖啡浓缩液	上海永璞文化创意有限公司	—
32001	YF903乳酸菌	丹麦科汉森公司	YF903
32002	醋酸杆菌	丹麦科汉森公司	Z6
32003	酵母菌	丹麦科汉森公司	PL09
32004	鲜豆清	渤海大学自制	—
32005	红茶	福建省安溪县崇德茶业有限公司	—
32006	白砂糖	广东福正东海食品有限公司	—
32007	胡萝卜	市售普通	—
32008	植物乳杆菌	四川高福记生物科技有限公司	JYLP-002
32009	嗜酸乳杆菌	四川高福记生物科技有限公司	11073
320010	副干酪乳杆菌	四川高福记生物科技有限公司	JLPF-176
320011	干面包渣	哈尔滨秋林食品有限公司	—
320012	啤酒花	烟台帝伯仕啤酒设备有限公司	—
320013	α-淀粉酶	佳禾食品工业股份有限公司	—
320014	糖化酶	佳禾食品工业股份有限公司	—
320015	酿酒酵母	安琪酵母股份有限公司	葡萄酒、果酒专用酵母

续表

编号	名称	厂家	型号
320016	保加利亚乳杆菌	四川高福记生物科技有限公司	JYLB-19
320017	酵母菌	安琪酵母股份有限公司	高活性干酵母
33001	强酸型阳离子柱	中盐新干盐化有限公司	D001
33002	强碱型阴离子柱	中盐新干盐化有限公司	D202
33003	*β*-环糊精	国民淀粉化学有限公司	—

大豆豆清高值化创新研究

INNOVATIVE RESEARCH
ON HIGH-VALUE UTILIZATION OF
SOYBEAN WHEY

第四章

豆清食品配料开发与应用

4.1 豆清 - 豆渣食品配料的制备

豆渣是指在研磨大豆并提取水溶性成分用于生产大豆基食品（如豆浆和豆腐）后留下的不溶性残留物，是豆浆和豆腐的加工副产品。豆渣含有蛋白质、粗纤维，还含有大豆异黄酮、维生素、多糖及多种微量元素，具有很高的营养价值。干豆渣中含有约 25% 的蛋白质，含有人体所有必需氨基酸，可以搭配谷类食品加工，弥补谷类食品赖氨酸不足的缺陷。干豆渣中含有约 50% 的膳食纤维，有助于控制饭后血糖水平，减缓肠道中碳水化合物的吸收速度，还具有降低血液中胆固醇和甘油三酯水平的作用。豆渣中含有的大豆异黄酮、大豆皂苷等功能因子具有降低血脂、抗癌等保健作用。我国每年因豆制品加工产生的湿豆渣量高达约 2000 万吨，豆渣豆腥味浓重，颗粒粗大，导致口感粗糙，适口性和加工性能较差，且不易被机体消化吸收。此外，豆渣水分含量高，易腐败变质，保质期短，加工难度较大，因此往往被直接废弃或用作饲料，这不仅造成了资源的极大浪费，而且处理不当还可能引发严重的环境污染问题。因此，深入开发豆渣食品配料，不仅有助于提升大豆加工产业的经济效益，实现植物资源的合理利用，还能最大限度地减少环境污染，推动大豆加工产业的可持续发展。

4.1.1 豆清 - 豆渣食品配料制备工艺

在现有技术背景下，豆渣与豆清的产出量庞大，由此引发了一系列回收、利用及储存方面的难题。豆渣因其颗粒较大且富含膳食纤维，导致口感不佳，人体对其消化吸收效率较低，豆渣与豆清中还普遍存在浓重的豆腥味，进一步限制了其应用范围。针对上述问题，通过以下创新制备工艺，实现对豆清与豆渣的有效处理与利用（图 4-1）。

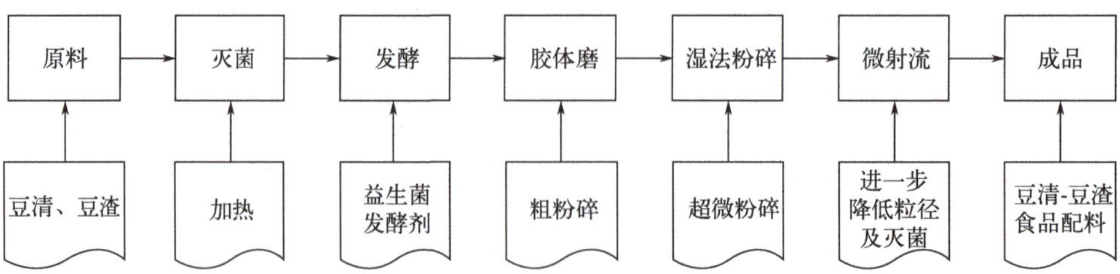

图 4-1 豆清 - 豆渣浆料制备工艺

将大豆（编号 41001，见附录，后文均为原料编号）加工副产物豆渣（41002）经 100℃加热 30 min 预处理后，与豆清（41003）按质量体积比 1∶（3～5）混合均匀后，在常压 100℃下加热杀菌 30 min。随后，利用益生菌发酵剂[优选为植物乳杆菌（41004）、鼠李糖乳杆菌（41005）和乳双歧杆菌（41006）2∶1∶1 的混合菌种等]在 27～42℃下发酵 12～30 h。发酵后的浆料经过胶体磨粗粉碎 1～3 次，再进行 4～16 次湿法超微粉碎，频率 40～55 Hz，至浆料粒径 50～120 μm。最后，通过高压微射流处理，使物料在极短时间内（小于 0.001 s）经受高达 300 MPa 的压力和 500 m/s 的剪切速率，达到纳米级超微化、微乳化和均质化效果，制得富含膳食纤维、豆清蛋白、大豆异黄酮、大豆皂苷及大豆肽的食品配料。

该工艺通过湿法超微粉碎、微生物发酵以及高压微射流处理，降低豆渣和豆清混合后的浆料粒径，改善口感，同时利用高压微射流技术杀菌延长保质期，使浆料体系更加稳定；利用复配菌对浆料进行发酵，不仅富集浆料体系中的营养成分，而且消除了豆渣和豆清中的豆腥味和涩味，同时还为料液体系添加了特有的发酵香味。通过以上技术极大地改善了浆料的口感与风味并富集了营养成分，使其应用到主食、烘焙、休闲类等食品中成为可能。

4.1.2 豆清－豆渣食品配料浆液品质

4.1.2.1 豆渣－豆清不同比例对浆液品质的影响

（1）色度　在浆液色度特性的分析数据（表 4-1）中显示，比例为 1∶3、1∶3.5和1∶4的浆液之间，其亮度值无显著差异，表明这些浆液在亮度上表现相近。相比之下，这些比例的浆液亮度要高于比例为 1∶4.5 和 1∶5 的浆液。这一观察结果对于探索不同比例浆液光学特性及其对后续加工应用的潜在影响至关重要。

表 4-1　不同比例对色度的影响

豆渣：豆清	颜色		
	L^*	a^*	b^*
1∶3	81.67 ± 0.22^{A}	-5.39 ± 0.06^{A}	22.83 ± 0.77^{A}
1∶3.5	82.00 ± 0.61^{A}	-5.35 ± 0.12^{A}	21.99 ± 0.64^{AB}
1∶4	82.92 ± 2.04^{A}	-5.39 ± 0.07^{A}	19.00 ± 2.00^{B}
1∶4.5	76.06 ± 0.30^{B}	-5.31 ± 0.04^{A}	18.62 ± 0.63^{B}
1∶5	77.68 ± 0.74^{B}	-4.56 ± 0.21^{B}	20.19 ± 2.87^{AB}

注：所有实验均重复 3 次，结果表示为平均值 ± 标准差。采用 SPSS26 软件对数据进行单因素 ANOVA 分析差异显著性，不同大写字母（A～E）表示相同指标差异显著（$P<0.05$）。

（2）粒径　在豆制品加工过程中，豆渣与豆清的混合物需经历特定的研磨处理。首先，不论豆渣与豆清的比例如何，它们均先经由胶体磨进行初步粗磨。随后，这些混合物通过湿法粉碎机进一步细化研磨，且此过程循环十次以确保粒度达到要求。实验数据显示（表 4-2），当豆渣与豆清的比例为 1∶3 时，所得产物的粒径最大。随着豆渣含量的逐步增加，粒径呈现减小的趋势。具体而言，当比例调整至 1∶4、1∶4.5 及 1∶5 时，尽管这些比例下所得产物的粒径存在差异，但这些差异在统计学上并不显著。

为了最大化豆渣的利用效率，并减少大豆加工行业中的资源浪费，经过综合考量，建议将豆渣与豆清的比例设定为 1∶4。这一比例在保持产物粒度适宜的同时，也有效促进了豆渣资源的合理利用。

表 4-2　不同比例对粒径的影响

豆渣：豆清	$d_{(4,3)}$ /μm 体积平均径	$d_{(3,2)}$ /μm 面积平均径
1∶3	121.07 ± 1.23^A	42.34 ± 0.22^A
1∶3.5	115.63 ± 0.29^C	40.78 ± 0.10^C
1∶4	111.50 ± 2.84^C	39.71 ± 0.38^B
1∶4.5	100.53 ± 0.39^C	35.01 ± 0.10^D
1∶5	112.67 ± 0.94^B	28.19 ± 0.09^E

注：1. $d_{(4,3)}$ 表示体积平均粒径，$d_{(3,2)}$ 表示面积平均粒径。

2. 所有实验均重复 3 次，结果表示为平均值 ± 标准差。采用 SPSS26 软件对数据进行单因素 ANOVA 分析差异显著性，不同大写字母（A～E）表示相同指标差异显著（$P < 0.05$）。

（3）表观黏度　在探讨剪切速率对不同比例浆体表观黏度影响的研究中（图 4-2），观察到随着剪切速率的提升，所有比例浆体的表观黏度均呈现逐渐降低的趋势，这是剪切变稀现象的典型表现，说明这些浆体具有假塑性流体的特征。进一步分析发现，在相同的剪切速率下，浆体的表观黏度大体上随着豆渣与豆清比例的增大而降低。值得注意的是，当比例为 1∶4 与 1∶4.5 时，浆体的表观黏度曲线几乎重合，表明在这两种比例下浆体的黏度相近。

比例为 1∶3 和 1∶3.5 的浆体具有较高的表观黏度，若用作主食面团的配料，会导致面团质地偏硬。相比之下，比例为 1∶4 的浆体表观黏度显著降低，使得其更适合作为主食、烘焙及休闲食品的配料成分。

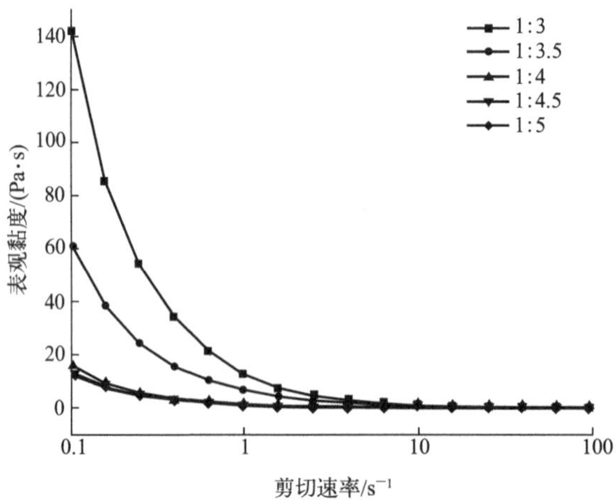

图 4-2　剪切速率对不同比例浆体表观黏度的影响

（4）稳定性　在针对豆渣与豆清不同比例浆液稳定性的研究中，采用多重光检测技术对五种不同比例的浆液进行了系统分析。以豆渣与豆清的比例作为单一变量，通过检测得出了五组浆液稳定性随时间变化的趋势。实验结果显示（图4-3），随着放置时间的增加，所有五种比例浆液的 TSI（turbidity stability index，浊度稳定指数）值均呈现上升趋势。TSI 值作为衡量浆液稳定性的重要指标，其上升意味着浆液体系中的颗粒逐渐聚集，导致体系变得不稳定。这一发现揭示了浆液在长时间放置过程中可能发生的物理和化学变化，这些变化可能对浆液的加工性能和最终产品的品质产生不利影响。具体而言，比例为 1∶4 的浆液体系表现出最高的 TSI 值增长速率，意味着其稳定性最差；相反，比例为 1∶3.5 和 1∶4.5 的浆液体系 TSI 值增长相对缓慢，显示出较好的稳定性。

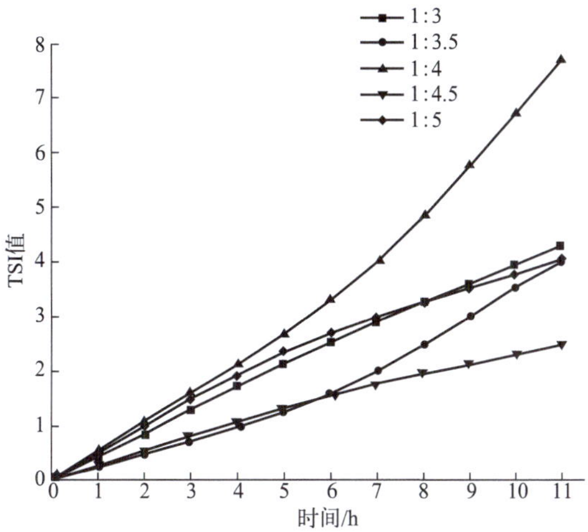

图 4-3　不同比例的浆液 TSI 值

4.1.2.2　不同超微粉碎循环次数对浆液品质的影响

（1）色度　在分析豆渣与豆清混合浆体的色泽特性过程中，注意到原料本身所含的色素使得混合浆体并未显示出豆奶典型的乳白色。表 4-3 的数据揭示了循环次数对浆体亮度的影响。在 4～10 次的循环范围内，随着循环次数的递增，浆体的亮度逐渐降低。这一趋势可能归因于豆渣颗粒在循环过程中的细化，导致其对光的反射效率减弱，光吸收增强，从而亮度下降。值得注意的是，尽管循环次数有所变化，但浆体的整体颜色均呈现出淡黄色，表明循环次数对浆体颜色的直接影响有限。进一步对浆体实施了普通灭菌和高压灭菌两种处理，并评估了处理前后的色差变化。结果显示，高压灭菌后的浆体亮度显著低于普通灭菌处理后的样品。这一差异可能源于高压高温条件下，浆体内的糖类和蛋白质发生了美拉德反应，导致浆体亮度下降，颜色加深。

因此，为避免浆体色泽发生显著变化，推荐采用常压 100℃条件下的普通灭菌方式。这一选择旨在平衡灭菌效果与浆体色泽保持之间的需求，为豆渣与豆清混合浆体的加工应用提供了重要的参考依据。

表 4-3 不同循环次数对浆体色度的影响

循环次数	颜色		
	L^*	a^*	b^*
4	80.87	−6.13	14.91
6	74.92	−6.07	13.61
8	74.40	−6.04	14.00
10	73.37	−6.14	14.37
12	77.01	−6.31	15.39
14	74.04	−6.38	14.34
16	71.09	−6.10	12.57
16（普通灭菌）	75.64	−3.50	17.33
16（高压灭菌）	67.11	−2.99	21.69

注：普通灭菌为常压下 100℃加热 10 min；高压灭菌为 0.2 MPa 下 121℃加热 20 min。

（2）粒径　在探究湿法超微粉碎过程中循环次数对豆渣颗粒大小影响的研究中（表 4-4），观察到随着循环次数的递增，豆渣颗粒的尺寸显著减小。通过显著性分析，当循环次数在 10 次及以下时，其对豆渣颗粒大小的减小作用显著；而当循环次数超过 10 次后，随着次数的进一步增加，豆渣颗粒大小的变化则变得不再明显。基于对不同湿法超微粉碎循环次数下所得浆料粒径数据的综合分析，为了改善浆料的粗糙口感，并促进其在人体内的消化吸收，最终确定湿法超微粉碎的循环次数为 10 次，以达到理想的颗粒细化效果。

表 4-4 不同循环次数对浆体粒径的影响

循环次数	$d_{(4,3)}$ /μm	$d_{(3,2)}$ /μm
	体积平均径	面积平均径
4	$143.87\pm1.92^{A,a}$	$50.56\pm4.53^{A,a}$
6	$133.93\pm0.67^{B,b}$	$40.99\pm1.07^{B,b}$
8	$120.57\pm1.13^{C,c}$	$38.03\pm2.73^{B,bcd}$
10	$111.73\pm0.45^{D,d}$	$40.21\pm1.64^{B,bc}$
12	$109.33\pm0.99^{DE,de}$	$37.99\pm1.13^{B,bcd}$
14	$106.77\pm2.58^{DE,ef}$	$35.99\pm0.93^{B,cd}$
16	$104.13\pm3.72^{E,f}$	$34.68\pm0.76^{B,d}$

注：所有实验均重复 3 次，结果表示为平均值 ± 标准差。采用 SPSS26 软件对数据进行单因素 ANOVA 分析差异显著性，不同大写字母（A～E）表示相同指标差异显著（$P<0.05$），不同小写字母（a～f）表示相同指标差异极显著（$P<0.01$）。

（3）表观黏度　随着剪切速率的提升，循环次数介于4～16次之间的浆液表观黏度普遍呈现降低趋势。在循环次数为4次和6次时，浆液的表观黏度相对较高；而当循环次数增加至10～14次时，浆液的表观黏度显著降低。这一现象可归因于，在相同的剪切速率条件下，随着循环次数的增多，浆液中的大分子物质被逐渐剪切成小分子物质，从而导致浆液整体表观黏度的下降（图4-4）。

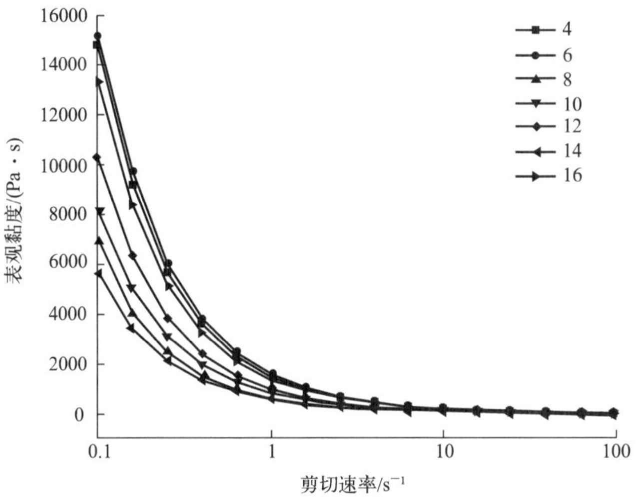

图4-4　不同循环次数对浆体表观黏度的影响

4.2 豆清－豆渣食品配料的应用

将冷冻的豆渣与豆清在25℃下融化，豆渣再经100℃加热30 min预处理后，按1∶4的质量比混合200 g豆渣与800 g豆清并搅拌均匀，接着添加0.5 g由植物乳杆菌、鼠李糖乳杆菌、乳双歧杆菌按2∶1∶1比例组成的复合益生菌进行发酵。之后，混合物经胶体磨初步粉碎3次（每次5 min），再在49 Hz、120 MPa条件下进行10次湿法超微粉碎，随后采用高压微射流技术对浆料进行细化与灭菌处理，最后将处理好的浆料无菌灌装至每瓶200 g的耐高温瓶中并密封，得到豆渣－豆清食品配料（图4-5）。

图4-5　成品豆清－豆渣浆料

4.2.1 豆清馒头

4.2.1.1 工艺参数

先精确称取面粉（42001）200 g、酵母（42002）3 g、糖（41003）20 g、泡打粉（42004）1.25 g、奶粉（42005）15 g 以及豆渣 - 豆清食品配料 138 g，并充分混合均匀。接着利用和面机进行 15 min 的和面操作，直至面团表面呈现光滑状态。随后将和好的面团切割成每个约 80 g 的小面团完成成型步骤，再把这些小面团放入醒发箱，在 32℃的环境下发酵 30 min。发酵完成后将其放入蒸锅蒸制 30 min，最后把蒸制好的成品冷却至室温后进行储藏（图 4-6）。

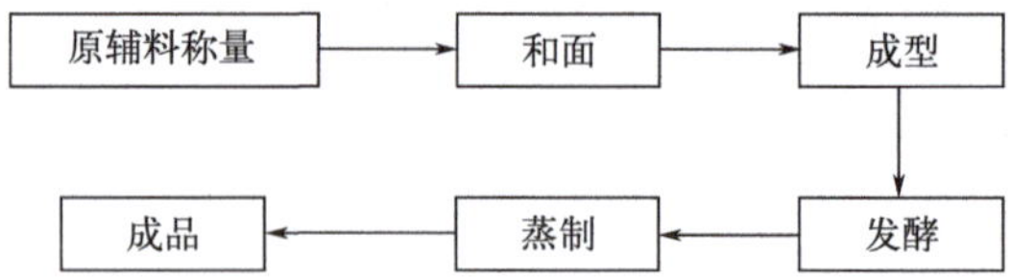

图 4-6 豆清馒头制作工艺

4.2.1.2 感官评分

感官评分指标如表 4-5 所示。除豆渣 - 豆清食品配料组外，为了更全面地探究不同配料对馒头品质的影响，分别使用了水（空白）、豆清以及水和豆渣的组合来替代豆渣 - 豆清食品配料进行产品制作。

表 4-5 感官评分指标

项目	评分标准	分值
外观（30分）	表面光滑、丰满，体积大	25～30
	表面有轻微褶皱，体积适中	19～24
	表皮褶皱、体积小	＜19
色泽（10分）	表面光亮、无斑点	8～10
	上色均匀，光泽稍暗	5～7
	无光泽，有较多斑点	＜5
质地（15分）	内部结构细腻，有弹性	13～15
	内部较细腻，弹性一般	9～12
	内部结构粗糙，没有弹性	＜9
纹理结构（25分）	气孔致密分布，气孔径壁呈海绵状	21～25
	气孔分布不均，气孔壁稍厚	16～20
	气孔大小不均匀	＜16
风味口感（20分）	发酵面制品清香（豆香），口感细腻	17～20
	轻微发酵面制品香（豆香），口感较细腻	12～16
	无香味，颗粒感严重，粘牙	＜12

经过感官评分计算得出四组总分为：空白组 88.7，豆清组 75.4，水 + 豆渣组 72.6，豆清 + 豆渣组 91.7。

4.2.1.3 水分含量及密度

含水量：水 + 豆渣＞豆清 + 豆渣＞空白＞豆清。四组样品的密度无显著差异（表 4-6）。

表 4-6 不同配料添加馒头含水量及密度

指标	空白	豆清	水+豆渣	豆清+豆渣
水分含量/%	39.51	38.92	41.32	41.14
密度/（g/cm^3）	0.44	0.45	0.50	0.50

4.2.1.4 质构特性

在针对四组馒头样品的物理特性研究中，硬度测试结果显示各组之间无显著差异（图 4-7）。深入分析馒头的咀嚼性能，豆清与豆渣混合的馒头组表现出最高的咀嚼性，这可能归因于豆清和豆渣中丰富的蛋白质、膳食纤维等大分子成分，它们增加了馒头的咀嚼阻力。对于弹性评估，水与豆渣混合以及豆清与豆渣混合的馒头组展现了优越的弹性。这种表现可能与水分促进面筋蛋白形成有关，面筋蛋白的良好弹性和延展性对面团及馒头的弹性有积极影响。在凝聚性方面，豆清与豆渣混合的馒头组表现最佳。凝聚性反映了食品内部结构的紧密程度，该组馒头的紧密结构和形态稳定性可能因此得到增强。

综合各项测试结果，不同成分组合的馒头在硬度、咀嚼性、弹性和凝聚性上各有特点，豆清、水与豆渣及豆清与豆渣的混合均在特定性能指标上展现出显著优势。

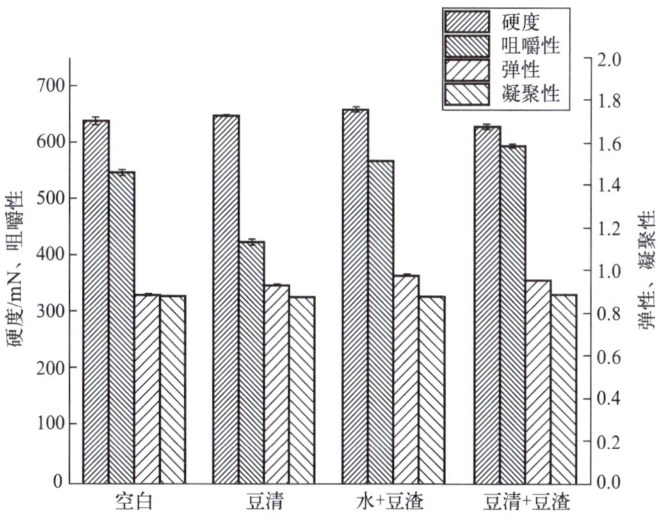

图 4-7 不同成分组合的豆清馒头在硬度、咀嚼性、弹性和凝聚性

4.2.1.5 气味特征

电子鼻每个传感器的性能参数描述如表 4-7 所示。

表 4-7 传感器性能描述

传感器	性能描述	检测极限/（mL/mL）
R1	芳香化合物、苯类	10^{-5}
R2	灵敏度大，对氮氧化物	10^{-6}
R3	芳香化合物、氨类	10^{-5}
R4	氢化物	10^{-4}
R5	烯烃、芳香化合物	10^{-6}
R6	碳氢化合物	10^{-4}
R7	硫化氢	10^{-6}
R8	醇类、一些芳香族化合物	10^{-4}
R9	芳香族化合物、有机硫化物	10^{-6}
R10	烷烃	10^{-5}

在馒头制作工艺的研究中，对比分析了添加豆渣与豆清的样品与对照组之间的风味特性（图 4-8）。结果显示，尽管两组馒头的风味轮廓大体相似，但风味物质的含量均呈现出下降趋势。这一发现表明，豆渣与豆清的引入对馒头风味含量产生了一定影响。馒头中的乙醇成分含量也因豆渣与豆清的添加而有所降低，同时观察到馒头的体积相应减小。这些变化进一步验证了豆渣与豆清对馒头发酵过程的轻微抑制作用。电子鼻对馒头的测定结果显示，馒头具有良好的风味特征。成品豆清馒头如图 4-9 所示。

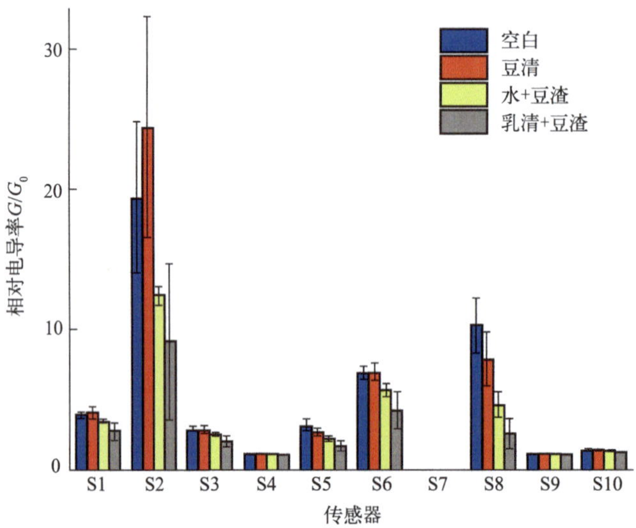

图 4-8 豆清馒头的电子鼻检测结果

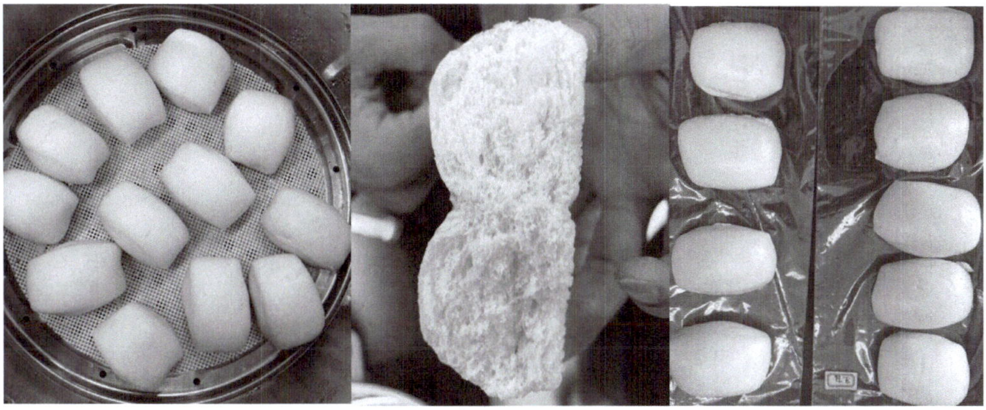

图 4-9　成品豆清馒头

4.2.2　豆清面包

4.2.2.1　制作工艺

首先称取高筋粉（42006）200 g、糖 40 g、盐（42007）2 g、鸡蛋（42008）20 g、奶粉 15 g、酵母 4 g、改良剂（42009）2 g、谷朊粉（42010）10 g 以及豆渣 - 豆清食品配料 120 g，先把除黄油外的原辅料放入和面机，待面团基本成型再加入 16 g 黄油，持续和面 30 min 直至形成面筋网络结构。接着把面团放入 30℃、相对湿度 75% 的醒发箱发酵 1 h，之后进行分块、排气、成型等整形操作，再将成型面团放入 39℃、相对湿度 85% 的醒发箱二次醒发 50 min。随后放入烤箱，先以 170℃上下火烘烤 10 min，取出刷蛋液后，再用 160℃上下火烘烤 10 min，最后将样品冷却至室温进行储藏（图 4-10）。

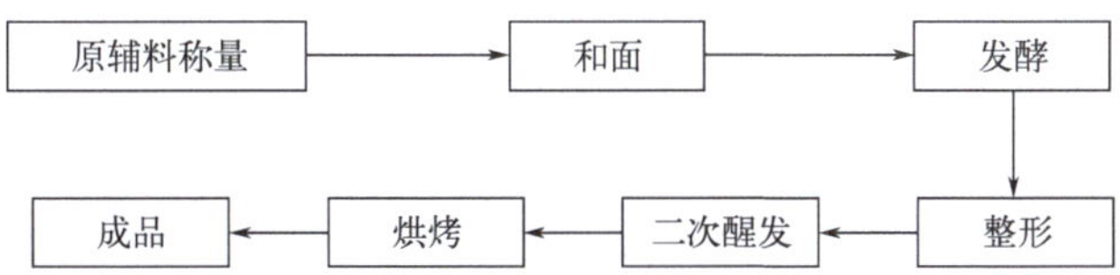

图 4-10　豆清面包制作工艺

4.2.2.2　感官评分

除豆渣 - 豆清食品配料组外，为了更全面地探究不同配料对面包品质的影响，分别使用了水、豆清以及水和豆渣的组合来替代豆渣 - 豆清食品配料进行产品制作。感官评分指标如表 4-5 所示。经过计算得出四组总分为：空白组 86.3，豆清组 61.6，水 + 豆渣组 71.9，豆清 + 豆渣组 88.5。

4.2.2.3 水分含量及密度

含水量：水 + 豆渣＞豆清 + 豆渣＞空白＞豆清。四组样品的密度无显著差异（表 4-8）。

表 4-8 不同配料添加面包含水量及密度

指标	空白	豆清	水+豆渣	豆清+豆渣
水分含量	32.10%	31.20%	34.90%	33.60%
密度 / （g/cm^3）	0.277	0.288	0.294	0.280

4.2.2.4 质构特性

在面包样品的物理特性研究中，对硬度、咀嚼性、弹性和凝聚性进行了评估（图 4-11）。硬度测试结果显示，豆清单独使用或与豆渣混合使用的两组样品硬度值相对较高，而未添加特殊成分的空白组以及水与豆渣混合的组硬度值则相对较低。尽管硬度值之间的差异达到了 54.104 单位，但感官评价结果显示，人们并未感知到这些硬度差异具有显著性。在咀嚼性评估中，豆清与豆渣混合的面包组展现出最高的咀嚼性，这与先前在馒头样品中的观察结果一致。这一高咀嚼性可能归因于豆清和豆渣中所含的大分子物质，如蛋白质和膳食纤维，它们增加了面包的咀嚼阻力。对于弹性特性，空白组和水与豆渣混合的组表现最佳，而豆清组的弹性虽然略低于这两组，但差异并不显著。这一结果表明，水分与豆渣的混合有助于提升面包的弹性。在凝聚性方面，水与豆渣混合以及豆清与豆渣混合的两组面包表现更为优异。凝聚性反映了面包内部结构的紧密程度和稳定性，这两组面包可能因此具有更紧密的内部结构和更强的结构稳定性。

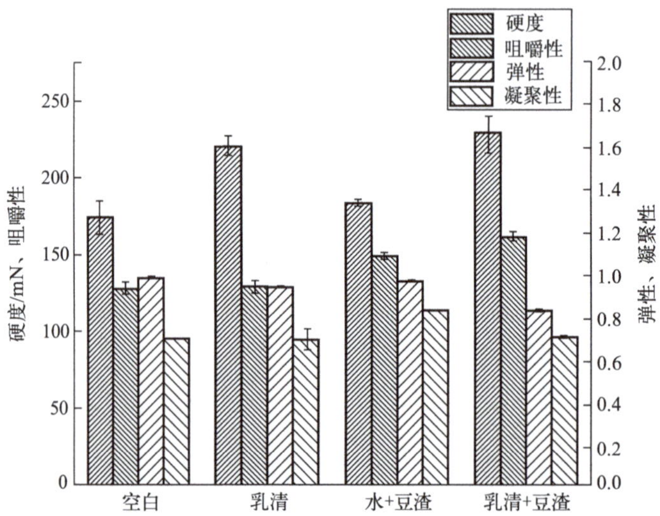

图 4-11 豆清面包的质构特性

不同成分组合的面包在硬度、咀嚼性、弹性和凝聚性方面展现出各异的特点，其中豆清与豆渣的混合使用在提升咀嚼性方面尤为显著，而水与豆渣的混合则对弹性和凝聚性有积极影响。

4.2.2.5 气味特征

在面包的制作中，添加了豆渣和豆清的样品与对照组相比，其风味轮廓基本保持一致，但所有风味成分的含量均呈现出下降的趋势。传感器 R2、R6、R8 对面包的挥发性香味物质表现出了高度的敏感性，其响应值较高，表明氮氧化物、芳香族化合物及烷类化合物对面包的香气贡献显著。特别地，R8 传感器检测到面包和馒头中的乙醇成分，这是酵母发酵分解的产物。电子鼻每个传感器的性能参数描述如表 4-7 所示。在添加了豆渣和豆清的面包中，乙醇含量有所降低，同时面包体积也有所减小，这暗示豆渣和豆清对发酵过程产生了一定影响，但影响程度有限。电子鼻的测定结果虽然未呈现出明显的规律性，但通过添加豆清 - 豆渣食品配料的配方，面包能够呈现出良好的豆香与酒香味（图 4-12）。

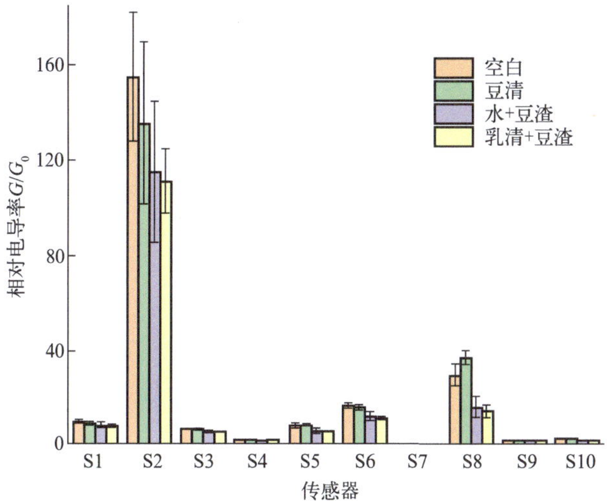

图 4-12　豆清面包的电子鼻检测结果

成品豆清面包如图 4-13 所示。

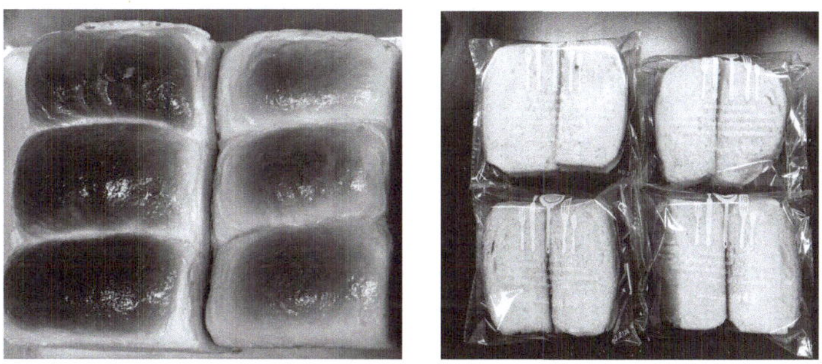

图 4-13

图 4-13　成品豆清面包

4.2.3　豆清奶酪棒

豆清奶酪棒制作工艺见图 4-14。先将卡拉胶（42011）0.8 g、黄原胶（42012）0.4 g、瓜尔胶（42013）0.2 g、明胶（42014）0.2 g、果胶（42015）0.1 g 组成的混合胶泡发，按比例称取豆清 100 g、奶粉（42005）15 g、山梨酸酐（42016）0.2 g、山梨酸钾（42017）0.05 g、D- 异抗坏血酸钠（42018）0.1 g，置于容器后放 80℃水浴锅搅拌 10 min 至充分溶解。均质处理混合物，继续加热至胶类完全融化成均匀胶体溶液。待溶液冷却至 42℃，加入预筛混合菌种搅拌均匀、灌装，在 42℃发酵 1 h，再转移至 –7℃冷藏 6 h，以稳定品质、延长保质期，保持最佳口感和风味。成品如图 4-15 所示。

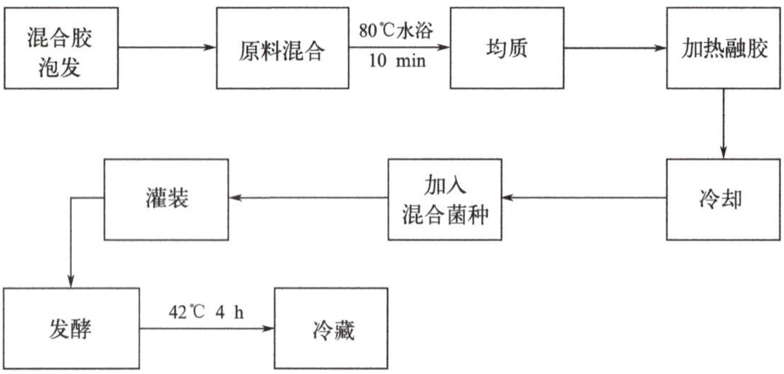

图 4-14　豆清奶酪棒制作工艺

图 4-15　成品豆清奶酪

4.2.4 豆清布丁

4.2.4.1 制作工艺

豆清布丁制作工艺见图 4-16。将大豆清溶液经过双联过滤器去除不溶性固形物，随后通过板式杀菌器进行灭菌处理，以消除有害微生物。卡拉胶（42011）、黄原胶（42012）、明胶（42014）、果胶（42015）、山梨酸酐（42016）、蔗糖（42003）和奶粉（42005）按 8∶4∶2∶2∶1∶100∶100 的质量比例加入搅拌器中，充分混合均匀，搅拌时间根据胶糖粉的量确定，通常 1 吨混合胶粉需搅拌约 15 min。混合后的胶粉被送入煮胶罐，与预处理后的大豆清溶液混合，持续搅拌约 10 min，以防止胶粉结块。随后，将调配罐加热至 85℃，保持 20～30 min 并不断搅拌，直至胶粉完全溶解。溶解后的胶溶液中按比例加入山梨酸钾（42017）和 D- 异抗坏血酸钠（42018）等添加剂，搅拌均匀，以延长产品保质期，添加剂的用量需符合国家标准。

接下来，将熬制完成的混合液趁热通过 100～200 目机械过滤器，去除杂质和未完全溶解的胶粉团。过滤后的布丁液进入高压均质机进行高速剪切，使脂肪颗粒破碎，提高人体吸收率。均质后的布丁液通过板式杀菌机在 120～145℃下杀菌 2～8 s。杀菌后的布丁液温度降至 42℃左右，输送至发酵罐中，并按 1∶1 的比例加入植物乳杆菌（41004）和乳双歧杆菌（41006），搅拌均匀后在 42℃下恒温发酵 3～4 h，直至酸度达到标准后终止发酵。

发酵完成的布丁液通过灌装机灌入包装容器并塑封，随后通过金属检测仪和重量检测仪剔除不合格产品。灌装后的布丁在 70～90℃下进行巴氏杀菌 30 min，随后浸入 5～10℃的冷却池中冷却 20 min，确保产品完全冷凝。冷凝后的包装通过风淋系统吹干表面水分，最后采用机械包装方式将布丁打包成不同规格。除生产线上的重量检测仪和金属检测仪外，还需进行人工检测和定期抽检，以确保产品质量符合标准。生产车间工艺流程见图 4-17。

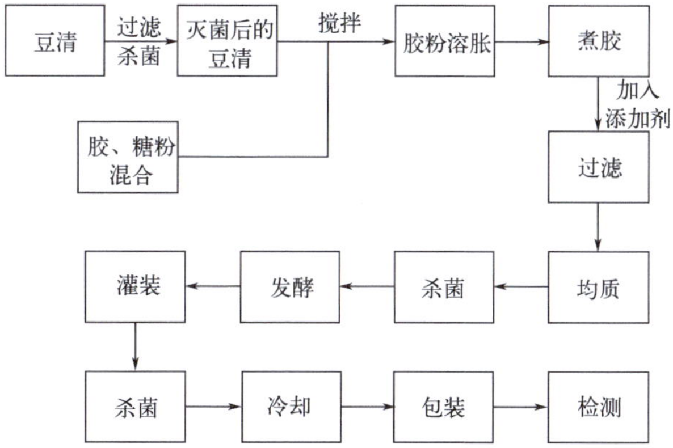

图 4-16　豆清布丁制作工艺

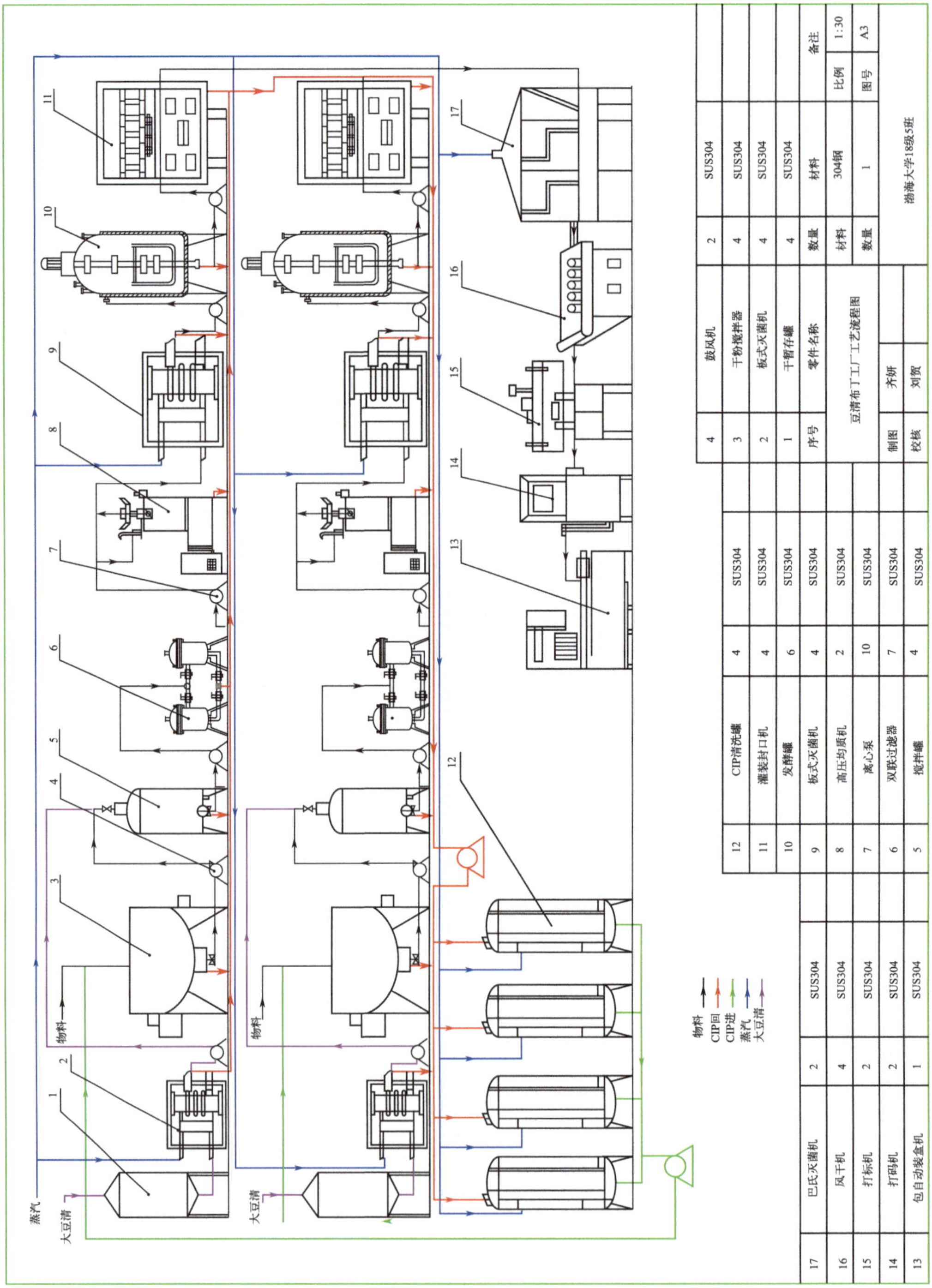

图 4-17 生产车间工艺流程

4.2.4.2 工艺参数优化

通过单因素实验及感官评价确定最佳配方：奶粉（42005）、与豆清质量比为3∶20，蔗糖与豆清质量比为1∶10，卡拉胶（42011）和黄原胶（42012）质量比为2∶1时，布丁品质和风味俱佳。预计工厂每年生产12万吨乳酸菌布丁。产品采用全新阻光阻氧包装，保质期240天，每20 g为一支，用食品级塑料卡通图案包装袋包装，每6支装一袋。

4.2.4.3 产品质量标准

豆清布丁的质量标准要严格按照GB/T19883—2018果冻的要求制定。

（1）感官标准　见表4-9。

表4-9　豆清布丁感官标准

项目	评分标准
颜色	颜色均匀，有光泽
滋味、气味	具有和谐的乳香，无豆腥味，滋味协调，滑爽，组织细腻Q弹，入口即化
组织状态	表面光滑，结构细腻，无肉眼可见杂质

（2）理化指标　见表4-10。

表4-10　豆清布丁理化指标

项目	指标
蛋白质/（g/100 g）	1
可溶性固形物（以折光计）/（g/100 g）	15

（3）微生物指标　见表4-11。

表4-11　豆清布丁微生物指标

项目	采样方案a及限量（若非指定，均以CFU/g表示）			
	n	*c*	*m*	*M*
菌落总数	5	2	100	1000
大肠菌群	5	2	100	1000
金黄色葡萄球菌	5	2	100	1000
沙门氏菌	5	0	0/25 g	—
单核细胞增生李斯特菌	5	0	0/25 g	—
酵母≤	50			
霉菌≤	50			

注：样品的分析及处理按GB 4789.1和GB 4789.18执行。

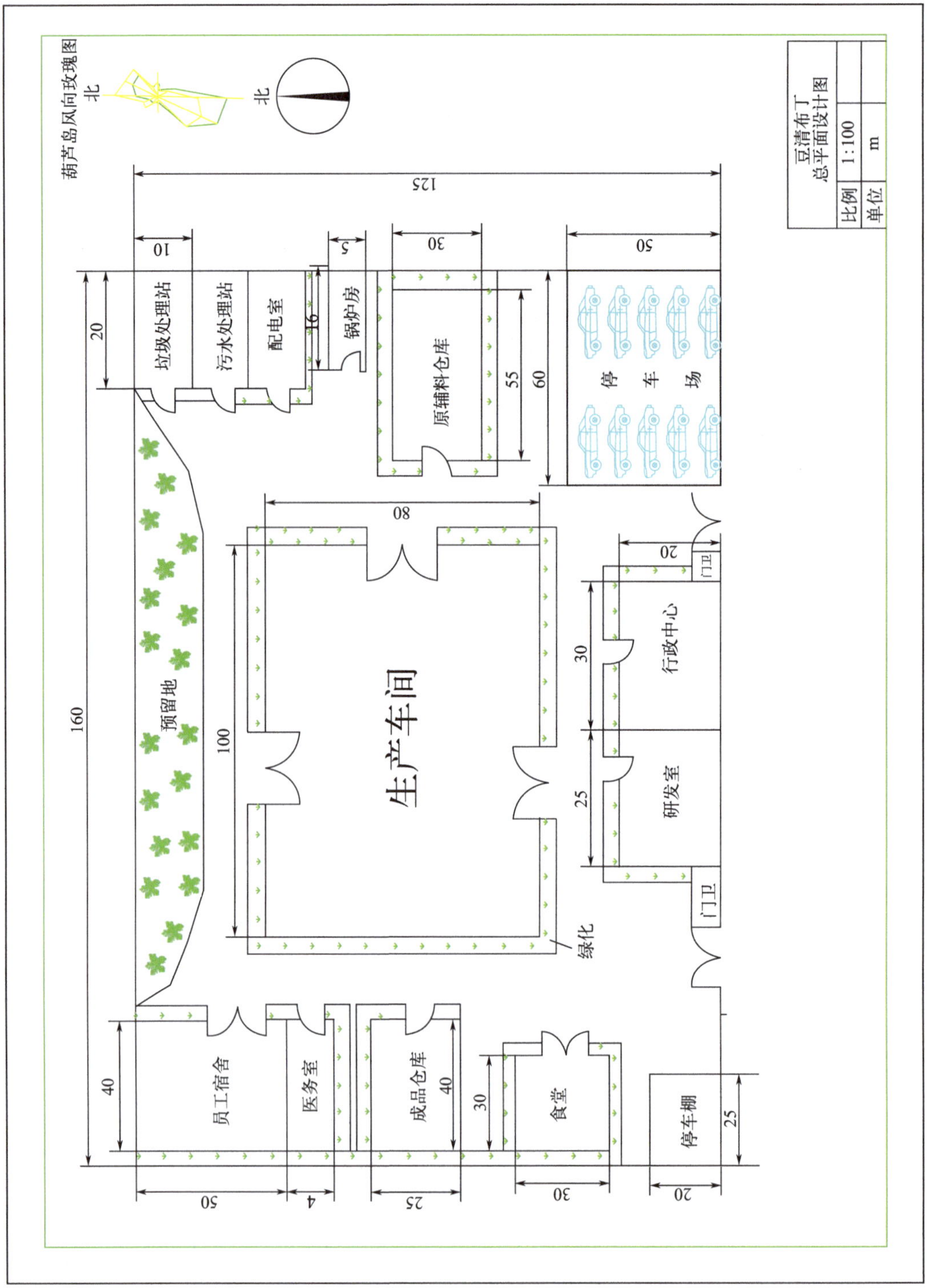

图 4-18　工厂总平面布局

4.2.4.4 工厂设计

（1）厂址选择　厂址选择作为工厂设计的首要环节，对工厂运营效率、成本把控以及未来发展起着关键作用。其主要原则涵盖多个方面：交通上，需靠近主要交通干线，以利于原料运输与成品分销，虹螺岘镇位于辽宁省葫芦岛市，交通网络十分发达，毗邻高速公路和铁路，在交通便利性上符合选址要求；原料供应方面，要靠近豆清供应地来降低运输成本和时间，锦州市周边拥有众多豆腐生产企业，大豆清供应十分充足；环境条件上，应选择环境清洁、无污染区域，保障生产环境的卫生安全，虹螺岘镇水电充足，水质基本符合 GB5749—2022 标准；政策支持层面，需符合国家和地方产业政策，从而获取政府支持与优惠政策。综合来看，虹螺岘镇在诸多方面满足厂址选择原则，具备成为理想厂址的条件。

（2）总平面设计　依据生产车间位置规划辅助车间，设计经济、高效、便捷的现代化食品工厂。遵循缩短主厂房和仓库距离，避免全厂物流与人流及管道运输交叉，根据运输条件确定厂区道路宽度等原则。原料仓库位于生产车间东边方向，存放各类原料。成品仓库在生产车间西面，用于暂存成品。生产车间包含原料预处理站、调配区等多个生产及辅助区域，设置物料和人员两条通道避免交叉污染。产品研发室负责产品工艺改进、配方研发及抽样检测；行政中心涵盖财务、人事等非生产部门；员工公寓可容纳 400 人，一楼设员工活动中心；厂区绿化面积不低于 20%；还设有配电室、锅炉房等生产需求区域；生活区配备餐厅、停车场等生活娱乐场所（图 4-18）。

厂区主要建筑面积如表 4-12 所示。

表 4-12　厂区主要建筑面积汇总

序号	建筑名称	尺寸/（m*m）	面积/m^2
1	原料仓库	55*30	1650
2	成品仓库	40*25	1000
3	生产车间	100*80	8000
4	产品研发室	25*20	500
5	行政中心	30*20	600
6	员工宿舍	40*50	2000
7	食堂	30*30	600
8	配电室	20*10	200
9	锅炉房	16*5	80
10	污水处理站	20*10	200
11	垃圾处理站	20*10	200
12	医务室	40*4	160
13	门卫	5*6	30
14	停车场	50*60	3000
15	停车棚	25*20	500
16	绿化		6560
17	预留地		3000
18	总工厂	160*125	20000

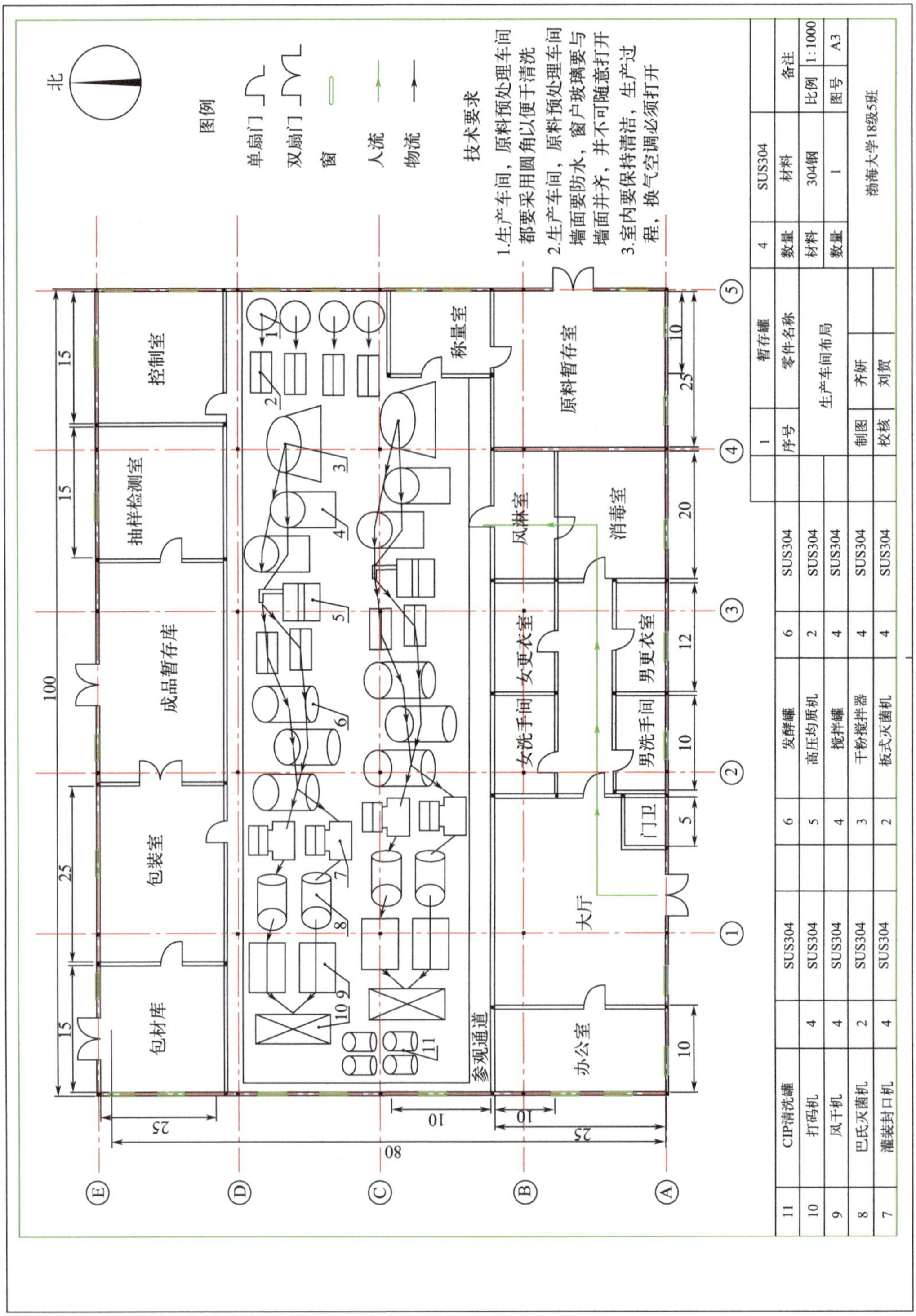
北
图例
单扇门
双扇门
窗
人流
物流
技术要求
1.生产车间，原料预处理车间都要采用圆角以便于清洗
2.生产车间，原料预处理车间墙面要防水，窗户玻璃要与墙面并齐，并不可随意打开
3.室内要保持清洁，生产过程，换气空调必须打开
控制室
抽样检测室
成品暂存库
包装室
包材库
称量室
原料暂存室
风淋室
消毒室
女更衣室
男更衣室
女洗手间
男洗手间
门卫
大厅
办公室
参观通道
100
80
15
25
10
20
12
5
1
2
3
4
5
6
7
8
9
10
11
A
B
C
D
E
1 暂存罐 4 SUS304
序号 零件名称 数量 材料 备注
生产车间布局
材料 304钢 比例 1:1000
数量 1 图号 A3
制图 齐妍
校核 刘贺
渤海大学18级5班
11 CIP清洗罐 4 SUS304
10 打码机 4 SUS304
9 风干机 4 SUS304
8 巴氏灭菌机 2 SUS304
7 灌装封口机 4 SUS304
6 发酵罐 6 SUS304
5 高压均质机 2 SUS304
4 搅拌罐 4 SUS304
3 干粉搅拌器 4 SUS304
2 板式灭菌机 4 SUS304

图 4-19 生产车间布局

（3）车间设计　生产车间布置在中心位置，辅助车间围绕其布置，人流和物流路线明确。地面采用水磨石铺设，有1.0%～1.5%坡度排水；墙壁为钢筋混凝土结构，离地面2 cm处粘贴瓷砖；门窗分别用彩钢板和铝合金窗制作，窗台离地面1 m以上；车间安装换气装置，优先利用自然风。车间内设有包材库、包装室等多个功能区域，各区域布局合理，减少管道铺设和物料运输。采用CIP装置清洗设备，依次进行水洗、碱洗、酸洗、清水洗和消毒（图4-19）。

生产车间建筑面积如表4-13所示。

表4-13　生产车间建筑面积一览表

名称	建筑面积/m^2	名称	建筑面积/m^2
包材库	225	女洗手间	100
包装室	375	女更衣室	120
成品暂存库	450	风淋室	200
抽样检测室	225	消毒室	300
控制室	225	原料暂存室	625
办公室	250	称量室	100
门卫	25		

注：表格展示了生产车间各区域的建筑面积和结构类型，均为钢混结构。

4.2.4.5　设备选型

根据物料衡算结果选择设备，遵循符合生产实际、安全可靠、实惠耐用、耗能低、操作简单易清洗修理、储备核心零件等原则（表4-14）。主要设备包括4台WLDH-1卧式螺带混合机用于干粉混合，4个PZ-5000L调配罐用于煮胶，7个JKN-SGL-2双联过滤器用于过滤，2个JXIX-091高压均质机用于均质，4个UHT-NN-10板式杀菌机用于杀菌，6个FJG-20m³恒温发酵罐用于发酵，4台LG-LG8灌装封口机用于罐装，2台SJ-3000布丁杀菌机用于巴氏杀菌，4台PS-F8风干除水机用于风干，5台ZY350枕式打包机和1台LY-ZHZS-05自动盒装箱机用于包装，2台JZD-400（Ⅰ）金属检测仪用于检测金属异物。

表4-14　主要设备一览表

序号	设备名称	型号	生产能力	数量	单价/万元	总价/万元
1	卧式螺带混合机	WLDH-1	4000 kg/h	4台	4.6	18.4
2	电加热搅拌罐	PZ-5000L	4500 L/h	4个	4.9	19.6
3	双联过滤器	JKN-SGL-2	10 t/h	7个	0.5	3.5
4	高压均质机	JXJX-091	12 t/h	2个	48.9	99.6
5	灌装封口机	LG-LG8	100000 个/h	4个	50	200

续表

序号	设备名称	型号	生产能力	数量	单价/万元	总价/万元
6	发酵罐	FJG-20m³	20 m³	6个	5	30
7	板式灭菌机	UHT-NN-10	10 t/h	4个	28	112
8	翻转风干机	PS-F8	10 万个	4台	2.8	11.2
9	枕式打包机	ZY350	230 包/min	5台	3	15
10	自动盒装箱机	LY-ZHZS-05	120 箱/min	1台	24.3	24.3
11	金属检测仪	JZD-400（Ⅰ）	—	2台	1.8	3.6
12	布丁灭菌机	SJ-3000	—	2台	3	6

4.2.4.6 公用系统设计

（1）水、电、汽估算　生产和生活用水包括清洗设备用水（20 t/ 天）、清洗地面用水（116 t/ 天）、生活用水（30 t/ 天），每日总用水量 166 t。用电涵盖设备用电（约 5400 kW · h）、厂区照明用电（30 kW · h/ 天）、生活用电（50 kW · h/ 天），总用电量 5480 kW · h。在煮胶、板式杀菌和超高温瞬时灭菌过程，每日消耗蒸汽总量是 182.412 t。

（2）给排水系统　产品生产和生活用水采用地下水净化系统与自来水结合方式；消毒冷却水和设备清洗水用自来水与地下水结合，定期检测地下水水质；地面清洗水和消防用水直接用地下水。厂区建中型污水处理站，处理生产废水和生活污水后排放或用于地面清洁、草地灌溉。

（3）供电系统　配电房建在生产车间和用电量大的设备附近，减少输电损失；生产车间电线和开口做好防潮、防水，防止漏电；厂区设配电房，大型设备配备变压器满足供电需求。

（4）供汽系统　锅炉房提供蒸汽，位置设在下风向以减少污染；锅炉燃料为煤炭，预留煤炭储存空间；锅炉房靠近蒸汽消耗量大的设备，减少热损耗。

（5）采暖与通风系统　冬季采暖，当每人占用面积为 50～100 m^2 时，工作场所空气温度为 27℃。优先采用自然通风以节约能源和降低噪声，通过合理设置建筑间距、方向和门促进自然通风。

4.2.4.7 劳动力组织与管理

（1）基本原则　劳动力组织根据实际需求配置各环节、各部门人员，实行每日 3 班制，每班人数尽量一致。企业组织遵循目标一致性、分工协作和责权关系原则。

（2）人员编制（表 4-15）　管理部门负责采买、销售等任务，共 44 人。生产部门根据生产需求配置人员，如原料搬运搅拌、仪器操作、叉车运输等岗位，共 147 人。辅助生产人员负责配套设备和生活设施相关工作，共 126 人。全厂总人数 317 人，同时在岗人数最大为 135 人。

表 4-15　各部门人员明细

部门名称	岗位	每班人数	每日人数
管理部门	总经理及助理	3	3
	采购部	5	5
	销售部	10	10
	财务部	2	4
	研发部	10	10
	质量管理部门	3	3
	后勤部	3	6
	行政部	1	3
生产部门	搬运混合原料	8	24
	调配罐负责人	8	24
	过滤器负责人	4	12
	发酵罐负责人	2	6
	板式灭菌机负责人	1	3
	灌装机负责人	3	9
	风干机负责人	1	3
	打包机负责人	4	12
	盒装箱机负责人	4	12
	叉车及搬运	12	36
	筹建人员	1	3
	灭菌机负责人	1	3
辅助生产部门	原料仓库负责人	2	6
	成品仓库负责人	2	6
	员工宿舍管理人员	2	6
	食堂工作人员	8	24
	配电室负责人	1	3
	净水区负责人	1	3
	锅炉房	3	9
	污水处理站	1	3
	垃圾处理站	3	9
	运输车队	6	18
	保洁人员	6	24
	医生	1	3
	安保人员	4	12

4.2.4.8 卫生与环境保护

(1) 工厂卫生　食品工厂卫生关乎食品安全和消费者健康，影响工厂市场竞争力和经济效益。环境卫生要求厂址无污染，污水达标排放，厂区绿化且道路硬化。厂区卫生管理方面，公共卫生要做好排水、卫生间消毒、垃圾清理和无害处理；车间设备卫生要求设备用不锈钢材质，定期消毒，人员和物料进出口分开并设驱虫设施，地面设排水明沟。

(2) 个人卫生　工厂配备个人卫生设施，卫生间有洗手液、烘干机等，符合国家标准；更衣间通风良好且定期消毒；组织员工定期体检。要求员工在进入工作岗位前、去卫生间后、离开工作岗位后洗手并消毒。

4.2.4.9 成本核算

(1) 建设投资估算　土地投资约 20000 万元，土建投资 4682 万元，设备投资 4663.2 万元，固定投资为土地、土建和设备投资总和 29345.2 万元，流动资金约为固定投资的 40% 即 11738.08 万元，建设总投资金额为 41083.28 万元（表 4-16）。

表 4-16　主要建筑投资估算

序号	主要建筑	面积/m^2	金额/万元
1	原料仓库	1000	500
2	成品仓库	1000	500
3	生产车间	4800	1000
4	产品研究室	400	500
5	行政中心	300	200
6	员工宿舍	800	300
7	食堂	500	100
8	配电室	80	10
9	净水房	20	6
10	锅炉房	80	10
11	污水处理站	100	20
12	垃圾处理站	100	20
13	医务室	60	10
14	门卫	30	6
15	停车场	5000	500
16	绿化	5130	1000
总计			4682

（2）生产成本

① 生产豆清布丁需要用到的原辅料有大豆清、奶粉、蔗糖、卡拉胶、果胶、黄原胶、菌种等。原辅料费用 47569.68 万元（表 4-17）。

表 4-17　生产成本分析

序号	名称	年耗量/t	单价/（元/t）	金额/万元
1	大豆清	97170	1000	9717
2	奶粉	14580	15000	21870
3	蔗糖	9720	1000	972
4	卡拉胶	780	25000	1950
5	黄原胶	390	1440	56.16
6	山梨酸酐	210	25000	525
7	明胶	210	1320	27.72
8	果胶	210	5800	121.8
9	D-异抗坏血酸钠	90	20000	180
10	山梨酸钾	60	25000	150
11	植物乳杆菌	30	2000000	6000
12	双歧杆菌	30	2000000	6000
总计				47569.68

② 豆清布丁的外包装包括单个豆清布丁的外包装、袋装包装和纸箱包装，包装费用 1758.9 万元。

表 4-18　包装材料费用表

序号	包装	年消耗量/亿个	单价/（元/个）	金额/万元
1	布丁包装	25.2	0.005	1260
2	包装袋	4.41	0.01	441
3	纸箱	1158	0.05	57.9
总计				1758.9

③ 全厂日用水量为 166 t，年工作日为 300 天，则年用水量为 49800 t。工厂用水包括地面净水系统、自来水和地下水三种来源，所以水定价为 3 元 /t，则年用水费为 14.94 万元。

全厂日用电量为 5480 kW · h，年工作日 300 天，则年用电量为 1644000 kW · h。电的定价为 0.6 元 /（kW · h），则年用电费为 986.49 万元。

全厂日用汽量为 182.412 t，每年工作 300 天，则年耗气量为 54723.6 t。根据实验数据得出燃烧 1 t 煤可得到 8 t 蒸汽，则全年煤炭的消耗量为 6840.45 t。煤炭定价为 600 元 /t，则全年用汽费为 410.427 万元。

④ 全厂共有 317 人，包括车间人数 147 人，辅助生产工人 126 人，行政管理人员 44 人。由于不同职位工人劳动强度不同，所以他们的工资也不相同，因此取职工的平均工资福利计算年人工成本。生产车间工人月平均工资 4000 元 / 月，辅助生产工人的平均月工资为 3500 元 / 月，行政管理人员的月平均工资为 6000 元 / 月，则人工成本为 1551.6 万元 / 年。

⑤ 设备在使用过程中总会出现故障和折旧。设备总购买费用为 1564.2 万元，假设设备使用 30 年，则一年的折旧费用为 155.44 万元。每年的设备维修费预计是折旧费的 15% 左右，则每年维修费为 23.32 万元。

一年生产 12 万吨豆清布丁的生产成本是人工成本、原辅料费用、水电汽费用、包装费用和设备维修折旧费用总和，则生产成本为 52470.797 万元。

4.2.4.10 利润分析

豆清布丁工厂的建设期为 1.5 年，则投资回收期 4.3 年。产品总成本是建设总投资、生产成本、销售成本和管理费用的总和，则总成本为 10.075 亿元。已知乳酸菌布丁单价为 12000 元 /t，销售总额为 14.4 亿元。产品的销售费用按总销售额的 3% 计算为 4320 万元。产品的管理费用按总销售额的 2% 计算为 2880 万元。乳酸菌布丁的销售利润约为 4.325 亿元。增值税税点为 17%，则全年增值税为 2.45 亿元。全年营业利润 1.875 亿元，企业每年需缴纳 25% 的企业所得税，则企业每年最终利润为 1.41 亿元。

附录

本章原料、辅料索引

编号	原料名称	厂家	型号
41001	大豆	巴彦县禾升贸易有限公司	—
41002	豆渣	渤海大学食品科学与工程学院自制	—
41003	豆清	渤海大学食品科学与工程学院自制	—
41004	植物乳杆菌	山东中科生物科技有限公司	JYLP-002
41005	鼠李糖乳杆菌	山东中科嘉亿生物有限公司	JYLR-005
41006	乳双歧杆菌	山东中科生物科技有限公司	JYBR-190
42001	面粉	金沙河集团有限公司	—
42002	酵母	安琪酵母股份有限公司	—
42003	糖	海奥斯生物科技有限公司	—
42004	泡打粉	安琪酵母股份有限公司	—

续表

编号	原料名称	厂家	型号
42005	奶粉	上海枫未实业有限公司	—
42006	高筋粉	金沙河集团有限公司	—
42007	盐	天津长芦海晶集团有限公司	—
42008	鸡蛋	购于当地市场（辽宁锦州）	—
42009	改良剂	安琪酵母股份有限公司	—
42010	谷朊粉	河南蜜丹儿商贸有限公司	—
42011	卡拉胶	河南仁安生物科技有限公司	—
42012	黄原胶	河南仁安生物科技有限公司	—
42013	瓜尔胶	河南仁安生物科技有限公司	—
42014	明胶	河南仁安生物科技有限公司	—
42015	果胶	新疆阜丰生物科技有限公司	—
42016	山梨酸酐	河南仁安生物科技有限公司	—
42017	山梨酸钾	河南仁安生物科技有限公司	—
42018	D-异抗坏血酸钠	河南仁安生物科技有限公司	—

大豆豆清高值化创新研究

INNOVATIVE RESEARCH
ON HIGH-VALUE UTILIZATION OF
SOYBEAN WHEY

第五章

豆清培养基技术开发

5.1 液体商业化即用型培养基

5.1.1 定义和描述

液体商业化即用型培养基是指无需进一步准备，可直接使用的液体形式培养基。这类培养基由供应商提供，通常置于密闭容器（如试管、瓶子等）中，并已按照使用要求制备完成。

5.1.1.1 使用形式

完全可直接使用，不需要添加任何成分或进行熔化、分装等额外步骤。

5.1.1.2 贮存和使用

必须严格按照供应商提供的贮存条件、有效期和使用方法进行保存和使用，以确保质量和性能。

5.1.1.3 适用范围

可用于特定微生物的培养、检测和实验室分析，通常在食品微生物学检验中发挥作用。

5.1.1.4 质量要求

生产商应提供培养基的成分、产品编号、批次、pH 值、贮存信息、有效期、质量控制报告，以及必要的安全和危害数据。

使用实验室应对产品的质量进行验收，包括包装完整性、有效期检查和合格证明文件的确认。

5.1.2 商业化即用型豆清培养基（BCW）制备

浓缩豆清 1 L/L（52001），葡萄糖（52002）5～7 g/L，酵母浸粉（52003）4～6 g/L，醋酸钠（52004）4～6 g/L，柠檬酸铵（52005）1～3 g/L，磷酸氢二钾（52006）1～3 g/L，硫酸锰（52007）0.04～0.06 g/L，吐温 80（52008）1～1.1 mL/L。

培养基优化如下。

BCW-4：豆清 1 L/L（52001），葡萄糖 5～7 g/L，酵母浸粉 4～6 g/L，醋酸钠 4～6 g/L，柠檬酸铵 1～3 g/L，磷酸氢二钾 1～3 g/L，硫酸锰 0.04～0.06 g/L，吐温 80 1～1.1 mL/L。

BCW-N4：浓缩豆清 1 L/L，葡萄糖 5～7 g/L，酵母浸粉 4～6 g/L，醋酸钠

4～6 g/L，柠檬酸铵 1～3 g/L，磷酸氢二钾 1～3 g/L，硫酸锰 0.04～0.06 g/L，吐温 80 1～1.1 mL/L。

5.1.3 BCW 性能评价

5.1.3.1 培养基培养不同植物乳杆菌的培养性能

如图 5-1 所示，BCW-N4 培养基在培养不同植物乳杆菌菌株时展现出显著的生长优势，其生长曲线和生长速率常数相较于 BCW-4 和 MRS 培养基更为突出。BCW-N4 培养基使得植物乳杆菌的生长率相较于 BCW-4 培养基增加了 9%～38%，相较于 MRS 培养基大部分提高了 16%～86%。这一现象可归因于植物乳杆菌缺乏分解大分子碳水化合物的酶系，通常以单糖作为碳源，从而减少了能量消耗，促进了其生长和繁殖。特别是豆清中含有的功能性大豆低聚糖，有助于植物乳杆菌吸收营养物质。BCW-N4 培养基中的低聚糖成分提供了更为适宜的生长环境，并抑制了杂菌的生长，进一步提升了植物乳杆菌的生长速率。

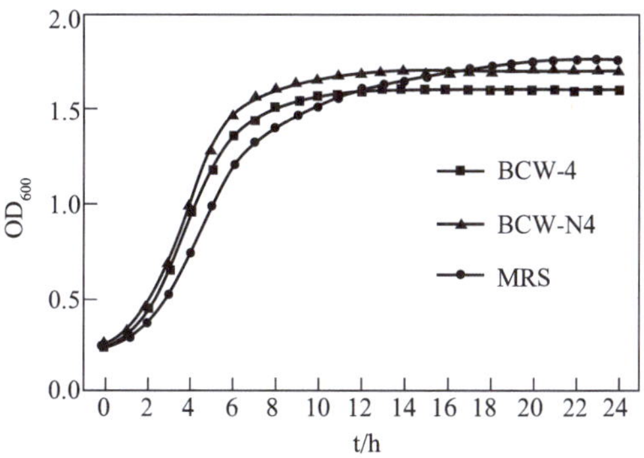

(a) 培养植物乳杆菌HCS03-084(ZW-084)的生长曲线

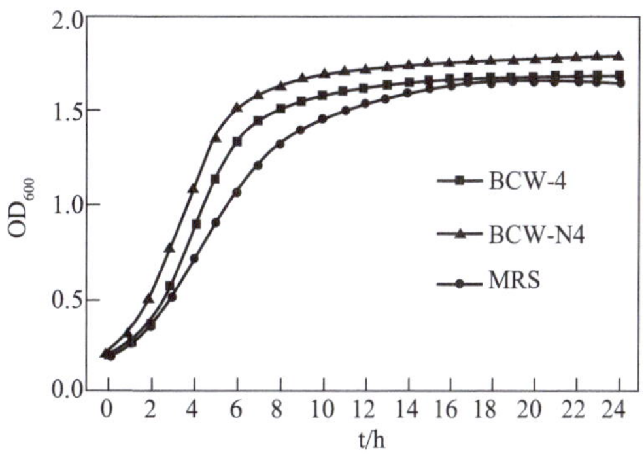

(b) 培养植物乳杆菌ST-Ⅲ(ZW-Ⅲ)的生长曲线

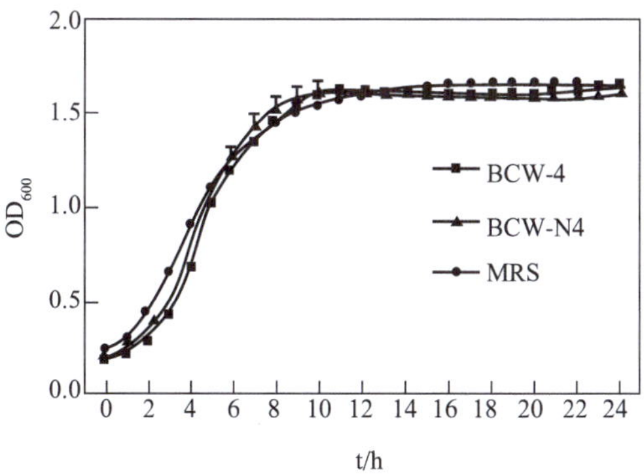

(c) 培养植物乳杆菌JYLP-326(ZW-326)的生长曲线

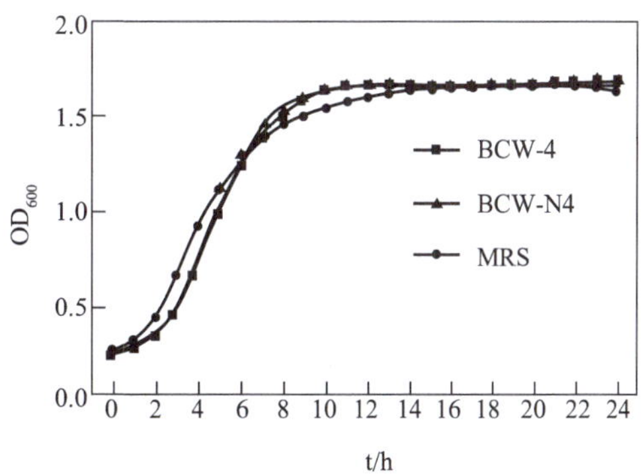

(d) 培养植物乳杆菌JYLP-002(ZW-002)的生长曲线

图 5-1

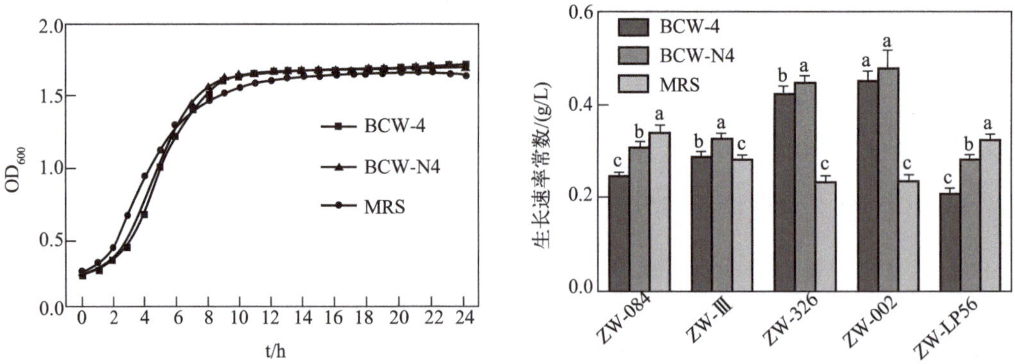

(e) 培养植物乳杆菌HH-LP56(ZW-LP56)的生长曲线

(f) 植物乳杆菌的生长速率常数

图 5-1 培养基培养不同植物乳杆菌的生长曲线和生长速率常数

5.1.3.2 培养基培养不同植物乳杆菌的乳酸菌活菌总数

图 5-2 展示了不同培养基对植物乳杆菌活菌总数的影响。研究结果表明，BCW-N4 培养基相较于 BCW-4 和 MRS 培养基，对植物乳杆菌活菌总数的提升具有一定效果。这可归因于豆清中所含的有机酸、氨基酸、维生素及矿物质元素等多种生长促进因子。这些成分能够满足植物乳杆菌生理系统对多种化合物合成的需求，从而促进菌体健康生长与繁殖。

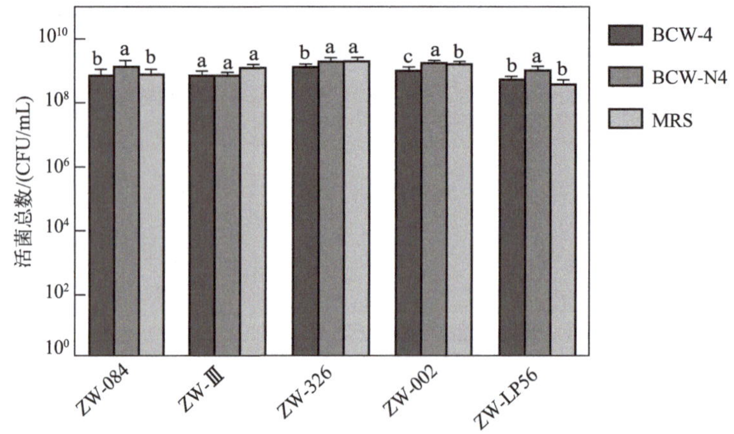

图 5-2 培养基培养不同植物乳杆菌的活菌总数

5.1.3.3 培养基培养不同乳酸菌的培养性能

如图 5-3 所示，对由 BCW-N4 和 MRS 制备的培养基进行乳酸菌培养，以研究其中不同乳酸菌的生长曲线和生长速率常数。通过图示结果，BCW-N4 培养基对不同乳酸菌的生长促进效果有所不同。具体而言，对于保加利亚乳杆菌 JYLB-19，生长速率常数提高 64%；对于嗜热链球菌 JYST-26，增加 5%；对于植物乳杆菌 ST-Ⅲ，提高 16%；而对于乳双歧杆菌 JYBR-190，生长速率常数增加 9%。这些数据充分说明，BCW-N4 培养基在促进乳酸菌生长方面表现出良好的适应性，适用于各类乳酸菌的培养。与 MRS 相比，BCW-N4 培养基的生长速率整体上提高 5%～64%。这可能是因为豆清中富含丰富的营养物质，能够满足各类乳酸菌

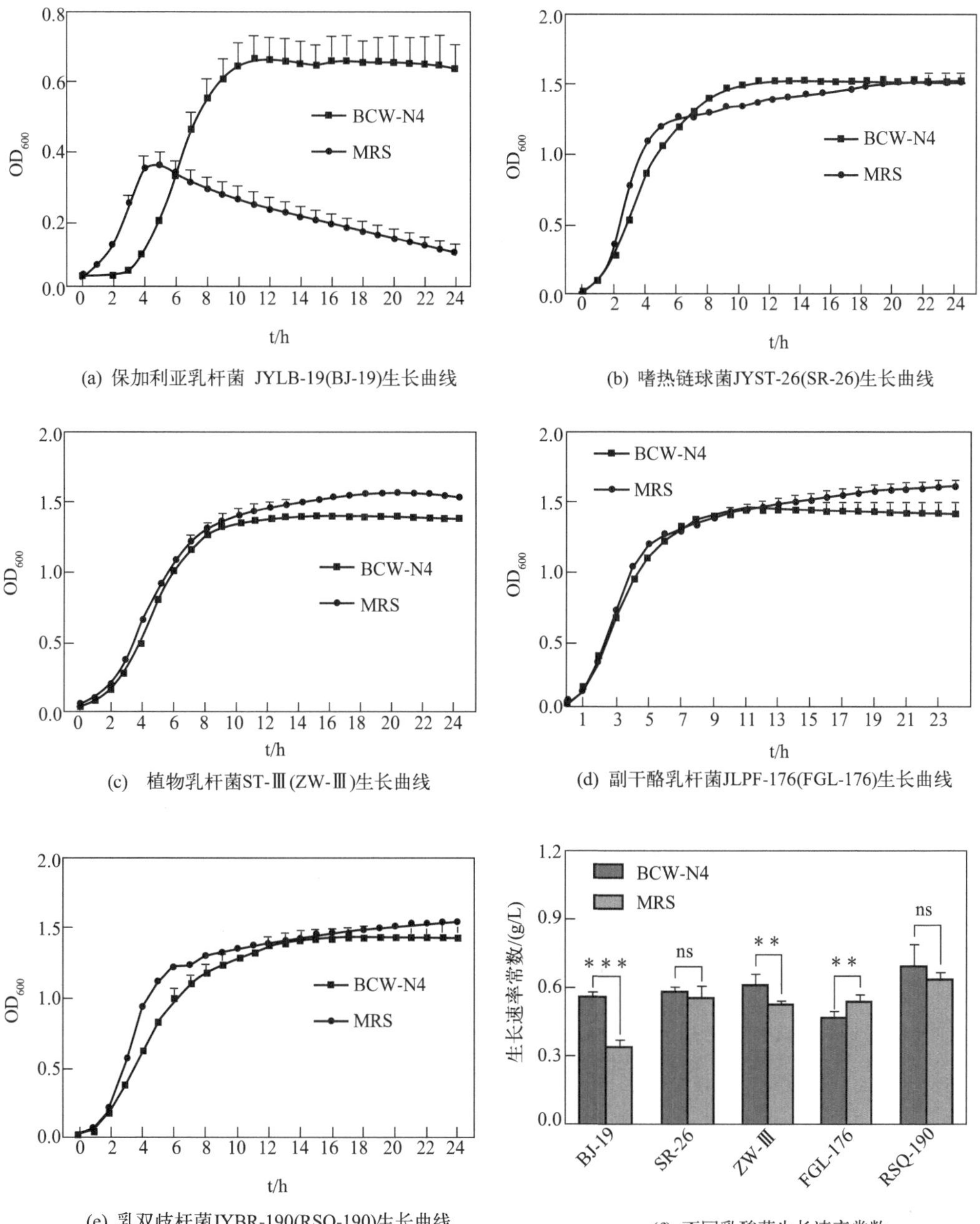

(a) 保加利亚乳杆菌 JYLB-19(BJ-19)生长曲线

(b) 嗜热链球菌JYST-26(SR-26)生长曲线

(c) 植物乳杆菌ST-Ⅲ(ZW-Ⅲ)生长曲线

(d) 副干酪乳杆菌JLPF-176(FGL-176)生长曲线

(e) 乳双歧杆菌JYBR-190(RSQ-190)生长曲线

(f) 不同乳酸菌生长速率常数

图 5-3 培养基培养不同乳酸菌的生长曲线和生长速率常数

的生长需求。尤其是其中富含的低聚糖益生元等物质，更能够促进乳酸菌的生长。此外，从图 5-3 中还可以观察到，BCW-N4 培养基培养的乳酸菌生长曲线更为平滑，生长速率常数也更加稳定，这说明 BCW-N4 培养基不仅能够促进乳酸菌的生长，还能够保持菌株的稳定性，有利于乳酸菌的繁殖和代谢。这或许是由于豆清促进乳酸菌的生物被膜形成，从而提高其耐受性和黏附能力，增强其在不同环境中的适应性。

5.1.3.4 培养基成本比较

从表 5-1 中可以清晰地看到 BCW-N4 培养基相较于传统培养基 MRS 在成本上显著下降 92.28%，这一变化不仅仅反映培养基技术的进步，更有可能为食品工业带来实质性的经济效益。与实验室配制的 MRS 培养基相比，BCW-N4 培养基的成本下降 73.57%。与半成品培养基相比，BCW-N4 培养基的成本下降幅度更为显著，即使半成品培养基中还包含有人工、机器设备等成本，但总体成本降低。综上，BCW-N4 培养基相较于传统培养基 MRS 在成本上大幅度下降，不仅为食品工业带来经济效益，还能推动行业的技术进步和产品创新。

表 5-1 培养基成本比较

<table>
<tr><th>培养基</th><th>成分</th><th>厂家</th><th>成本/（元/L）</th><th>合计/（元/L）</th></tr>
<tr><td rowspan="8">商业即用型豆清培养基BCW-N4（试剂均为分析纯）</td><td>豆清</td><td>渤海大学食品科学与工程学院</td><td>0.012</td><td rowspan="8">2.90728</td></tr>
<tr><td>葡萄糖</td><td>上海阿拉丁生化科技股份有限公司</td><td>0.900</td></tr>
<tr><td>酵母浸粉</td><td>北京奥博星生物技术有限责任公司</td><td>1.300</td></tr>
<tr><td>柠檬酸铵</td><td>天津市天力化学试剂有限公司</td><td>0.230</td></tr>
<tr><td>磷酸氢二钾</td><td>天津市天力化学试剂有限公司</td><td>0.172</td></tr>
<tr><td>硫酸锰</td><td>天津市天力化学试剂有限公司</td><td>0.240</td></tr>
<tr><td>醋酸钠</td><td>天津市大茂化学试剂厂</td><td>0.00328</td></tr>
<tr><td>吐温 80</td><td>天津市大茂化学试剂厂</td><td>0.050</td></tr>
<tr><td rowspan="10">MRS肉汤（实验室配制，试剂均为分析纯）</td><td>蛋白胨</td><td>北京奥博星生物技术有限责任公司</td><td>1.20</td><td rowspan="10">11.00128</td></tr>
<tr><td>牛肉膏</td><td>北京奥博星生物技术有限责任公司</td><td>4.80</td></tr>
<tr><td>酵母浸粉</td><td>北京奥博星生物技术有限责任公司</td><td>1.30</td></tr>
<tr><td>葡萄糖</td><td>上海阿拉丁生化科技股份有限公司</td><td>3.00</td></tr>
<tr><td>硫酸镁</td><td>天津市天力化学试剂有限公司</td><td>0.00600</td></tr>
<tr><td>醋酸钠</td><td>天津市天力化学试剂有限公司</td><td>0.23</td></tr>
<tr><td>柠檬酸铵</td><td>天津市天力化学试剂有限公司</td><td>0.17200</td></tr>
<tr><td>磷酸氢二钾</td><td>天津市天力化学试剂有限公司</td><td>0.24</td></tr>
<tr><td>硫酸锰</td><td>天津市大茂化学试剂厂</td><td>0.00328</td></tr>
<tr><td>吐温</td><td>天津市大茂化学试剂厂</td><td>0.05</td></tr>
<tr><td>MRS肉汤（半成品）</td><td>—</td><td>北京奥博星生物技术有限责任公司</td><td>—</td><td>37.67388</td></tr>
</table>

注：本研究中所引用的原料供应商信息及其价格数据均源自阿里巴巴 1688 批发平台，数据采集时间为 2024 年 3 月 19 日。

5.1.3.5 培养基培养过程中总糖、还原糖和蛋白质动态分析

图 5-4 揭示了 BCW-N4 培养基在培养不同植物乳杆菌时，总糖、还原糖和蛋白质含量的动态变化。总糖含量在培养过程中表现出显著的波动性，具体表现为在 2 h 时出现上升，而 4 h 后 JYLP［培养植物乳杆菌 JYLP-326（ZW-326）的培养基，下同］含量呈现显著下降趋势，ST［培养植物乳杆菌 ST Ⅲ（ZW- Ⅲ）的培养基，下同］和 HCS［培养植物乳杆菌 HCS03-084（ZW-084）的培养基，下同］则下降较缓且保持较高含量。在 6～8 h 期间，ST 和 HCS 含量出现下降，而 JYLP 略有上升，这反映了不同菌株间代谢速率的差异性。在稳定期，总糖含量普遍呈现下降趋势，其中 ST 下降最为显著。图 5-4（b）展示了 2～8 h 还原糖含量的稳定趋势，8 h 后出现下降趋势，ST 和 HCS 在 12 h 后下降尤为明显，这表明不同菌株利用还原糖进行代谢的差异。图 5-4（c）中，2 h 时 JYLP 蛋白质含量高于其他培养基，ST 最低。4 h 后，蛋白质含量普遍增加，其中 JYLP 和 HCS 增幅更大。在 6～8 h 期间，JYLP 和 HCS 蛋白质含量基本不变，但 ST 增幅最大。在稳定期，JYLP 和 HCS 蛋白质含量大幅下降，而 ST 则利用 BCW 培养基进行蛋白质的合成。

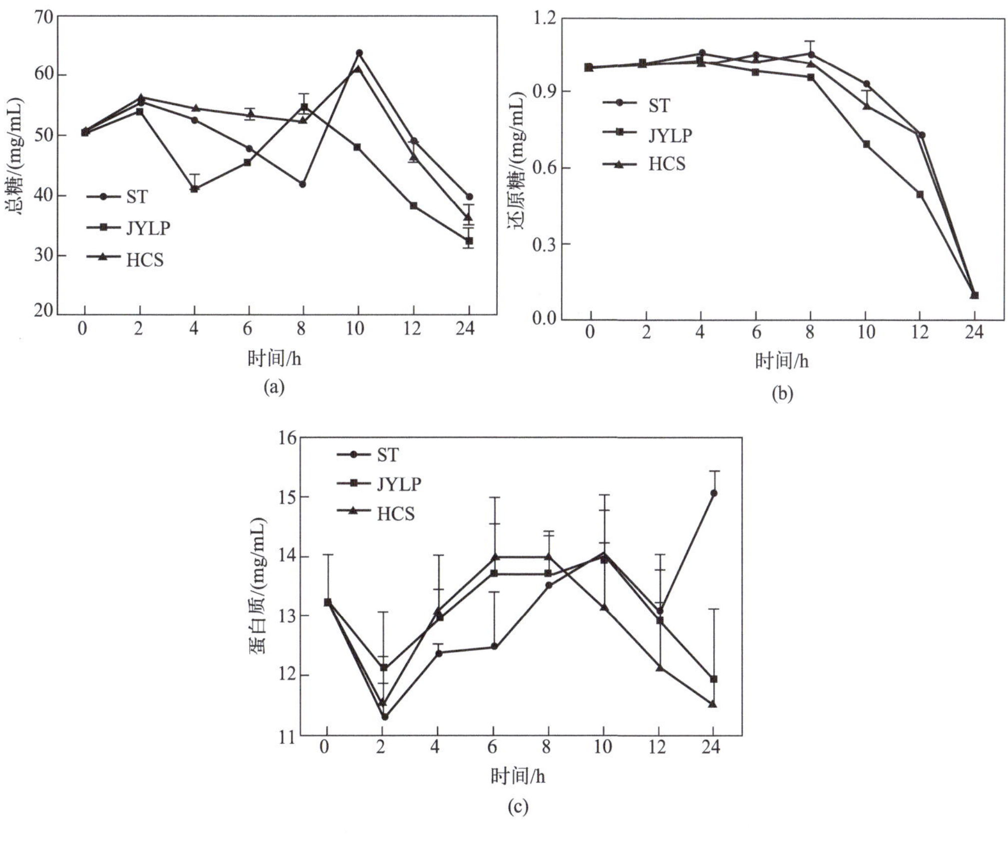

图 5-4 BCW-N4 培养基培养植物乳杆菌工程中的总糖、还原糖和蛋白质变化

5.1.3.6 培养基培养过程中有机酸动态分析

图 5-5 展示了 BCW-N4 培养基中培养三种植物乳杆菌（ST、JYLP、HCS）过程中有机酸的含量变化情况。其中，L- 苹果酸、柠檬酸和琥珀酸是柠檬酸循环的重要组成部分，柠檬酸循环在细菌的能量代谢和有机物合成中起着关键作用。

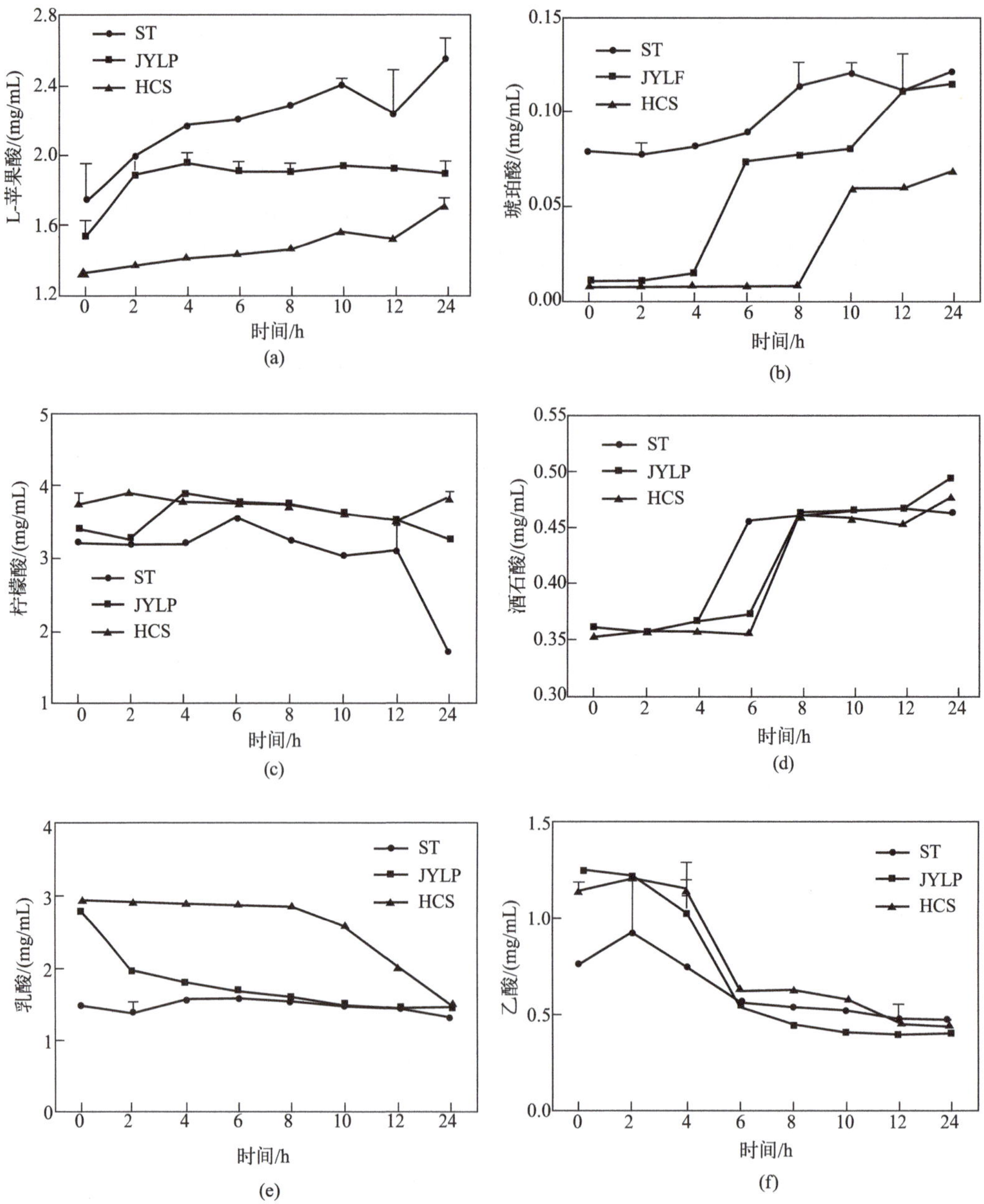

图 5-5 BCW-N4 培养基培养植物乳杆菌过程中的有机酸变化

L- 苹果酸的含量在培养过程中逐渐上升，这种增加可能与 L- 苹果酸在柠檬酸循环中作为中间产物的生成有关。到 24 h，L- 苹果酸的含量均进一步增加，其中以 ST 增加最为显著，可能表明 ST 菌株在柠檬酸循环中的代谢效率较高。

柠檬酸的含量变化呈现出不同的趋势。在 2 h 到 12 h，柠檬酸的含量普遍呈现上升趋势，其中以 JYLP 的增加最为明显，这表明 JYLP 菌株可能在柠檬酸循环中有更高的活性，导致柠檬酸的积累更多。而琥珀酸的含量在 12 h 出现波动，尤其是在 HCS 中，其含量出现较大的增加，这可能表明，在某些条件下，BCW 培养基有助于 HCS 菌株促进琥珀酸的合成或者降解，导致其含量的波动。ST 和 JYLP 整体呈下降趋势。

根据图 5-5（d）数据，在 6 h 和 8 h，ST 和 JYLP 的酒石酸含量相对稳定，而 HCS 的含量略有下降。24 h 时，三种培养基的酒石酸含量趋于稳定，且相差不大，说明 BCW 培养基提供适宜的环境，有利于维持酒石酸的稳定生成和代谢。

根据图 5-5（e），乳酸的含量随着培养时间的推移，ST 的乳酸含量逐渐增加，在 12 h 甚至超过 JYLP 和 HCS，这可能是因为 BCW 培养基促进 ST 菌株对乳酸的代谢能力的提升，增强其生长和代谢活性，以适应培养基中的环境变化。

根据图 5-5（f），在初始阶段，乙酸含量相差不大，随后在培养过程中有所波动。特别是在 6 h，HCS 的乙酸含量明显下降，而 ST 和 JYLP 的含量相对稳定。24 h 时，三种菌株的乙酸含量均有所下降，但 HCS 的下降幅度最为显著，这可能暗示 BCW 培养基对 HCS 菌株的代谢途径或生长状态产生特殊影响，受其代谢途径的调节或其他因素的影响，从而导致乙酸代谢产物的变化。

综上，BCW 培养基通过提供特定的生长环境和营养成分，对不同菌株的功能特性产生影响。这些发现为进一步理解 BCW 培养基对植物乳杆菌代谢途径和生长特性的调控机制提供重要线索，有助于优化培养基的生产性能和应用潜力。

5.1.3.7　培养基培养过程中单糖低聚糖动态分析

如图 5-6 所示为 BCW-N4 培养基培养不同植物乳杆菌过程中低聚糖的含量变化。在图 5-6（a）中，果糖含量随着时间的推移均先下降后上升，在一些时间点，不同菌株的果糖含量可能存在显著差异，反映它们在 BCW 培养基中的生长速率和代谢活性的不同。开始阶段，果糖含量下降速度较快，特别是在 2 h 和 4 h 处，可能是因为微生物细胞处于快速生长阶段，对果糖的利用率较高；随着时间的推移，果糖含量下降的速率逐渐减缓，可能是因为其进入平衡阶段，生长速率减缓，对果糖的需求相对减少。在图 5-6（b）中观察到，蔗糖含量随时间的推移出现波动性变化。在 2 h 和 4 h，蔗糖含量普遍上升（相较于 0 h），可能是因为菌株开始利用其他碳源合成蔗糖。随后，在 6～12 h，蔗糖含量呈现不同程度的下降趋势（相较于 2～4 h），表明菌株逐渐利用蔗糖进行生长和代谢活动。在 24 h，蔗糖含量的变化趋势因菌株而异，但总体上仍然呈现下降趋势。

从图 5-6（c）可以看出，在 2 h，ST 和 HCS 的葡萄糖含量上升，而 JYLP 的葡萄糖含量下降。随后，在 4～12 h，ST 的葡萄糖含量上升，JYLP 的葡萄糖含量逐渐下降，而 HCS 的葡萄糖含量则保持相对稳定或略微下降。图 5-6（d）显示水苏糖含量随培养时间的变化情况。在 2 h 时，JYLP 的水苏糖含量显著增加，而 ST 和 HCS 的水苏糖含量下降。在 4～12 h，JYLP 和 HCS 的水苏糖含量均呈下降趋势，其中 JYLP 的下降幅度最大，而 HCS 的下降相对较小。此外，ST 的水苏糖含量显著上升，可能是由于 ST 中的菌株对其他碳源的转化。

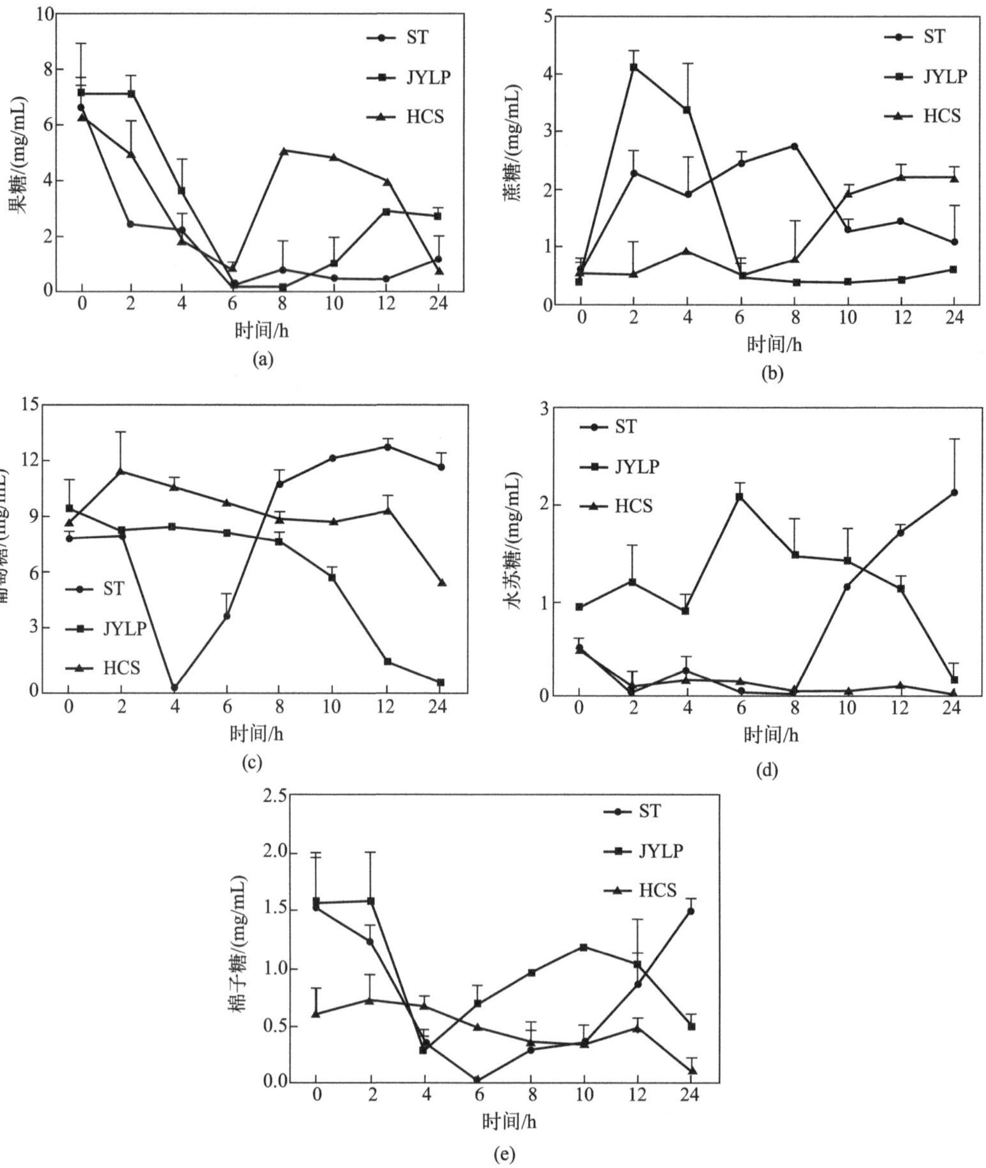

图 5-6　BCW-N4 培养基培养植物乳杆菌过程中的低聚糖变化

在图 5-6（e）中，观察到在 4 h，ST 和 JYLP 的棉子糖下降幅度较大，而 HCS 的棉子糖则下降相对较小。在 4～12 h，棉子糖含量在不同培养基间波动较大，呈现出不规律的变化。整个培养过程中，不同培养基的低聚糖含量存在一定的差异，可能是由于培养的菌株对低聚糖的利用效率不同，或者由于代谢活性和生长速率存在差异所致。

5.1.3.8 培养基培养过程中总代谢物分析

根据图 5-7 所示，对在正离子和负离子模式下检测到的代谢产物进行了详尽分析。在正离子模式下，共鉴定出 2032 种代谢产物，而在负离子模式下，共鉴

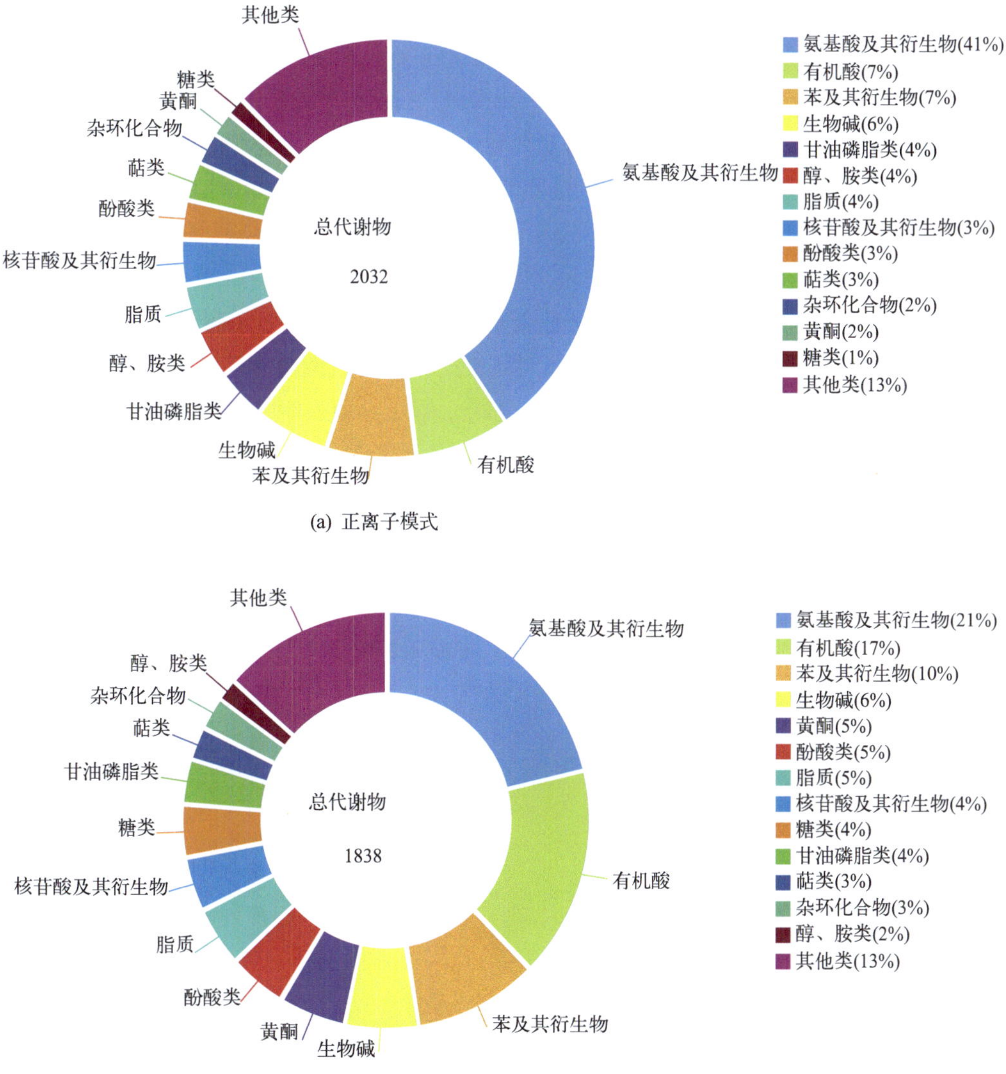

(a) 正离子模式

(b) 负离子模式

图 5-7 正、负离子两种模式下的总代谢物分析

定出1838种代谢产物。这些代谢产物主要包括氨基酸及其衍生物、有机酸、苯及其衍生物、生物碱、甘油磷脂类、醇、胺类、脂质、核苷酸及其衍生物、酚酸类、萜类、杂环化合物、黄酮、糖类等。这些化合物的存在不仅揭示了培养基中丰富的营养来源，也反映了微生物在生长过程中复杂的代谢途径。特别值得注意的是，氨基酸及其衍生物、有机酸和苯及其衍生物在代谢产物中占据了较大比例。

5.1.3.9 培养基培养过程中差异丰富代谢物筛选

为筛选BCW-N4培养基培养植物乳杆菌过程中差异丰富的代谢物，设置以下筛选标准：P值（$P<0.05$）、倍数变化（FC < 0.5或FC > 2）和OPLS-DA模型中第一主成分投影的变量重要性（VIP > 1）。这些参数有助于确定BCW培养基培养不同菌株过程中发生变化的关键代谢物。在该模型的帮助下，分别在BCW培养基培养植物乳杆菌ST、植物乳杆菌JYLP和植物乳杆菌HCS03后的培养基中分别筛选出911、1049、885种差异丰富的代谢物（图5-8），其包括氨基酸及其衍生物、有机酸、苯及其衍生物、生物碱、核苷酸及其衍生物、黄酮、酚酸类、糖类、醇、胺类、甘油磷脂类、脂质、杂环化合物、萜类等。其中，氨基酸及其衍生物在三组培养基中分别筛选出215种、286种和221种，有机酸分别筛选出128种、152种和117种，在差异代谢物中占较大一部分。以上结果表明，BCW-N4培养基中含有的丰富物质，有可能对菌株的代谢过程产生深远的影响。尤其是氨基酸及其衍生物、有机酸这两大类代谢物在BCW-N4培养基培养菌株过程中都占有相当大的比例，暗示它们在菌株生长和代谢过程中可能起到较为关键作用。

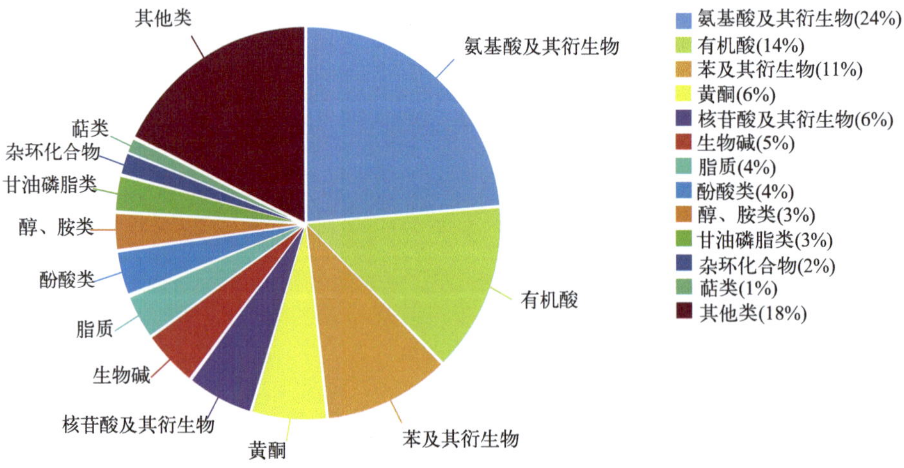

(a) ST vs CK

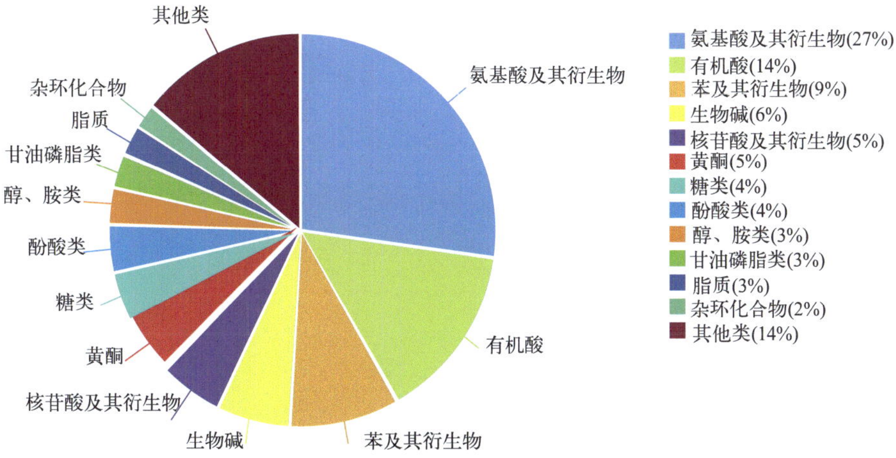

(b) JYLP vs CK

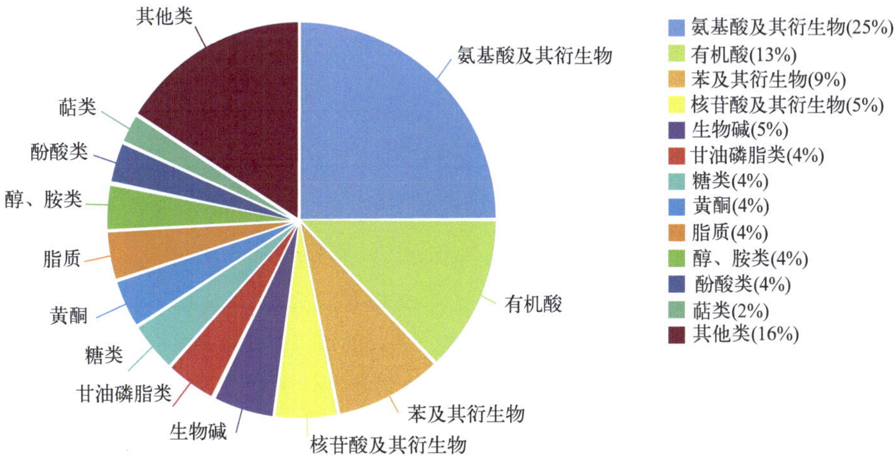

(c) HCS vs CK

图 5-8　差异丰富代谢物

5.1.3.10　培养基培养过程中差异丰富代谢物分析

图5-9揭示了ST、CK、JYLP和HCS这三组培养基共含有537种差异代谢物。此外，它们分别具有108、245和199种特异性代谢物。ST与HCS、JYLP与HCS之间分别存在74和75种差异代谢物，而ST与CK、JYLP与CK之间则共享192种代谢物。这些发现表明，不同培养基对菌株的培养效果具有显著的差异性，同时亦存在一定的共性。进一步对这些代谢物的分析可能有助于揭示与菌株生长和代谢相关的生物标志物，这些生物标志物可能指示了某些菌株在特定培养基中的生长优势或代谢特征。例如，营养需求和利用方式的变化可能在氨基酸、糖类或维生素含量上有所体现。深入探讨这些差异代谢物亦可能为培养基配方的

优化提供新的视角，通过调整组分浓度或引入新的组分，有望改善培养环境，提升菌株的生长速率和产量。

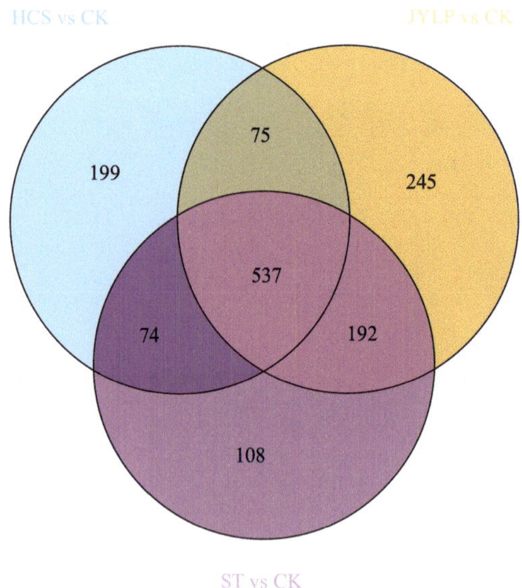

图 5-9 差异代谢物的 Venn 图

5.1.3.11 培养基培养过程中氨基酸及其衍生物的代谢

如图 5-10 所示，BCW-N4 培养基在培养不同植物乳杆菌的过程中，氨基酸及其衍生物变化代谢产物的含量差异显著。与 CK 相比，BCW-N4 培养基中氨基酸代谢在 ST、JYLP 和 HCS 分别有 93 种、162 种和 141 种氨基酸及其衍生物显著下调，122 种、124 种和 80 种氨基酸及其衍生物显著上调。例如，L- 异亮氨酸 -L- 缬氨酸和谷氨酸 - 天冬氨酸 - 苏氨酸 - 谷氨酸显著下调，说明其被植物乳杆菌用于自身消耗和细胞生长。L- 异亮氨酸 -L- 缬氨酸作为支链氨基酸，在一些乳酸菌的蛋白水解调节中发挥关键作用，从而调节碳和氮代谢之间的联系。另外，谷氨酸在乳酸菌氨基酸代谢中起着重要作用，控制乳酸菌的菌体生长。据报道，在植物乳杆菌中观察到较高的二肽利用率，这提示细胞中存在高活性的肽水解酶系统。二肽内部氨基酸的积累高于游离氨基酸，从而证实二肽作为微生物生长氮源的主要作用，这一结果进一步表明 BCW-N4 培养基对植物乳杆菌的氨基酸代谢具有显著影响，不同植物乳杆菌种类对氨基酸的需求和利用方式也有所不同，这可能是由于植物乳杆菌在不同生态环境中形成适应性的氨基酸代谢方式，进而形成其独特的代谢特征。此外，尽管 BCW-N4 培养基在培养不同植物乳杆菌时氨基酸代谢产物的含量存在差异，但总体来说，BCW-N4 培养基中上调和下调的氨基酸种类数量都相当可观，这进一步证明氨基酸的种类和含量在培养基中的重要性，并突显 BCW-N4 培养基在植物乳杆菌培养中的潜力和优势。

(a) ST vs CK　　(b) JYLP vs CK　　(c) HCS vs CK

图 5-10　BCW-N4 培养基培养不同植物乳杆菌时氨基酸及其衍生物变化代谢产物热图

5.1.3.12 培养基培养过程中有机酸代谢

如图 5-11 所示，相较于对照组 CK，ST、JYLP 和 HCS 培养基中有机酸的含量表现出不同程度的差异性变化。具体而言，有 21 种、39 种和 27 种有机酸在这些培养基中呈现下调趋势，而 107 种、113 种和 87 种有机酸则表现出上调现象。值得注意的是，上调的代谢产物数量显著超过下调的代谢产物，这暗示了这些培养基可能促进了植物乳杆菌的有机酸合成与代谢过程，同时抑制了部分有机酸的分解或消耗。具体分析下调的有机酸，主要为短链有机酸，如 A、b- 二羟基异丁酸、二氢氨基乙酸、DL- 苏 -3- 异丙基苹果酸、D-（+）- 苹果酸等，这些物质可能在植物乳杆菌的生长过程中被吸收或分解。其中，苹果酸在微生物生长及非生长状态下的能量需求方面发挥着节能作用。相对地，上调的有机酸包括柠檬酸、琥珀酸、苹果酸、乙酸等，这反映了培养基促进了这些有机酸合成与代谢的增加。此外，苹果酸、柠檬酸、琥珀酸等有机酸可能在植物乳杆菌的培养过程中扮演更为关键的角色，作为信号分子参与菌株的代谢调控和信号传递过程，以及在能量产生、pH 值调节和渗透压平衡等方面发挥作用。同时，这些有机酸作为三羧酸循环的中间产物，对于菌株的能量代谢和物质转化至关重要。因此，苹果酸的下调与柠檬酸和琥珀酸的上调可能表明，在 ST、JYLP 和 HCS 培养基中，植物乳杆菌的三羧酸循环更为活跃，进而暗示该 BCW-N4 培养基有利于植物乳杆菌的生长代谢。此外，乙酸作为短链脂肪酸，其显著的上调可能表明 BCW-N4 培养基有助于促进植物乳杆菌的乙酸生成，从而提高其生长速度和代谢活性。

5.1.3.13 培养基培养过程中糖代谢

如图 5-12 所示，ST、JYLP 及 HCS 三种不同植物乳杆菌在培养基中诱导出的代谢反应各异。具体而言，ST 培养基中检出 33 种差异代谢物，包括 8 种上调和 25 种下调；JYLP 培养基中检出 43 种差异代谢物，其中 15 种上调，28 种下调；HCS 培养基则检出 38 种差异代谢物，包含 12 种上调和 26 种下调。在这些差异代谢物中，D- 海藻糖、D- 果糖和内消旋 - 赤藓醇等均显著下调，这可能与氨基酸代谢、蛋白质合成等途径相关。BCW-N4 培养基富含多种低聚糖资源，这有助于促进大部分植物乳杆菌糖代谢基因的表达，进而促进 BCW 培养基对植物乳杆菌的菌株生长和繁殖能力。此外，先前的研究表明，植物乳杆菌具有获取和组装利用碳水化合物所需基因盒的能力，从而形成一种“自然代谢工程学方法”，使其能够优化自身基因组，以适应特定生态位的生长，尤其是那些富含植物碳水化合物的培养基。因此，BCW-N4 培养基以其独特的植物碳水化合物组成，为植物乳杆菌的生长提供理想的环境，促使其更高效地摄取和利用碳水化合物，进而实现生长速度和细胞密度的显著提升。

(a) ST vs CK

图 5-11

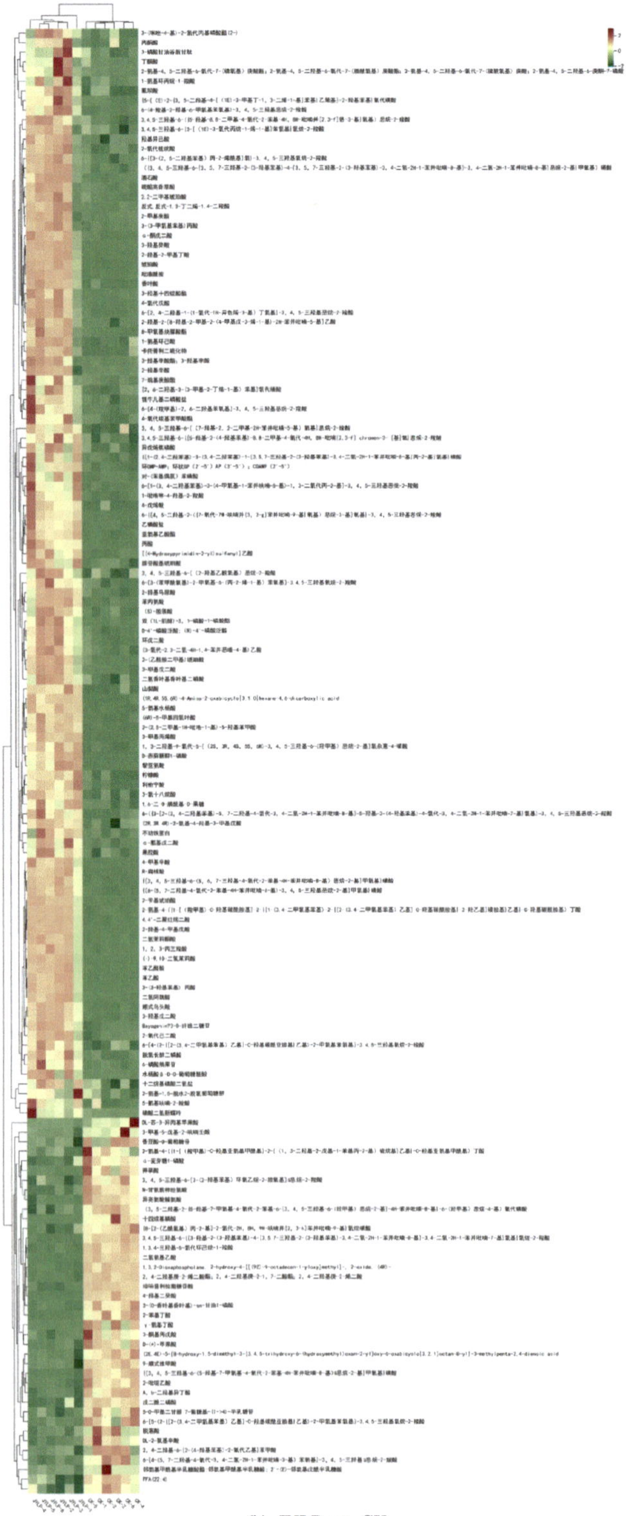

(b) JYLP vs CK

(c) HCS vs CK

图 5-11 BCW-N4 培养基培养不同植物乳杆菌时有机酸变化的代谢产物热图

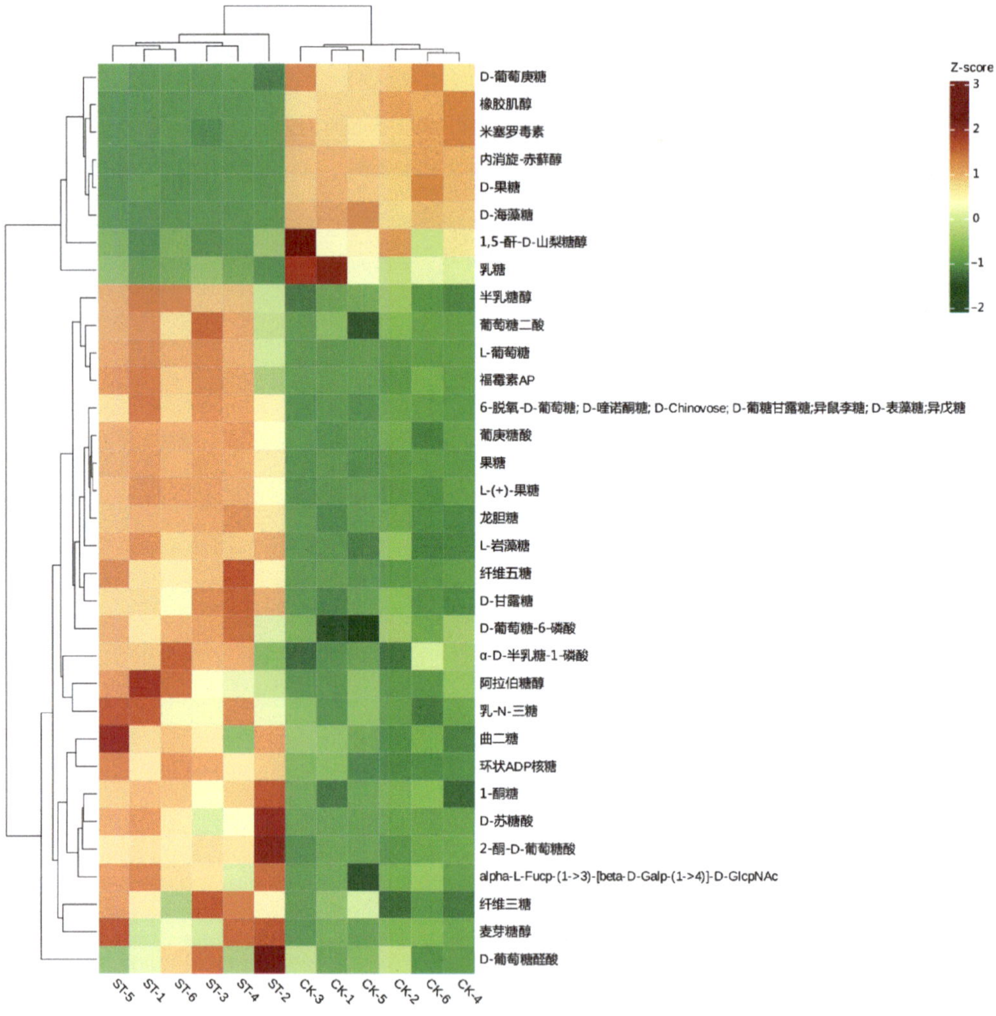
Z-score
D-葡萄庚糖
橡胶肌醇
米塞罗毒素
内消旋-赤藓醇
D-果糖
D-海藻糖
1,5-酐-D-山梨糖醇
乳糖
半乳糖醇
葡萄糖二酸
L-葡萄糖
福霉素AP
6-脱氧-D-葡萄糖; D-喹诺酮糖; D-Chinovose; D-葡糖甘露糖;异鼠李糖; D-表藻糖;异戊糖
葡庚糖酸
果糖
L-(+)-果糖
龙胆糖
L-岩藻糖
纤维五糖
D-甘露糖
D-葡萄糖-6-磷酸
α-D-半乳糖-1-磷酸
阿拉伯糖醇
乳-N-三糖
曲二糖
环状ADP核糖
1-酮糖
D-苏糖酸
2-酮-D-葡萄糖酸
alpha-L-Fucp-(1->3)-[beta-D-Galp-(1->4)]-D-GlcpNAc
纤维三糖
麦芽糖醇
D-葡萄糖醛酸
ST-5
ST-1
ST-6
ST-3
ST-4
ST-2
CK-3
CK-1
CK-5
CK-2
CK-6
CK-4

(a) ST vs CK

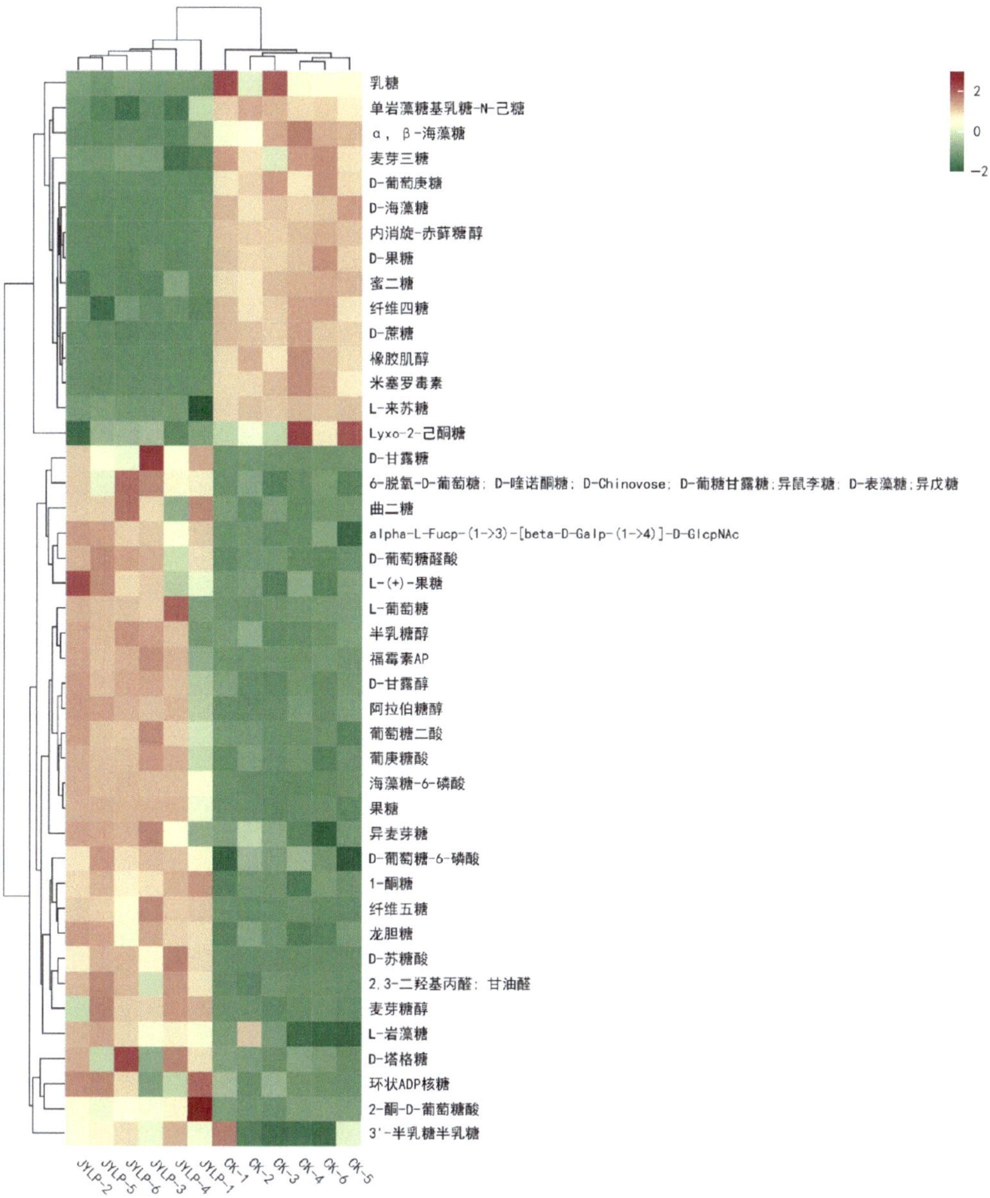

(b) JYLP vs CK

图 5-12

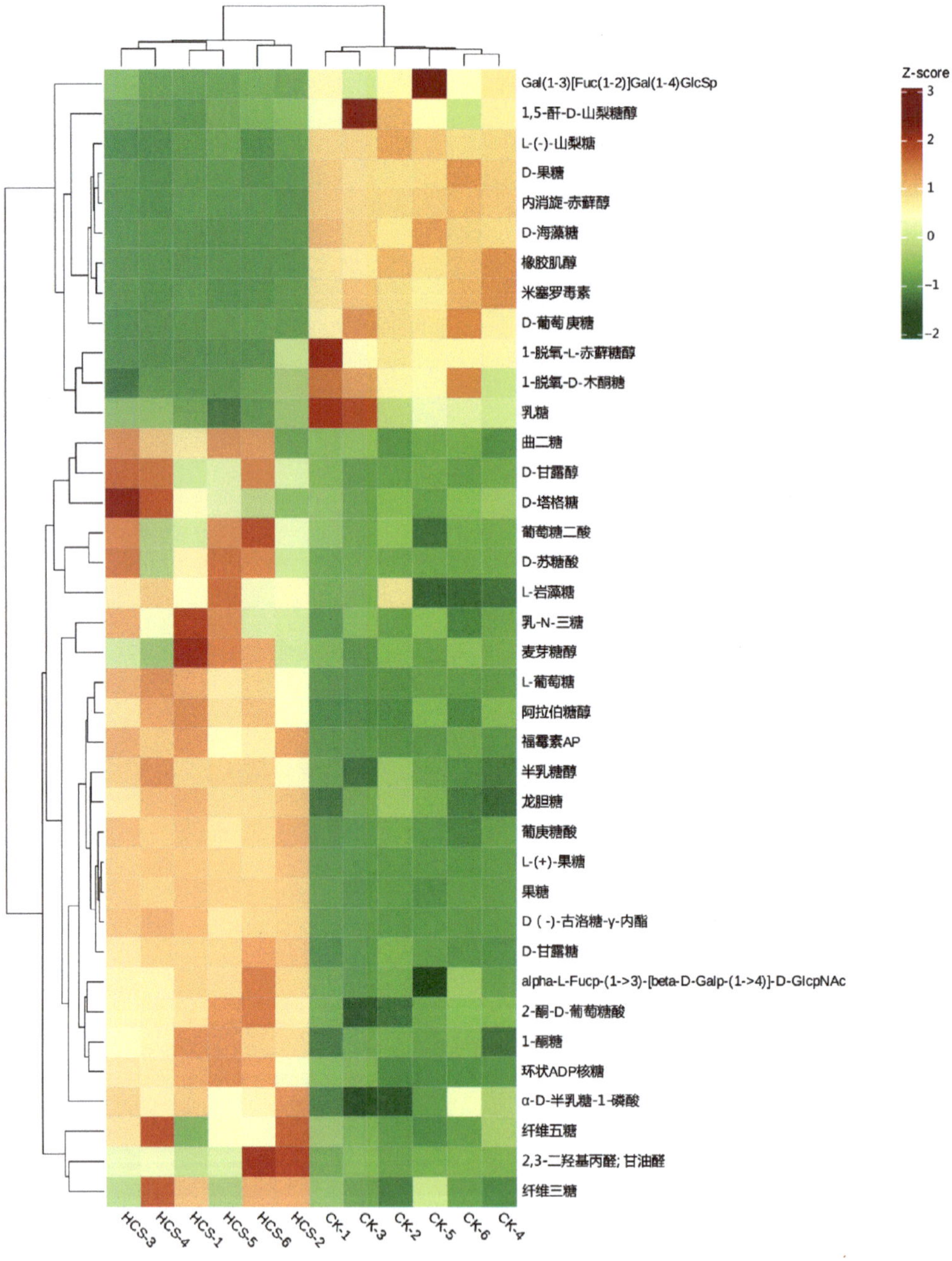

(c) HCS vs CK

图 5-12　BCW-N4 培养基培养不同植物乳杆菌时糖类物质变化的代谢产物热图

5.1.3.14 培养基培养过程中差异代谢物 KEGG 的富集和代谢通路分析

采用注释的结果进行 KEGG 通路富集分析。根据差异代谢物的富集数量筛选出富集最多的差异代谢物通路，如图 5-13（a）～（c）所示，利用 KEGG 数据库分别对 ST 和 CK、JYLP 和 CK、HCS 和 CK 这三组中的代谢物进行注释，获取相应的通路信息。结果显示，ST 和 CK、JYLP 和 CK、HCS 和 CK 的代谢通路中富集的差异代谢物更多地出现在代谢途径、次生代谢物的生物合成、不同环境中的微生物代谢、辅助因子的生物合成、核苷酸代谢、苯丙素的生物合成、嘌呤代谢、ABC 转运体、植物次生代谢产物的生物合成、莽草酸途径衍生生物碱的生物合成、由鸟氨酸、赖氨酸和烟酸衍生的生物碱的生物合成、植物激素的生物合成、芳香族化合物的降解、由组氨酸和嘌呤衍生的生物碱的生物合成等 14 条代谢通路中。此外，还有 ST 和 CK 的核苷酸糖的生物合成、氨基糖和核苷酸糖的代谢［图 5-13（a）］；JYLP 和 CK 的氨基酸的生物合成、色氨酸代谢［图 5-13（b）］；HCS 和 CK 的 cAMP 信号通路、苯丙氨酸代谢等［图 5-13（c）］，这些通路可能与蛋白质合成和修饰、氨基酸代谢、信号传导等生物过程紧密相关。通路的富集可能意味着在 BCW 培养基的培养环境中，植物乳杆菌细胞内的蛋白质合成、氨基酸代谢和信号转导等过程发生显著的变化，进一步影响到细胞的功能和响应，促进菌株的增殖生长。

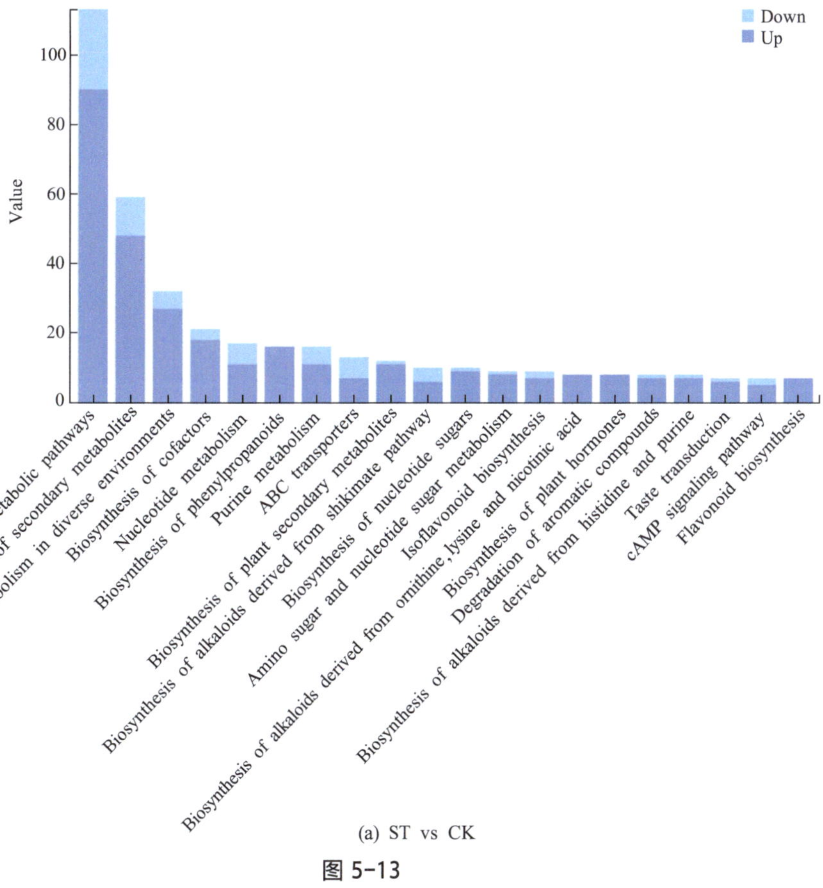

(a) ST vs CK

图 5-13

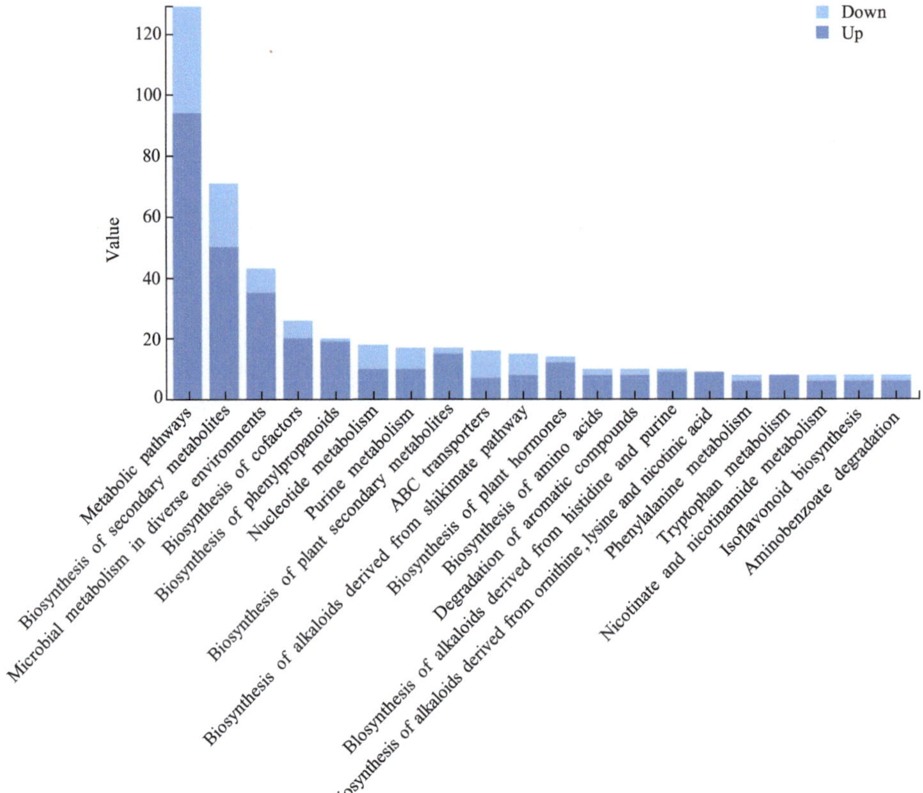

(b) JYLP vs CK

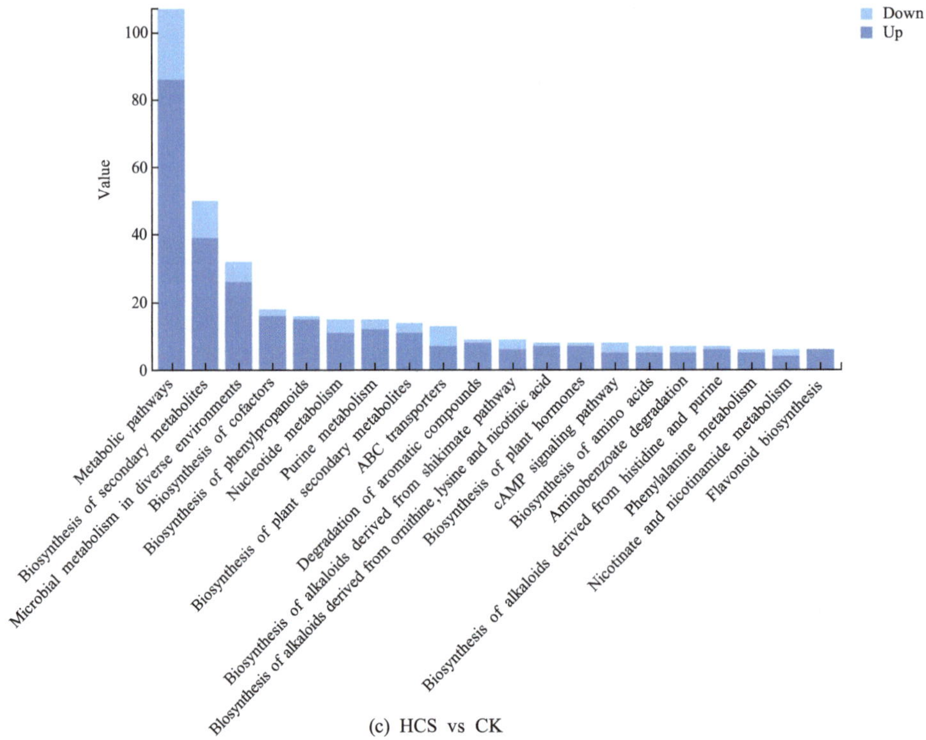

(c) HCS vs CK

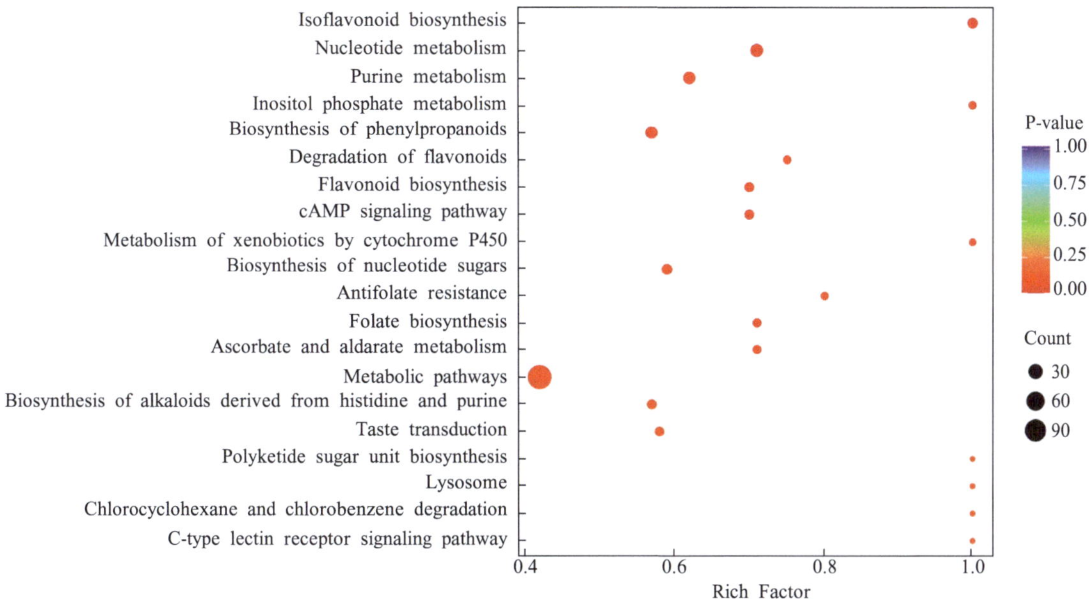

(d) ST vs CK

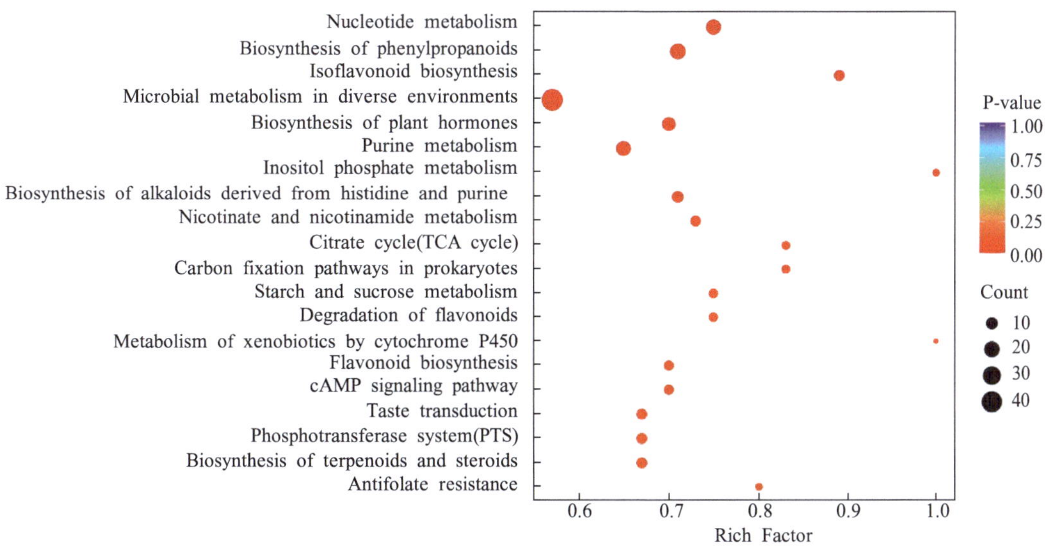

(e) JYLP vs CK

图 5-13

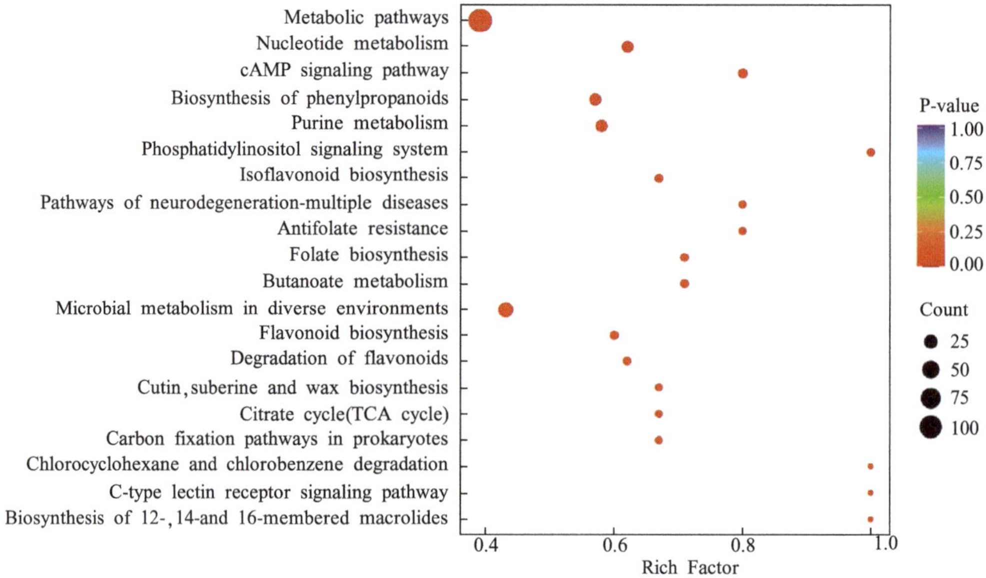

(f) HCS vs CK

图 5-13 差异丰富的代谢物的 KEGG 富集途径（a）、（b）、（c）和差异代谢物的 KEGG 富集气泡图（d）、（e）、（f）

为深入理解这些富集代谢通路与 BCW-N4 培养基的关联，根据 P 值筛选出差异丰富代谢物的顶级代谢途径，按 P 值从小到大排序，选择 P 值 $\leqslant 0.05$ 的途径认为在差异丰富的代谢物中显著富集，如图 5-13（d）～（f）所示。分析表明，在前 20 条显著富集的代谢通路中，ST 和 CK、JYLP 和 CK、HCS 和 CK 的差异代谢物均显著富集在异黄酮类生物合成、核苷酸代谢、嘌呤代谢、苯丙素的生物合成、类黄酮的降解、黄酮类生物合成、cAMP 信号通路、抗叶酸耐药等八条代谢通路中。异黄酮类生物合成、核苷酸代谢、嘌呤代谢等通路的显著富集，可能反映 BCW 培养基在培养菌株期间对这些化合物的需求和利用。而苯丙素的生物合成、类黄酮的降解、黄酮类生物合成等通路的富集，则可能与 BCW-N4 培养基的抗氧化、抗炎等生物活性有关，保护菌株细胞，促进菌株健康生长。此外，值得关注的是 cAMP 信号通路和抗叶酸耐药通路的富集，cAMP 信号通路在细胞生长、分化、凋亡等过程中起着重要作用，而抗叶酸耐药通路与肿瘤细胞的耐药性有关。BCW-N4 培养基中这些通路的富集，可能为其在抗癌、抗炎等领域的应用提供一定的理论基础。此外，还有 ST 和 CK 的核苷酸糖的生物合成、由组氨酸和嘌呤衍生的生物碱的生物合成等［图 5-13（d）］，前者参与细胞的增殖和分化，后者参与细胞的信号传导和代谢调控。JYLP 和 CK 的柠檬酸循环（TCA 循环）、原核生物中的碳固定途径、淀粉和蔗糖代谢等［图 5-13（e）］。其中，柠檬酸循环是细胞获取能量的主要途径之一，而碳固定途径则能够将培养基中的二氧化碳等转化为有机物质，为细胞提供碳源，这些通路的富集进一步证明 BCW-N4 培养基在满足菌株营养需求、促进其活性方面的独特优势。另外，HCS 和 CK 的神经退行性变的途径 - 多种疾病、叶酸生物合成、不同环境中的微生物代谢等［图 5-13（f）］，BCW-N4 培养基通过模拟这些环境，提供适宜的生长条件和营养，可以促进微生物的代谢活动，从而实现对有机物的高效转化和利用。这些通路进一步表明 BCW-N4 培养基，尤其是其中的豆清可以满足不同菌株的营养需求，促进其菌株活性。总的来说，这些在不同水平上发生改变的途径是相互关联的，并在 BCW-N4 培养基对菌株的培养过程中发挥重要作用。通过理解和探索这些途径，不仅揭示 BCW-N4 培养基在微生物代谢方面的潜力，进一步阐明 BCW-N4 培养基培养过程中独特而理想的生长机制，还可能为其在科学领域的应用提供新的思路。

为揭示 BCW-N4 培养基促进植物乳杆菌生长的机制，本研究对相关代谢途径进行了深入分析。大豆异黄酮作为植物雌激素，天然存在于 BCW-N4 培养基中，为微生物培养提供了显著益处。如图 5-14 所示，本研究展示了以柚皮素为核心的代谢途径，突显了该细菌调节黄酮类和异黄酮类生物合成的能力，并整合了降解途径以维持能量代谢。柚皮素作为黄酮生物合成途径中的关键中间体，通过一系列酶促反应，从柚皮素查尔酮合成柚皮素，标志着该途径分支的关键点，分支后分别进入黄酮类和异黄酮类的生物合成。这一分叉使得植物乳杆菌能够生产如芹菜素、大豆苷元、染料木苷等重要的次级代谢产物，这些产物在增强抗菌活性、抗氧化应激和益生功能方面发挥着至关重要的作用。

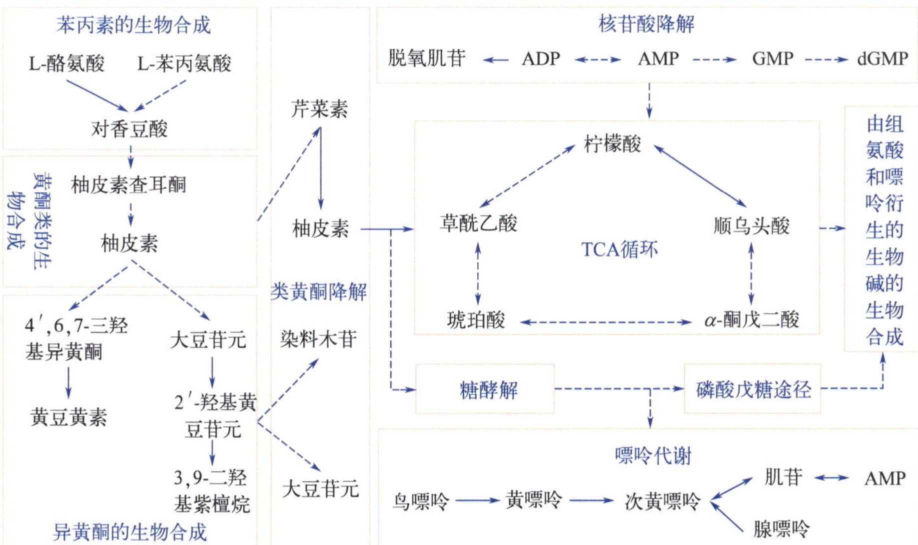

图 5-14 BCW-N4 培养基营养利用的 KEGG 代谢通路图

代谢循环通过黄酮类化合物的降解进一步得到加强。柚皮素及其衍生物的降解直接进入三羧酸循环，促进糖酵解和磷酸戊糖途径，从而促进碳水化合物的摄取和转化。此过程不仅回收碳骨架，还将次级代谢途径与主要代谢途径联系起来，确保为能量生产和生物合成反应提供持续的中间产物供应。这种高效的碳利用促进了从 BCW-N4 培养基中嘌呤的摄取，并加速了嘌呤的代谢。此外，增强的氮同化作用间接支持了与组氨酸和嘌呤来源的生物碱及核苷酸代谢相关途径的转化，从而促进细胞的生长和增殖。

最终，这些相互关联的循环突出了 BCW-N4 培养基在调节和诱导植物乳杆菌代谢活性中的关键作用，使细菌能够根据环境条件动态调整黄酮化合物的谱系。降解黄酮化合物并将其重新利用于中心代谢途径的能力为植物乳杆菌提供了竞争优势，增强了其在复杂营养环境中的生长速率和生存能力。此外，BCW-N4 培养基中存在的大豆异黄酮和关键中间体柚皮素在优化代谢效率的同时，支持了细菌的自我繁殖。

5.1.3.15 培养基贮藏期的生物量变化

表 5-2 揭示了 BCW-N4 培养基在储存过程中的生物量变化情况。依据表 5-2 所呈现的数据，在储存期间的各个时间点（从开始到第 66 天），均未在 BCW-N4 培养基中观察到或检测到任何菌落的形成，这反映了该培养基的高品质与稳定性。通常情况下，菌落的形成是由于培养基遭受细菌或真菌污染所致。然而，在本实验中，无论是在低温（4℃）还是高温（37℃）环境下，均未观察到菌落的形成，这说明 BCW-N4 培养基的质量得到了严格控制，并且在储存期间保持了极高的稳定性。这种稳定性对于微生物学实验和生物制品的生产具有至关重要的意义。一个稳定的培养基能够确保实验结果的精确性和可重复性，同时也有助于保障生物制品的质量与安全性，凸显了其作为培养基的可靠性。

表 5-2　BCW-N4 培养基贮藏期的生物量变化

时间/d	生物量/（CFU/mL）	
	4℃	37℃
0	未检出	未检出
1	未检出	未检出
3	未检出	未检出
6	未检出	未检出
10	未检出	未检出
15	未检出	未检出
21	未检出	未检出
28	未检出	未检出
36	未检出	未检出
45	未检出	未检出
55	未检出	未检出
66	未检出	未检出

5.1.3.16 培养基贮藏期的 OD_{600} 变化

依据图 5-15，对 BCW-N4 培养基在储存期间的光密度（OD_{600}）变化进行了细致分析。研究发现，在 4℃条件下，初始 OD_{600} 值为 0.1763，随着时间的流逝，该值呈现出逐渐波动的趋势，最终稳定在 0.2430。而在 37℃条件下，尽管初始 OD_{600} 值同样为 0.1763，但随着温度的升高，OD600 值逐渐上升，最终达到 0.3318。综合分析表明，尽管 OD_{600} 值随时间的推移与微生物生物量之间存在一定的线性相关性，但其测量结果可能受到有毒代谢产物积累、杂质等变量的干扰，从而影响了测量的精确性。在本研究中，OD_{600} 值的增加可能归因于培养基中发生的微小物理或化学变化，例如培养基中沉淀物的形成或溶解度的改变，这些因素均可能对 OD_{600} 的测量结果产生影响。此外，高温条件下 OD_{600} 值高于低温条件下的结果，可能是在高温环境下培养基中的糖类等营养成分发生了微妙的化学反应，导致培养基颜色加深，透明度降低，进而影响了光的透过率，最终使得 OD_{600} 值偏高。

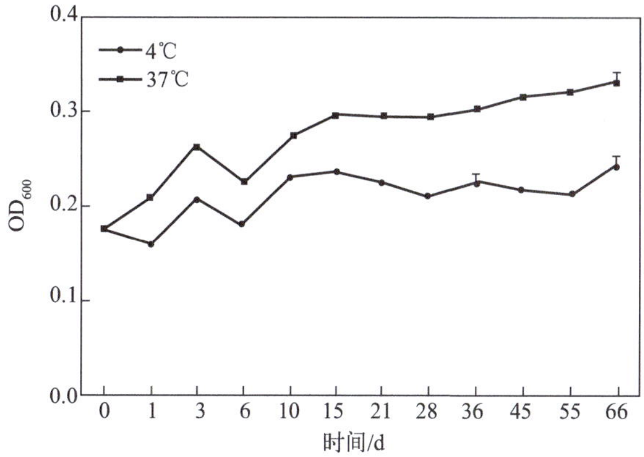

图 5-15 BCW-N4 培养基贮藏期的 OD_{600} 变化

5.1.3.17 培养基贮藏期的 pH 值变化

根据图 5-16 所展示的数据，可以清晰地看到 BCW-N4 培养基在初始阶段（0～6 d）内 pH 值的稳定性，在这一阶段，pH 值在 6.13～6.17 的狭窄范围内波动，显示出培养基在这一阶段内并未发生显著的化学变化。然而，随着时间的推移，尤其是在不同的贮藏温度下，培养基的 pH 值开始展现出不同的变化趋势。在 4℃温度下，培养基的 pH 值虽然有所波动，但整体上仍然保持在可控范围内，这表明在相对较低的温度下，培养基的化学稳定性较好，这可能是因为低温环境减缓培养基中化学反应的速率，从而减少 pH 值的变化。然而，在 37℃下的培养基情况则有所不同。在这一温度下，培养基的 pH 值波动明显增大，尤其是在贮藏时间较长的情况下（超过 36 d），pH 值从初始的 6.17 下降到最低值 6.05，呈现出较明显的下降趋势。这一现象可能是由于在长时间较高温度下，培养基中的化学成分更容易发生分解、反应或氧化还原等化学变化。例如，培养基中的一些成分可能会在高温下发生分解，释放出酸性物质，从而使 pH 值下降。

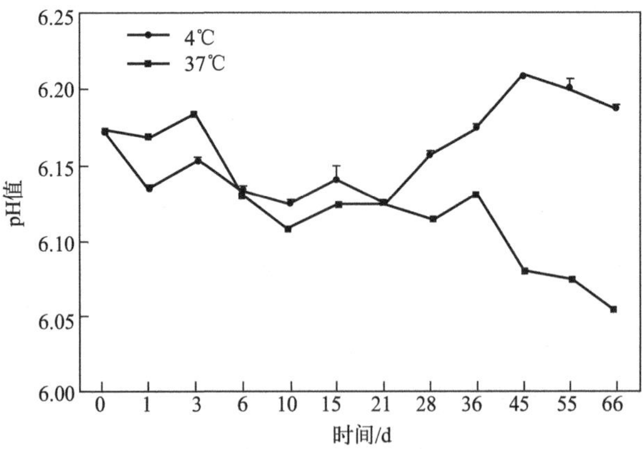

图 5-16　BCW-N4 培养基贮藏期的 pH 值变化

5.1.3.18　培养基贮藏期的色差变化

如图 5-17 所示的培养基在贮藏期间色差变化。明亮度方面，在 4℃和 37℃两种贮藏条件下，培养基的明亮度整体呈现出略微的波动趋势，但变化幅度较

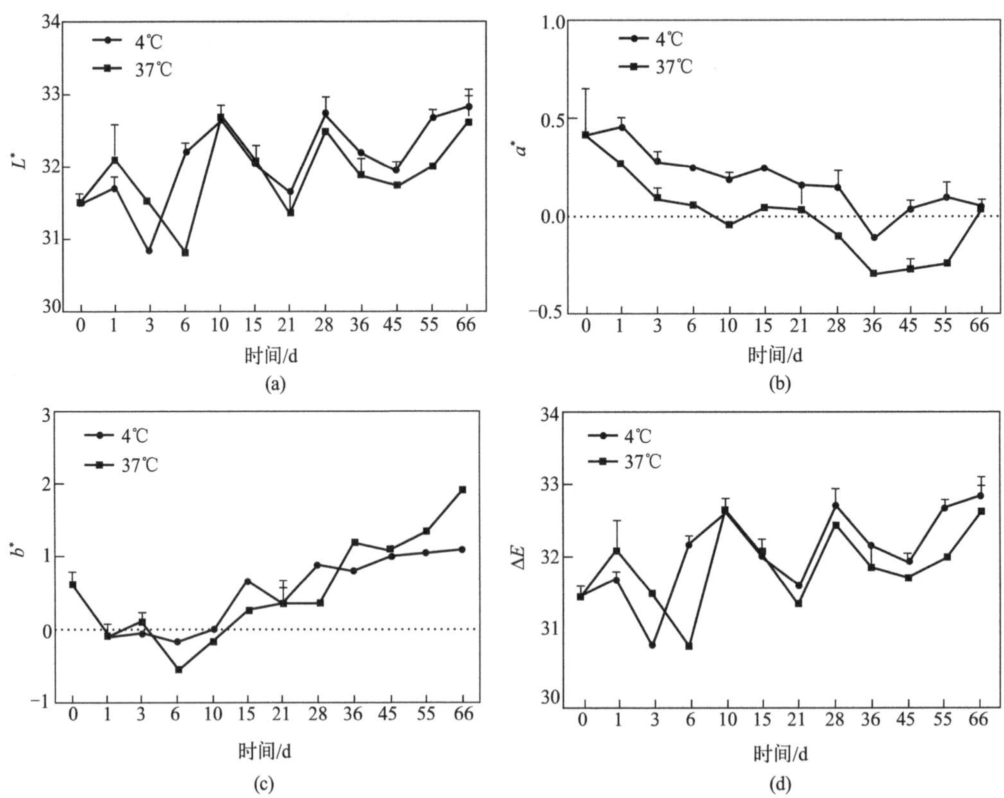

图 5-17　BCW-N4 培养基贮藏期的色差变化

小，且整体维持在 32 左右，表明培养基的颜色整体保持稳定［图 5-17（a）］。红绿色度方面，在 4℃和 37℃条件下，红绿色度呈现出一定的波动，随后逐渐下降并趋于稳定，整体偏向豆清的绿色。其中，37℃条件下的变化幅度略大于 4℃条件［图 5-17（b）］。黄蓝色度在贮藏期间，培养基的黄蓝色度整体呈现出逐渐增加的趋势，整体偏向豆清的黄色。特别是在 37℃条件下，变化更为显著，且变化趋势相对不稳定［图 5-17（c）］。总色差方面显示出在 4℃培养基的整体色差变化较小，且在贮藏过程中维持在较稳定的水平。然而，37℃条件下的总色差变化相对较大，表明该条件下培养基颜色的变化更为显著［图 5-17（d）］。综上，在 4℃条件下，培养基的颜色变化相对较小，整体保持稳定，而在 37℃条件下，培养基的颜色变化较为显著，且变化趋势相对不稳定，整体颜色逐渐加深，偏向黄绿色，这可能是长时间的较高温度促进培养基中一些营养成分的反应，从而导致培养基的颜色发生一定程度的变化，这与 OD_{600} 的结论相一致。

5.1.3.19 培养基标准

相关标准见表 5-3 和表 5-4。

表 5-3 豆清标准

豆清成分	含量/（mg/mL）	豆清成分	含量/（mg/mL）
总糖	35.0～37.0	果糖	3.0～4.0
总氮	1.0～2.0	葡萄糖	2.0～4.0
蛋白质	7.0～8.0	蔗糖	6.0～8.0

表 5-4 BCW-N4 培养基标准

项目	标准
pH值	6.4±0.1
OD_{600}	0.2±0.1
稳定系数变化	0.9±0.1
色泽	偏黄偏绿
澄清度	澄清透明或半透明
沉淀率	⩽ 0.1%
灭菌条件	121℃，20 min
状态	无菌，组织均匀
菌泥收率	⩾ 2.00%
菌液活菌数	⩾ 4.5 $\times 10^9$ CFU/mL
菌泥活菌数	⩾ 2.5 $\times 10^{11}$ CFU/g
储藏条件	在避光、阴凉干燥处保存，避免高温和阳光直射
储藏时间	低温（4℃），⩽ 3个月；高温（37℃），⩽ 1个月
用途	可用于微生物的培养和繁殖，适用于一般乳酸菌的生长

5.1.3.20 培养基在工业实践中的应用及其与鼠李糖优化培养基的比较

鼠李糖优化培养基，作为一种应用型培养基，在工业实践中扮演着至关重要的角色，这款培养基由仁仁微生物科技研究（沈阳）有限公司经过深入研究和实验后推出，旨在提高特定微生物的生长和产量。因此，将 BCW-N4 培养基与鼠李糖优化培养基比较，可以发现一些显著的差异（表 5-5）。

表 5-5 鼠李糖优化培养基和 BCW 培养基的综合评价

培养基	鼠李糖优化培养基	BCW-N4培养基
pH值	3.95±0.02	4.32±0.02***
OD_{600}	0.656±0.008	0.663±0.009
菌泥收率/%	2.66±0.17	2.06±0.18*
菌液活菌数/（$\times10^{9}$ CFU/mL）	10.1±2.7	4.7±0.6
菌泥活菌数/（$\times10^{11}$ CFU/g）	4.8±4.2	2.6±2.8*

注：* 表示 $P<0.05$；** 表示 $P<0.01$；*** 表示 $P<0.001$；没有标注则表示没有显著性。

根据表 5-5 的数据显示，BCW-N4 培养基的 pH 值明显偏高，达到 4.32±0.02。相比之下，鼠李糖优化培养基的 pH 值为 3.95±0.02，BCW-N4 培养基比鼠李糖优化培养的 pH 值高 9.37%，这表明 BCW-N4 培养基的 pH 值下降较低，间接表明鼠李糖乳杆菌菌株的生长较慢。其次，菌泥收率也是评价培养基性能的重要指标之一。BCW-N4 培养基的菌泥收率为 2.06%±0.18%，而鼠李糖优化培养基的菌泥收率为 2.66%±0.17%，少 22.56%，较高的菌泥收率意味着单位体积培养基能产生更多的微生物细胞，提高生产效率。此外，活菌数的比较也是评价培养基性能的重要依据。在 BCW-N4 培养基中，菌液和菌泥中的活菌数分别为（4.7±0.6）$\times10^{9}$ CFU/mL 和（2.6±2.8）$\times10^{11}$ CFU/g。而在鼠李糖优化培养基中，活菌数分别为（10.1±2.7）$\times10^{9}$ CFU/mL 和（4.8±4.2）$\times10^{11}$ CFU/g。相较于鼠李糖优化培养基，BCW-N4 培养基菌液和菌泥的活菌数分别少 53.47% 和 45.83%。较高的活菌数意味着微生物在培养基中的生存和繁殖能力得到提高，对于提高生产效率和产品质量具有重要意义。BCW-N4 培养基在这些关键指标上表现不如鼠李糖优化培养基，这可能是由于 BCW-N4 培养基中豆清的 L- 苹果酸含量较少。L- 苹果酸作为一种重要的营养素，对于鼠李糖乳酪杆菌 HCS01-013 的生存和繁殖至关重要。由于 L- 苹果酸在 BCW-N4 培养基中的不足，鼠李糖乳酪杆菌 HCS01-013 的生长受到一定的限制，导致 pH 值偏高、菌泥收率和活菌数较低。

综上，BCW-N4 培养基相对于鼠李糖优化培养基存在着 pH 值偏高、菌泥收率低、活菌数减少等问题，这些问题不仅影响微生物的生长和产量，还可能进一步影响到最终产品的质量和生产效率。因此，在实际的工业应用中，需要对 BCW-N4 培养基的配方和制备工艺根据实际需要进行深入研究和优化，以提高其性能，满足特定微生物的生长需求。值得一提的是，虽然 BCW-N4 培养基存在上述问题，但也有其独特之处。例如，在某些特定的应用场景下，BCW-N4 培养基可能具有更好的成本效益。同时，应该认识到培养基的研发和优化是一个持续的过程，随着科学技术的不断进步和微生物学研究的深入，有望开发出更加高效、环保、经济的培养基，为工业实践提供更好的支持。通过对 BCW-N4 培养基与鼠李糖优化培养基的比较分析，可以更加清晰地认识到不同培养基在性能上的差异和优劣，为进一步研究和优化培养基提供有益的参考和启示。

5.2 固体商业化即用型培养基

5.2.1 定义和描述

固体商业化即用型培养基是供应商以即用形式或熔化后即用形式提供的固体培养基，通常已预分装到容器（如平皿、试管或其他载体）中。这类培养基用于特定微生物的分离、增殖或鉴定，无需实验室额外制备，只需根据需要直接使用或简单处理后使用。

5.2.1.1 使用形式

固体商业化即用型培养基分为以下几种。

完全可即用型：培养基无需处理，直接取用即可使用（如直接接种的平板琼脂）。

需重新熔化型：培养基需重新加热熔化后使用（如倾注琼脂培养基）。

需添加物质型：培养基使用前需重新熔化、加入添加剂并分装（如选择性培养基）。

5.2.1.2 贮存条件

固体商业化即用型培养基必须按照供应商提供的贮存条件（如温度、湿度、避光等）保存。

有效期应严格遵循产品说明，开封后应尽快使用，避免污染和性能下降。

5.2.1.3 性能特点

稳定性高：培养基的配方经过优化，保证了较长的保存期限和稳定的性能。

使用便捷：实验室不需要配制和灭菌，大大节省了时间和人力。

用途广泛：支持特定或多种微生物的培养，可用于增菌、分离或鉴别。

5.2.1.4 质量控制

固体商业化即用型培养基的质控示例见表 5-6，其质量由以下几方面决定。

基础成分的质量：培养基内所含琼脂、胨类、酵母浸粉等原料需符合国家标准。

生产过程的控制：包括灭菌工艺、均匀性检查等。

包装和贮存条件：密封性检查，保证培养基不受潮、不受污染。

验收时实验室需检查：产品合格证明文件、包装完整性、产品的有效期。

表 5-6　质控示例

项目	质控指标	评定标准
外观	均匀粉末或凝固透亮的胶体	灭菌后无气泡、颜色均匀，表面光滑
pH值	6.5±0.2	测定温度为室温，符合说明书范围
微生物生长	测试菌株的典型菌落生长特性	结果符合规定的质控标准

5.2.1.5　常见应用

固体商业化即用型培养基在食品微生物学检验中具有广泛用途。

增菌培养：如选择性培养金黄色葡萄球菌的 Baird-Parker 琼脂。

菌落计数：如平板计数琼脂（PCA）。

分离培养：如用于沙门氏菌分离的 XLD 琼脂。

5.2.2　商业化即用型固体豆清培养基（GBCW）配方

浓缩豆清 1 L/L，葡萄糖 5～7 g/L，酵母浸粉 4～6 g/L，醋酸钠 4～6 g/L，柠檬酸铵 1～3 g/L，磷酸氢二钾 1～3 g/L，硫酸锰 0.04～0.06 g/L，吐温 80 1～1.1 mL/L，琼脂粉（53001）13～18 g/L，大豆种皮多糖（53002）6～8 g/L。

5.2.3　GBCW 性能评估

在探究植物乳杆菌培养基优化的研究中，GBCW 培养基在促进植物乳杆菌生长与繁殖方面表现出显著的优越性。相较于传统培养基，GBCW 培养基在植物乳杆菌培养效果上实现了显著的提升，具体表现为 0.3%～20% 的增长幅度。该提升主要归因于黄豆清中低聚糖与多肽成分的存在。这些成分能够显著激活乳酸菌的代谢活性，进而加速植物乳杆菌的生长速率。此外，低聚糖与多肽作为信号分子，参与调节细胞内代谢通路，进一步促进植物乳杆菌的生长与繁殖。

进一步地，GBCW 培养基中添加的大豆种皮多糖为植物乳杆菌提供了更为丰富的营养资源，并促进了其营养物质的吸收，显著增强了培养基体系的稳定性。大豆种皮多糖的引入有助于提升培养基的持水性，使得培养基能更有效地保持水分，为植物乳杆菌营造出更为适宜的生长环境。同时，该多糖成分的添加亦有助于减少倾倒培养基时产生的气泡，从而避免了可能对植物乳杆菌生长产生负面影响的因素。

此外，大豆种皮多糖的添加亦能增强培养基中凝胶的性能。凝胶的稳定性对于植物乳杆菌的培养至关重要，因为它能够维持培养基的结构，确保植物乳杆菌在适宜的环境中生长。通过增强凝胶的性能，GBCW 培养基的整体稳定性得到了提升，同时培养基的弹性也得到了增强，这为植物乳杆菌的健康生长提供了有力的保障。

附录

本章原料、辅料索引

编号	原料	厂家	型号
52001	豆清	渤海大学自制	—
52002	葡萄糖	上海阿拉丁生化科技股份有限公司	—
52003	酵母浸粉	北京奥博星生物技术有限责任公司	Y017B
52004	醋酸钠	天津市大茂化学试剂厂	—
52005	柠檬酸铵	天津市天力化学试剂有限公司	—
52006	磷酸氢二钾	天津市天力化学试剂有限公司	—
52007	硫酸锰	天津市天力化学试剂有限公司	—
52008	吐温	天津市大茂化学试剂厂	—
53001	琼脂粉	北京奥博星生物技术有限责任公司	—
53002	大豆种皮多糖	渤海大学食品科学与工程学院	—

大豆豆清高值化创新研究

INNOVATIVE RESEARCH
ON HIGH-VALUE UTILIZATION OF
SOYBEAN WHEY

第六章

豆清日化产品开发

6.1 豆清洗发水

6.1.1 洗发水的种类

伴随着城市生活的节奏日益加快，人们面对学业、工作的压力逐年增加，加上生活作息不规律、运动时间较少、过度追求烫发染发等亚健康生活习惯，发质受损、脱发、皮炎等问题逐渐呈现年轻化倾向。为了有效解决此类问题，以大豆豆清提取物为核心成分，结合中草药成分和无硫酸盐、无硅油的天然表面活性剂，可以开发出温和、无刺激、能够改善发质的功效性洗发水。洗发水按现有产品情况可基本分为基础型、功效型、天然型、美发型和综合型。按照成分可分为硅油和无硅油洗发水，以及氨基酸洗发水和硫酸盐类洗发水。

现在人们使用的主流为功效型洗发水，如去屑、生发、防脱等，除此之外，现今人们崇尚自然，"回归自然，返璞归真"概念也逐渐应用到洗发产品中。天然洗发水在国内的发展迅速，种类繁多，主要采用天然原料应用到洗发水中。无硅油、无硫酸盐这类产品在国内外盛行，其重点在于为头皮减负。越来越多的各种中草药提取物、植物提取物和一些发酵提取物也作为功效成分添加到洗发水中。这类原料成分天然温和，对头皮无刺激，在清洁头皮的同时可以起到营养发根、护理头皮、修复发质的作用。有研究显示当加入12%中药提取液时对洗发水的抑菌、去屑和止痒问题均具有较好的改善效果。

6.1.2 豆清洗发水主要原料

豆清洗发水主要由豆清（61001，见本章附录）、当归、何首乌、皂荚、无患子、侧柏叶、干姜片（61002）和其他辅料组成。当归洗头的功效一般有促进头发生长，防止头发脱落，增加头发的光泽，缓解头皮屑问题，修复受损发质，调节头皮油脂分泌，防止头皮过敏，改善头皮血液循环，舒缓头皮炎症，提高头发的抗氧化能力等。何首乌可以促进生发，具有一定的生发、乌发的功效，适当使用该洗发水来清洗头发，除了可以起到清洁头发的作用，还可以起到改善发质的作用，有效改善须发脱落早白和头发枯黄等症状。使用何首乌洗发水洗发，能够达到控油、除螨虫、止痒、头发柔软的效果。皂荚提取液中含有多种天然表面活性成分，其皂苷含量高，具有很好的去污能力和起泡性，对皮肤也有好处，能够起到杀菌去屑、促进头皮血液循环的作用。无患子中的茶多酚是水溶性物质，用它洗脸能清除面部的油脂、收敛毛孔，能减少日光中紫外线辐射对皮肤的损伤等。侧柏叶中的黄酮能使毛发生长能力衰退的毛囊复活，并促进血液循环，补充营养成分进而发挥养发、生发的作用。侧柏叶中的树脂能够激活酪氨酸酶，促进黑色素的形成，起到乌发作用。生姜作用于头皮时可以使头皮充血，促进血液的循环，使头发茂密地生长。生姜水有一个明显好处就是可以杀菌去油，对于脂溢性脱发的患者可以明显改善头油，可以有效清理头皮堆积的垃圾和油脂。其他常用的辅料包括表面活性剂月桂酰肌氨酸钠（编号 61003）、椰油酰胺丙基甜菜碱（61004）、椰油酰氨基丙酸钠（61005）；增稠剂 DOE-120（61006）；调理剂甘油（61007）、阳离子瓜尔胶（61008）、聚季铵盐 -10（61009）；抑菌剂 EDTA- 二钠（61010）、维生素 B5（61011）；香精（61012）；柠檬酸（61013）。

6.1.3 豆清洗发水生产工艺

豆清洗发水的生产工艺流程见图 6-1。配方表见表 6-1。

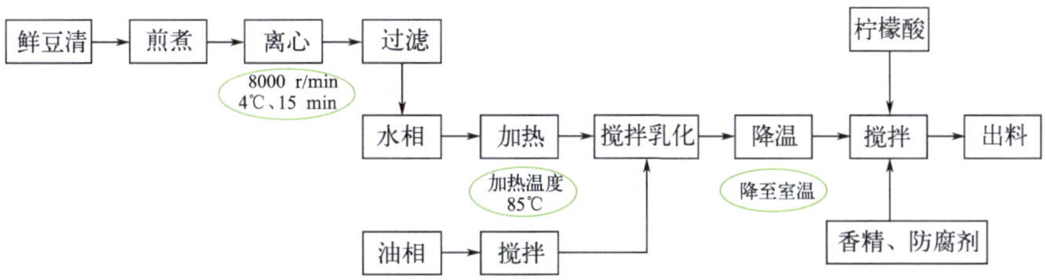

图 6-1 豆清洗发水的生产工艺流程

表 6-1 洗发水配方表

<table>
<tr><th>序号</th><th colspan="2">原料</th><th>添加量/%</th></tr>
<tr><td>1</td><td colspan="2">月桂酰肌氨酸钠</td><td>25</td></tr>
<tr><td>2</td><td colspan="2">椰油酰胺丙基甜菜碱</td><td>8</td></tr>
<tr><td>3</td><td colspan="2">椰油酰氨基丙酸钠</td><td>5</td></tr>
<tr><td>4</td><td colspan="2">DOE120</td><td>3.5</td></tr>
<tr><td>5</td><td colspan="2">甘油</td><td>2</td></tr>
<tr><td>6</td><td colspan="2">阳离子瓜尔胶</td><td>0.15</td></tr>
<tr><td>7</td><td colspan="2">聚季铵盐-10</td><td>0.35</td></tr>
<tr><td>8</td><td colspan="2">EDTA-二钠</td><td>0.1</td></tr>
<tr><td>9</td><td colspan="2">维生素B5</td><td>1</td></tr>
<tr><td>10</td><td colspan="2">苯氧乙醇</td><td>1</td></tr>
<tr><td>11</td><td colspan="2">香精</td><td>0.5</td></tr>
<tr><td>12</td><td colspan="2">柠檬酸</td><td>适量</td></tr>
<tr><td rowspan="7">13</td><td rowspan="7">豆清：中药
（1：10）</td><td>豆清</td><td rowspan="7">至100</td></tr>
<tr><td>何首乌</td></tr>
<tr><td>当归</td></tr>
<tr><td>侧柏叶</td></tr>
<tr><td>皂荚</td></tr>
<tr><td>无患子</td></tr>
<tr><td>干姜片</td></tr>
</table>

6.1.3.1 豆清中药液提取方法

（1）中草药原料（侧柏叶、当归、皂荚、何首乌、无患子、干姜片）（61002）各原料按等量混合，并用清水进行清洗。

（2）将清洗好的中药倒入锅中，加入相应倍数的豆清（62013）进行煎煮。

（3）分别按照提取时间、提取次数进行提取，提取后将药渣过滤。

（4）合并滤液，再进行过滤，冷却至室温后用高速离心机（8000 r/min，温度为 4℃）离心 15 min。

（5）过滤、冷藏备用。

6.1.3.2 洗发水加工工艺

（1）将豆清中药液放入恒温水浴锅中加热至 85℃。

（2）将表面活性剂按照配方比例加入空烧杯中，用电动搅拌器混合均匀。

（3）将适量的增稠剂加入中药液中，用电动搅拌器混合均匀，直至全部溶解。

（4）将调理剂加入甘油中，搅拌均匀。

（5）将步骤（4）的产品加入步骤（2）中的烧杯中，并用电动搅拌器持续搅拌，直至混合均匀。

（6）待步骤（3）的中药液冷却至室温后，加入步骤（5）得到的产品中，并用电动搅拌器持续搅拌，直至混合均匀。

（7）将抑菌剂、香精加入步骤（6）得到的产品中，并用电动搅拌器持续搅拌，直至混合均匀。

（8）使用 pH 计测量洗发水的 pH 值，看是否在头皮的适应范围。可用柠檬酸进行调节。

（9）出料。

6.1.4 豆清洗发水质量及功效评定

豆清中草药无硅油氨基酸洗发水的优势在于充分发挥豆清的功效，并结合天然植物成分的养护功效和现代氨基酸表面活性剂的温和清洁能力，不仅能改善头皮环境，还能为头发提供深度滋养和修护。特别适合需要改善头皮问题（如头皮屑、干痒）和注重头发健康的消费者。

6.1.4.1 豆清洗发水样品

图 6-2 展示了实验室自制的豆清洗发水样品，呈微棕色。将洗发水分别放置在室温存放 3 个月、45℃、−10℃恒温培养 1 个月，进行稳定性考察，观察恢复到室温后是否出现分层、变色、变味等不正常情况。均无一例出现油水分离、水析出等分层现象，洗发水整体透明稳定。

图 6-2　豆清洗发水样品

6.1.4.2　豆清添加量对洗发水色差的影响

表 6-2 展示了豆清的添加量对中药液洗发水的色差影响。S1、S2、S3 分别表示 100% 豆清添加量、50% 豆清 + 50% 纯水添加量、0 豆清添加量的样品洗发水，DB 表示对标市售无硅油洗发水（下同）。色差值包含 L^*、a^*、b^*、ΔE 四个数值。其中 L^* 值代表亮度，S3 的 L^* 值最高，其显示颜色相对较亮；反之，S2 的 L^* 值表现出最低，色调呈现较深。S1 样品的 L^* 值较低，色调也偏深色。a^* 值代表红绿色调，S2 样品的 a^* 值最高，呈现轻微的红色；S3 样品的 a^* 值最低，S1 样品的 a^* 值较低，可能表现轻微的绿色调。b^* 值代表黄蓝色调，S3 样品的 b^* 值最低，色调显示为偏向蓝色；S1 样品的 b^* 值略低于 S2 样品的值，黄色调相对较淡。颜色参数表明，添加豆清的中药液洗发水的颜色比未添加豆清的深。

表 6-2　洗发水的色差

样品	L^*	a^*	b^*	ΔE
DB	25.40 ± 2.03^{b}	-0.223 ± 0.275^{c}	1.24 ± 0.75^{a}	68.73 ± 2.00^{a}
S1	24.09 ± 1.76^{b}	-0.080 ± 0.035^{ab}	0.467 ± 0.137^{b}	68.46 ± 1.76^{a}
S2	23.78 ± 0.53^{b}	-0.043 ± 0.031^{a}	0.857 ± 0.015^{a}	68.75 ± 1.53^{a}
S3	30.52 ± 0.24^{a}	-0.123 ± 0.045^{b}	-0.503 ± 0.14^{c}	62.11 ± 0.24^{b}

注：同一列中带有不同上角标的数据表示有显著性差异（$P<0.05$）。

6.1.4.3 豆清添加量对洗发水吸湿率的影响

采用称重法对比豆清添加量对洗发水吸湿率与时间的关系变化（图 6-3）。由图可知，当处于相对湿度为 43% 的环境条件下时，各个样品在 0～24 h 这个时间段内，其变化率表现得较为显著。随着时间的不断推移，变化率逐步降低，相应的曲线也慢慢趋向于平缓状态。在经历 48 h 之后，吸湿率基本上已经达到了饱和。经过对不同样品吸湿效果展开对比分析，可以得知各个样品在吸湿性效果方面呈现出如下的排序情况：S1 ＞ S2 ＞ S3，说明豆清的添加，使洗发水具有较好吸湿效果，且样品洗发水随着豆清添加量的增加，吸湿性表现更为显著。

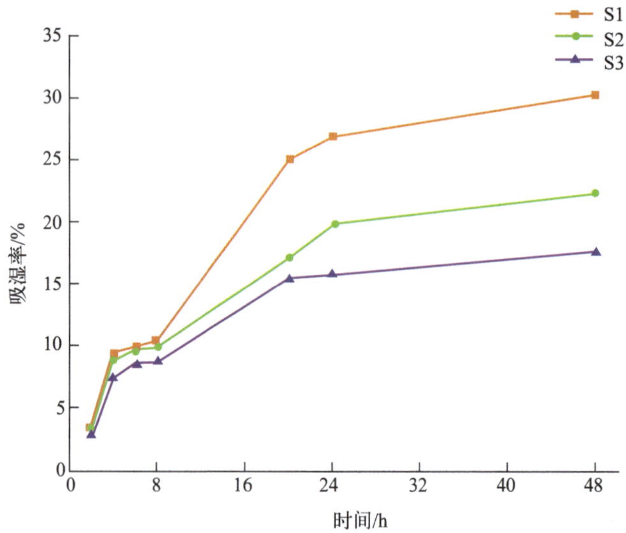

图 6-3 洗发水吸湿率与时间关系变化图

6.1.4.4 豆清添加量对洗发水保湿率的影响

采用称重法对比豆清添加量对洗发水保湿率与时间的关系变化（图 6-4）。由图可知，当处于相对湿度 43% 的环境时，依据图中曲线的变化走向，各个样品在前 20 h 期间，变化率相对而言比较大，水分散失的速度也比较快。随着时间持续增加，曲线渐渐变得平缓，失水率基本趋于稳定。其中 S1 样品在 20 h 之后，其保湿效果就一直维持在稳定的状态。通过对图中不同样品保湿效果展开对比分析，得出各样品保湿性能由强到弱的排序为：S1 ＞ S2 ＞ S3。说明豆清的添加，使洗发水具有较好保湿效果。

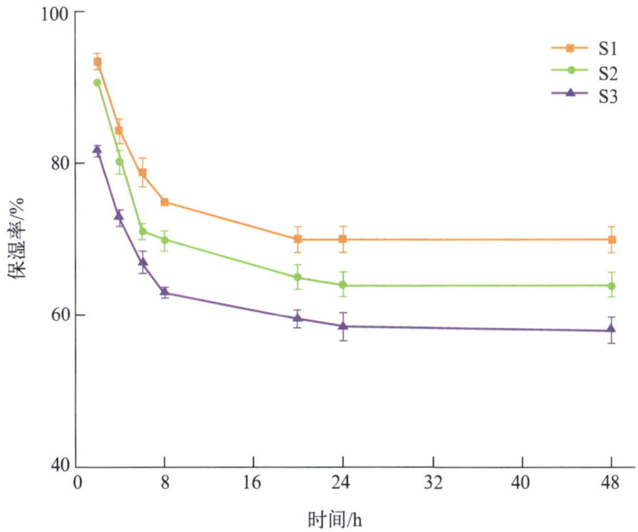

图 6-4 洗发水保湿率与时间关系变化图

6.1.4.5 豆清添加量对洗发水泡沫质量的影响

豆清添加量对中药液洗发水泡沫质量的影响对比见图 6-5。洗发水经湿手搓开 10 s 后产生的泡沫形态呈现显著差异，研究发现，添加豆清成分的 S1 和 S2 洗发水在泡沫性能方面表现出明显优势，其泡沫结构更丰富细腻，形态致密均匀，且在发泡过程中保持较高的泡沫体积，未对发泡速率产生负面影响。通过光学显微镜在 4 倍和 10 倍放大倍数下拍摄图像，分析泡沫液膜厚度及形态特征显示，S1 和 S2 洗发水的泡沫细腻度显著优于 S3，液膜机械强度增强，泡沫尺寸减小，稳定性显著提升。实验数据表明，豆清的引入对洗发泡沫质量具有积极作用，其作用机制可能与增强液膜弹性和延缓气泡破裂有关。

6.1.4.6 豆清添加量对洗发水泡沫高度的影响

豆清添加量对中药液洗发水泡沫高度影响的对比见图 6-6。由图可知，将样品洗发水分别均匀振荡后 0 min、5 min、10 min 的泡沫高度变化明显，S1 的泡沫高度要优于 DB，说明与市售无硅油洗发水相比，样品洗发水的泡沫丰富，清洁力较强，清洗时的体验感也更优；S1 的泡沫高度明显优于 S2 和 S3，说明豆清的加入，能有效增加洗发水的起泡性能。并且 S1 的泡沫稳定性要优于 S2，且明显优于 S3，通过观察，S3 泡沫稳定性最差，泡沫破裂速度很快。说明随着豆清添加量的增加，洗发水的泡沫结构更稳定，所形成泡沫的泡孔更细腻，泡沫有弹性且不易破裂。

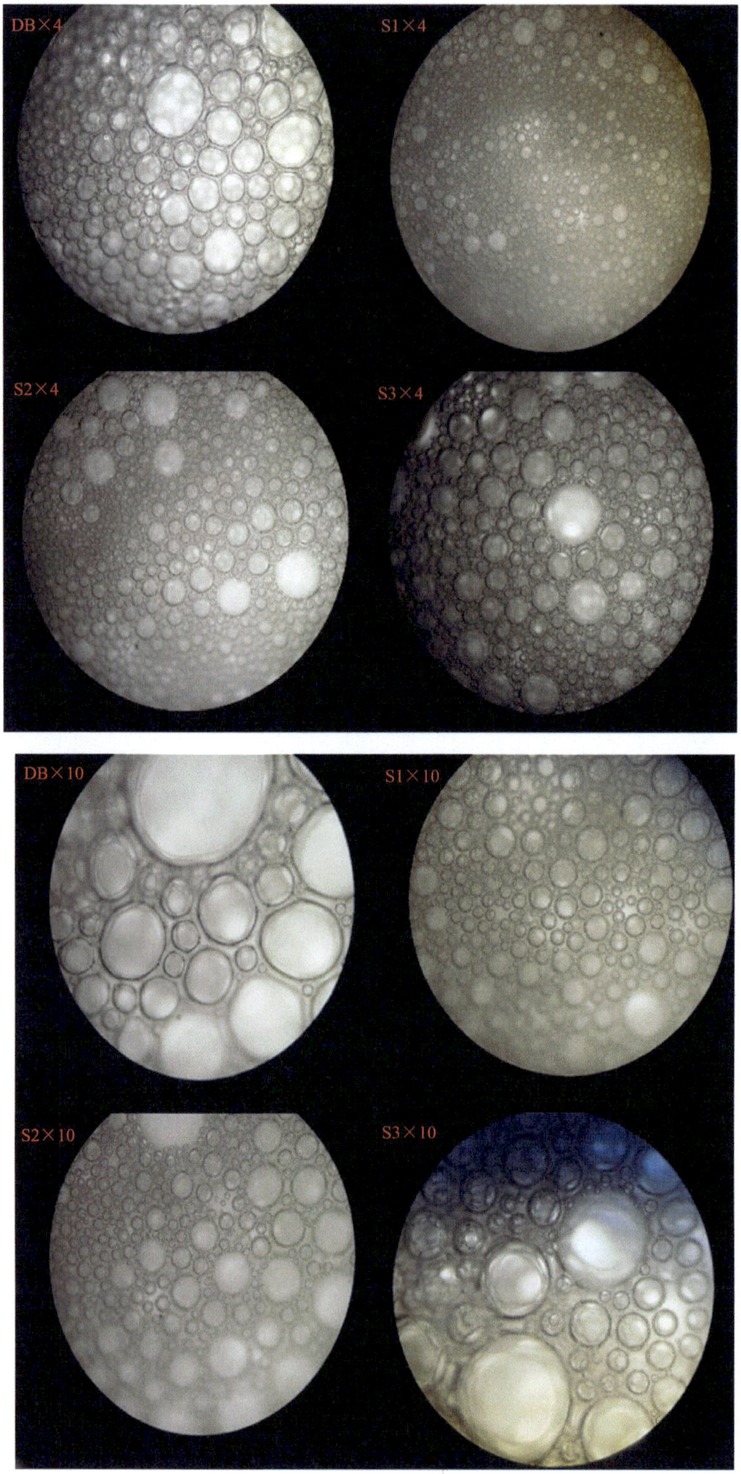

图 6-5 洗发水泡沫质量图

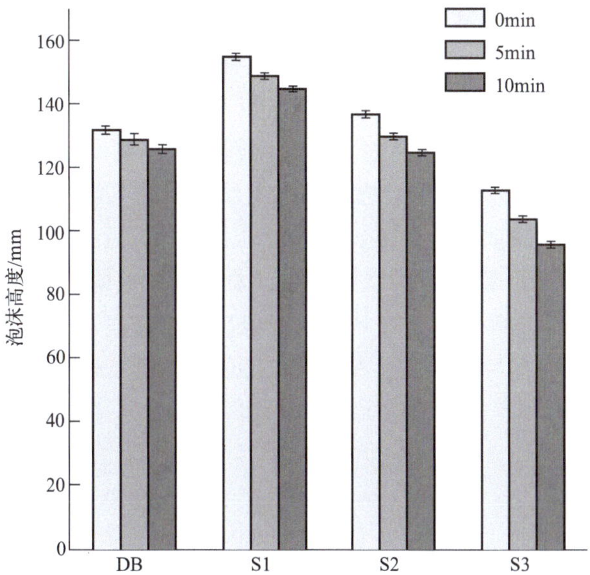

图 6-6 洗发水泡沫高度图

6.1.4.7 豆清添加量对洗发水流变性能的影响

G'（储能模量）反映了洗发水的固体特性（如凝胶结构、悬浮颗粒稳定性）。G''（损耗模量）体现了液体的流动特性（如挤出时的顺滑度）。当 $G' > G''$ 时，产品主要以弹性为主，质地稠厚，悬浮稳定性好；当 $G'' > G'$ 时，产品以黏性为主，流动性强。由图 6-7 可以看出，添加豆清水的样品 $G'' > G'$，说明添加豆清水后的洗发水在确保结构稳定的同时流动性更好，使用起来也更为顺手。

洗发水黏度随着剪切速率的增加而降低，发生剪切稀化现象，为假塑性流体。大多数假塑性流体表现出剪切稀化的行为，液体如果会剪切稀化，大多数具有由巨大线性聚合物组成的胶体，当它们在静止分散在水溶液中时，由于彼此缠结，会变得更加黏稠。然而，当剪切力逐渐增加时，各层之间的分散链状颗粒被削弱并相互钩住，发生滚动旋转并收缩成团块，因此出现剪切稀化现象。其流变学测试显示该体系具有剪切变稀特性，在 40℃储存条件下仍能保持稳定的假塑性流动行为。这种质地特性既保证了洗发过程中的滑爽触感，又避免了传统无硅油产品常见的涩感问题。

6.1.4.8 豆清添加量对发丝微观结构的影响

豆清添加量对中药液洗发水发丝微观结构的影响见图 6-8。S1、S2、S3 分别表示 100% 豆清添加量、50% 豆清 +50% 纯水添加量、0 豆清添加量的样品洗发水，DB 表示对标市售无硅油洗发水，NP 表示未处理发丝。发丝的最外层结构是毛小皮，它由一片片如同瓦片般、没有细胞核的鳞状角质化细胞层层堆叠构成。

从呈现的图片表征信息能明显观察到，未经处理的发丝（NP）表面，毛鳞片的状态并不平整，触感也不光滑。由于受到外界环境因素的作用，毛鳞片大多都处于卷翘状态，致使发丝表面看起来坑洼不平，还残留着一些像粉尘之类的污垢。DB 清洗后的发丝表面毛鳞片翘起现象得到改善，整体呈闭合状态，但仍然有卷翘现象。经 S1 洗发水样品清洗过后，发丝表面的毛鳞片紧密且平滑地排列着，发丝表面曾有的缺损、卷曲等状况得到显著改善，近乎不见。经 S3 洗发水清洗后的发丝，相较于 S2 配方清洗的效果，发丝表面毛鳞片有较为明显的小片剥落迹象，毛鳞片严重卷翘，边缘缺损情况突出，整体呈现出的轮廓曲线极不规整。综合对比，S1 在清洁发丝方面表现最为出色，能使毛鳞片排列得整齐有序，发丝上的卷翘、缺损这些不理想状况都大幅改善，几乎完全消除。

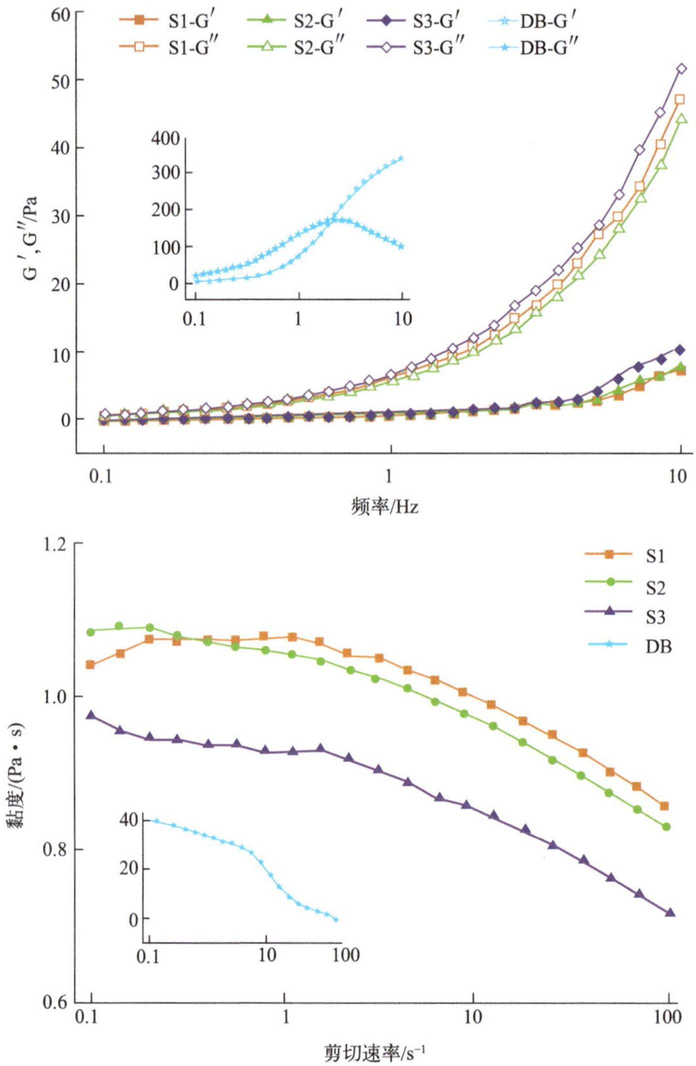

图 6-7　洗发水流变图

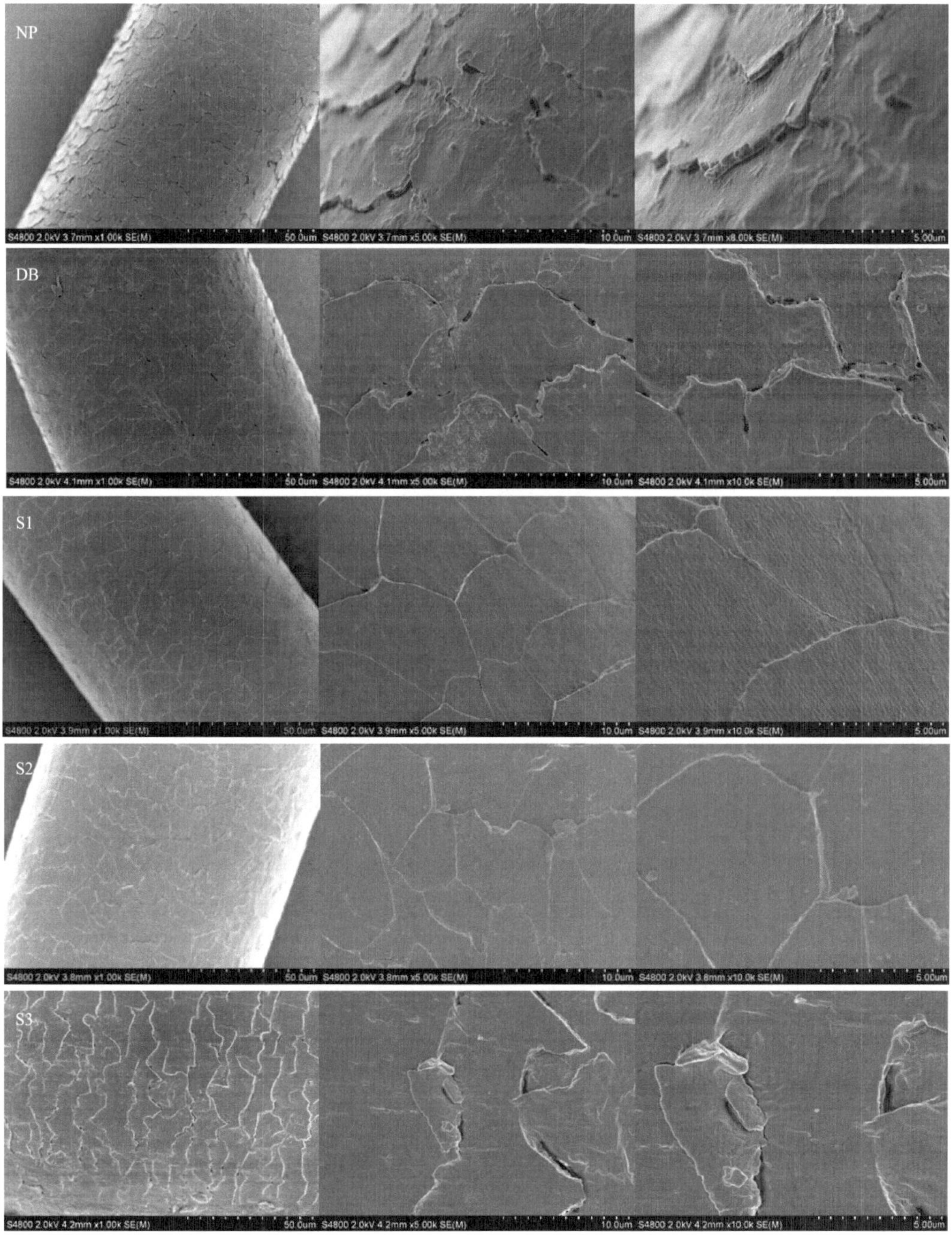

图 6-8 洗发水 SEM 差异图

6.1.4.9 豆清添加量对洗发水粒径分布的影响

豆清添加量对中药液洗发水粒径变化影响的分布见图6-9。由图可知，该体系在水溶液中呈现典型的单峰粒径分布特征，其粒径分布曲线符合高斯分布模型，表明颗粒具有良好的分散性和均匀性。进一步分析显示，主峰位置对应的平均粒径值集中在特定区间内，粒径集中度指数（PDI值）小于0.15，体现出高度可控的粒径分布特性。在不同豆清添加量的洗发水配方的对比研究中，S1样品表现出最优的粒径均一性，其主峰半高宽（FWHM）显著低于S2和S3，说明颗粒尺寸差异更小。

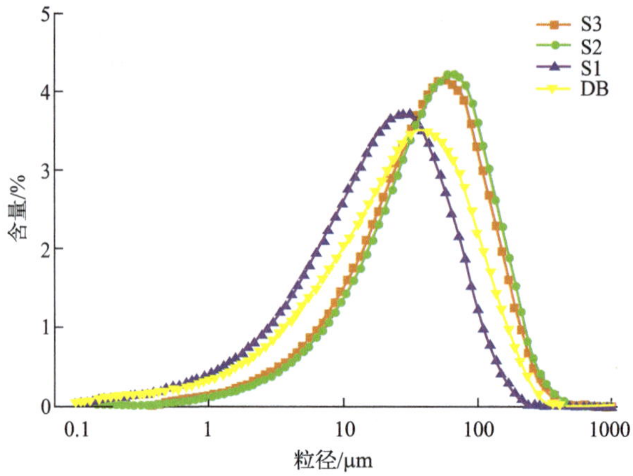

图6-9 洗发水粒径分布图

6.1.4.10 重金属测定分析

按照化妆品安全技术规范对洗发水的重金属含量进行测定，结果见表6-3。由表可知，样品洗发水符合GB/T 29679—2013，各项指标均合格。

表6-3 洗发水的重金属含量测定结果表

重金属名称	优级产品	实测指标	达标级别
汞/（mg/kg）	≤1	未检出	合格
镉/（mg/kg）	≤5	未检出	合格
铅/（mg/kg）	≤2	未检出	合格
砷/（mg/kg）	≤10	未检出	合格

6.1.4.11 豆清添加量对洗发水使用评价的影响

图6-10为洗发水的志愿者使用评价雷达图。根据洗发水的气味、泡沫、组织状态、去油污能力、柔顺度、去屑效果、黏度来进行评分，由30名符合纳入标

准（油性发质、无染发史）的志愿者进行为期 8 周的双盲测试。结果显示，添加 100% 豆清的 S1 样品泡沫绵密度、柔顺触感等维度表现突出，其综合得分显著高于 50% 豆清复配组 S2 和纯水对照组 S3。特别指出的是，S1 在去屑功效维度首次突破传统植物洗发水的性能瓶颈，其效果接近市售无硅油对照产品 DB。研究发现，S1 配方中的大豆异黄酮与植物甾醇协同作用，可调节头皮 pH 值至弱酸性环境，为有益菌增殖创造适宜条件。在泡沫性能方面，S1 的泡沫半衰期较 DB 更长，这归因于豆清中的水溶性多糖与表面活性剂形成的缔合结构，显著增强了液膜机械强度。S1 中的大豆蛋白水解物与头发角蛋白发生酰胺键交联，形成保护膜，可降低头发间摩擦系数，从而显著提升干梳柔顺度。

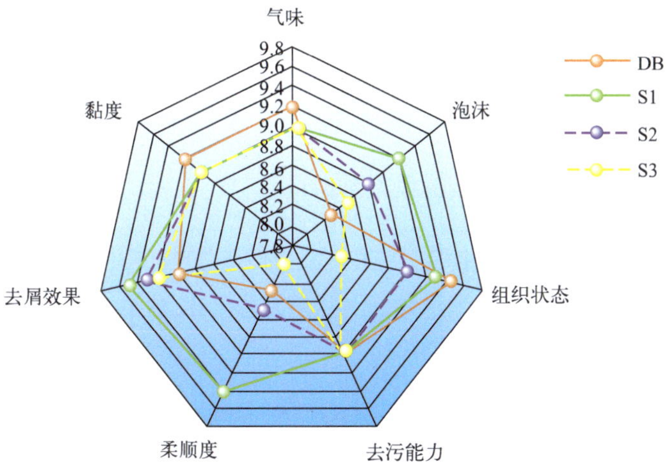

图 6-10 洗发水志愿者使用评价

6.2 豆清护肤水

6.2.1 护肤水的种类

目前市场销售的护肤水主要针对不同性别、不同年龄阶段的人群需求进行功能划分，主要以补水、保湿、美白为主，包括爽肤水、精华水、收敛水、柔肤水、卸妆水等，属于日常保养范畴。当下，饮食结构、作息习惯以及空气污染引发了光老化、皮肤炎症等各种问题，倘若用药物缓解和治疗此类问题，虽有一定改善，但伴随着药物副作用，对人体健康存在潜在危害。因此，人们更趋向于选择一种具备护肤、抗炎功效的天然植物性护肤水，乳酸菌发酵豆清护肤水就是在这种消费者诉求下展开的技术开发和应用。

豆清中富含大豆皂苷、大豆异黄酮等生物活性成分，不仅能美容护肤，而且还可以阻止由油脂过氧化引起的皮肤问题，减少皮肤疾病的发生，对延缓衰老有一定作用。乳酸菌发酵的代谢产物具有一定的抗氧化和抑菌能力。此外，乳酸菌具有一定的抗炎和增强皮肤屏障功能，被认为用于局部治疗炎症性皮肤病的新方法。也有研究表明，乳酸菌发酵能够增强豆清的抗氧化能力，将大豆异黄酮糖苷转化为苷元，从而增强其生物活性。

6.2.2 豆清护肤水主要原料

豆清护肤水以豆清作为主要成分，添加维生素C（62001）与芦荟汁（62002）以增强肌肤活力与保湿，特别添加了烟酰胺（62003）、尿囊素（62004）及透明质酸（62005）以深层滋养与提升肌肤屏障，采用防腐剂苯氧乙醇（61014）确保温和安全，并辅以柠檬酸（61013）调节肌肤pH值，带来清新舒适的护肤体验。

6.2.3 豆清护肤水生产工艺

豆清护肤水的生产工艺流程见图6-11。

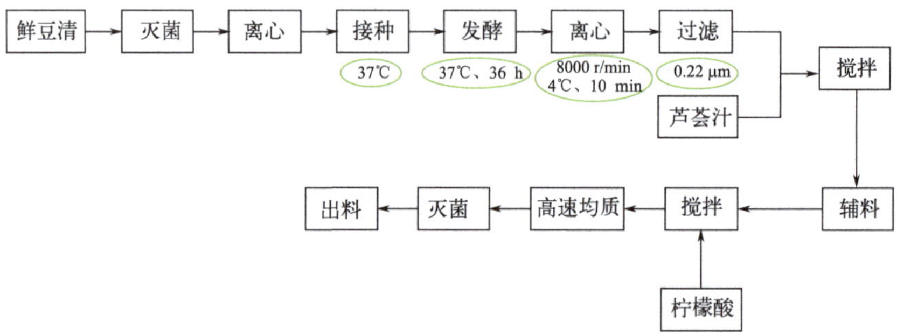

图6-11 豆清护肤水的生产工艺流程

6.2.3.1 豆清预处理

对新鲜的豆清进行离心和灭菌处理，待灭菌的豆清冷却至37℃之后进行接种，并在37℃下培养36 h。发酵结束后，立即将发酵豆清在4℃下于8000 r/min离心10 min，取上清液过0.22 μm水膜，备用。

6.2.3.2 护肤水的加工工艺

（1）取一定量的发酵后的豆清和稀释后的芦荟汁于烧杯中，用电动搅拌器持续搅拌，混合均匀。

（2）逐步加入维生素C、烟酰胺、尿囊素、透明质酸及天然防腐剂于步骤（1）中，并持续搅拌，避免结块或分层现象。

（3）使用pH计测定护肤水的pH值是否在肌肤适用范围内，并用柠檬酸进行调节。

（4）采用高速均质机进行搅拌，将成分均匀分散，提高混合液的稳定性。

（5）灭菌处理。

（6）灌装出料。

6.2.4 豆清护肤水功效

发酵后的豆清富含氨基酸和乳清蛋白，能够增加皮肤含水量，帮助锁水并增强皮肤屏障功能。含有的乳糖和乳酸是天然保湿因子，能够保持皮肤水润状态。异黄酮、酚类化合物具有显著的抗氧化能力，能够清除自由基，延缓皮肤老化，减少紫外线和污染对皮肤的伤害。豆清中的生物活性肽和矿物质具有抗炎特性，能够缓解皮肤红肿、敏感和炎症，有助于改善痘痘、湿疹等相关皮肤问题。

6.3 豆清洗衣皂

6.3.1 豆清洗衣皂主要原料

（1）豆清：富含蛋白质和氨基酸，具有天然的表面活性剂功能，有助于提高洗涤能力。

（2）椰子油（63001）：作为主要皂基来源，提供洁净和保湿功能。

（3）氢氧化钠（63002）：与油脂皂化反应生成肥皂。

（4）苯氧乙醇、香精（61012）。

（5）甘油（61007）、柠檬酸（61013）。

6.3.2 豆清洗衣皂生产工艺

豆清洗衣皂的生产工艺流程见图 6-12。

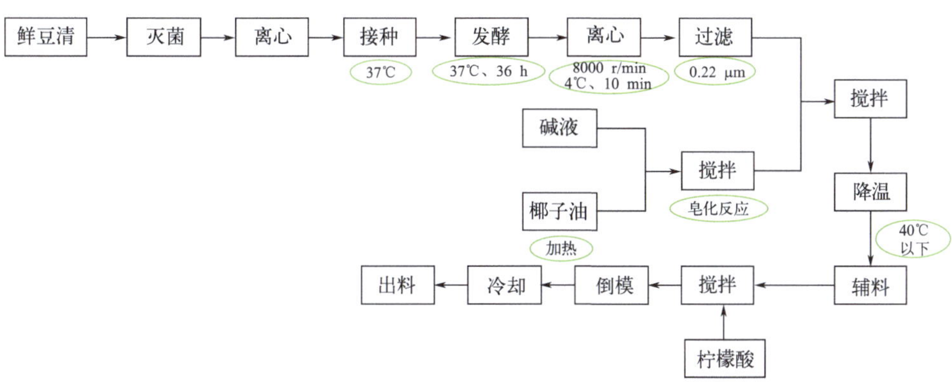

图 6-12 豆清洗衣皂的生产工艺流程

6.3.2.1 豆清预处理

对新鲜的豆清进行离心和灭菌处理，待灭菌的豆清冷却至37℃之后进行接种，并在37℃下培养36 h。发酵结束后，立即将发酵豆清在4℃下于8000 r/min离心10 min，取上清液过0.22 μm水膜，备用。

6.3.2.2 洗衣皂的加工工艺

（1）碱液预处理：配制一定浓度的氢氧化钠。

（2）将椰子油加热至适宜温度。

（3）将配制好的氢氧化钠缓慢加入步骤（2）中并用电动搅拌器进行搅拌，维持混合温度，使油脂和碱液发生皂化反应，生成肥皂基质。

（4）将发酵后的豆清加入皂基液中，并用电动搅拌器搅拌均匀。

（5）在皂基温度降低至40℃以下时，加入天然抑菌剂、香精、甘油和柠檬酸，并用电动搅拌器充分搅拌。

（6）将混合物倒入模具中，冷却后脱模。

（7）出料。

6.3.3 豆清洗衣皂功效

豆清中含有多种活性蛋白和肽类，具有一定的抗菌能力，能够抑制常见细菌和真菌的生长，辅助添加了天然抗菌剂能够增强除菌效果。豆清中的酶和有机酸能够有效分解油脂、蛋白质类污渍，并且乳清中富含氨基酸，提供温和的清洁效果，不伤害衣物纤维，同时对皮肤刺激性较小，对于贴身衣物和婴儿衣物尤为适用。豆清中的蛋白质和脂肪能够在衣物表面形成保护膜，减少洗涤后衣物的干燥感，辅助添加的甘油等成分能进一步提升衣物柔软度。

6.4 豆清餐洗净

6.4.1 豆清餐洗净主要原料

（1）豆清：富含蛋白质、氨基酸和天然活性肽，具有表面活性剂功能和乳化去污能力。

（2）表面活性剂：椰油酰胺（64001）。

（3）甘油（61007）：作为保湿剂，减少清洁过程中的皮肤干燥。

（4）大豆卵磷脂（64002）：修复和滋润手部皮肤屏障。

（5）增稠剂：黄原胶（64003）、氯化钠（64004）。

（6）苯氧乙醇（61014）、香精（61012）。

（7）柠檬酸（61013）：调节 pH 值至中性，温和不伤手。增强去污力，并可中和异味。

6.4.2 豆清餐洗净生产工艺

豆清餐洗净的生产工艺流程见图 6-13。

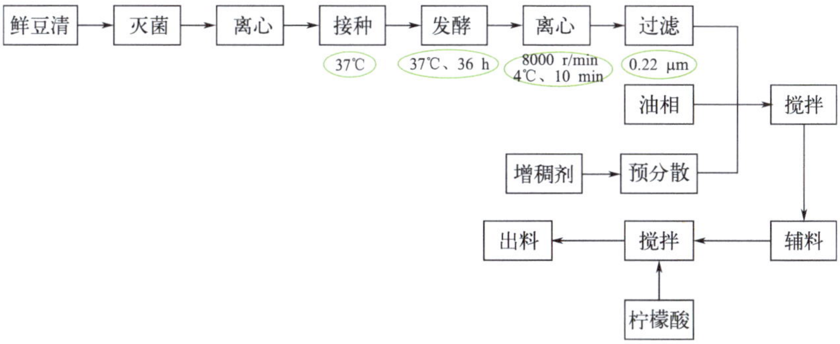

图 6-13　豆清餐洗净的生产工艺流程

6.4.2.1 豆清预处理

对新鲜的豆清进行离心和灭菌处理，待灭菌的豆清冷却至 37℃之后进行接种，并在 37℃下培养 36 h。发酵结束后，立即将发酵豆清在 4℃下于 8000 r/min 离心 10 min，取上清液过 0.22 μm 水膜，备用。

6.4.2.2 豆清餐洗净的加工工艺

（1）将一定量的豆清、表面活性剂放入烧杯，以 45℃的温度混合均匀。

（2）将黄原胶预溶解分散。

（3）将甘油、大豆卵磷脂加入步骤（1）中，并用电动搅拌器进行充分搅拌。

（4）将黄原胶和氯化钠复配加入步骤（3）中，在低速搅拌下均匀分散。

（5）将抑菌剂、香精加入步骤（4）中，并用电动搅拌器持续搅拌，直至混合均匀。

（6）使用 pH 计，测量餐洗净的 pH 值。用柠檬酸进行调节 pH 至中性。

（7）出料。

6.4.3 豆清餐洗净功效

豆清餐洗净的原料天然，成分可降解，对环境友好，无有害化学残留。清洗后易于冲净，餐具表面无残留，确保与食品接触安全。一款清洁剂可满足多种清洁需求，减少清洁产品的使用种类。

豆清中的活性肽和表面活性剂能够降低水与油污之间的界面张力，将油污乳化后轻松清洗。天然皂苷和椰油酰胺能渗透顽固污渍，分解餐具或灶台表面的油脂、食物残渣等。豆清不仅具有出色的清洁性能，还富含氨基酸与多种微量元素。这些成分在清洁过程中有助于滋润和修护手部皮肤，减少了因频繁使用清洁剂可能导致的皮肤干燥问题，对皮肤展现出温和的呵护作用。不含有硫酸盐类刺激性成分，对于皮肤敏感人群、老年人以及低龄儿童而言，使用更加安全。

附录

本章原料、辅料索引

编号	原料名称	厂家名称	型号
61001	豆清	渤海大学自制	—
61002	中草药	山春阳旗舰店	—
61003	月桂酰肌氨酸钠	广州天赐高新材料股份有限公司	LS30
61004	椰油酰胺丙基甜菜碱	广州天赐高新材料股份有限公司	CAB-35
61005	椰油酰氨基丙酸钠	广州天赐高新材料股份有限公司	LA-30
61006	DOE120	路博润特种化工（上海）有限公司	DOE-120
61007	甘油	广州市楚人化工有限公司	CAS56-8105
61008	阳离子瓜尔胶	索尔维（镇江）化学品有限公司	C-162
61009	聚季铵盐-10	韩国KCI公司	300KC
61010	EDTA-二钠	广州市楚人化工有限公司	—
61011	维生素B5	河南中辰生物科技有限公司	食品级
61012	香精	奇华顿特种香精香料（上海）有限公司	花香型
61013	柠檬酸	天津科密欧化学试剂有限公司	AR分析纯
61014	苯氧乙醇	和顺化工有限公司	122-99-6
61015	中药液	渤海大学自制	—
62001	维生素C	黑龙江新和成生物科技有限公司	食品级
62002	芦荟汁	鲜芦荟自制	—
62003	烟酰胺	广州戴迪生物科技有限公司	DICUI
62004	尿囊素	上海同顶实业有限公司	—
62005	透明质酸	华熙生物科技股份有限公司	J201240866
63001	椰子油	吉水县红星天润药用香料油厂	—

续表

编号	原料名称	厂家名称	型号
63002	氢氧化钠	天津科密欧化学试剂有限公司	AR500G
64001	椰油酰胺	广州天赐高新材料股份有限公司	CAB-35
64002	大豆卵磷脂	山东禹王生态食业有限公司	食品级
64003	黄原胶	河南中辰生物科技有限公司	食品级
64004	氯化钠	天津科密欧化学试剂有限公司	KMO-4029

大豆豆清高值化创新研究

INNOVATIVE RESEARCH
ON HIGH-VALUE UTILIZATION OF
SOYBEAN WHEY

第七章

豆清植物营养液开发

7.1 豆清植物营养液

植物营养液作为现代农业中重要的养分供给形式，其开发与应用直接影响作物产量和资源利用效率。在众多植物营养源中，豆清植物营养液因其独特的成分特征和环境友好属性，逐渐成为农业可持续发展领域的研究热点。豆清液主要指从豆类加工副产物中提取的富含有机质与营养元素的液态物质，其成分包含可溶性蛋白质、氨基酸、矿物质及植物内源激素前体物质。这类来源于植物性废弃物的资源化利用，不仅契合循环农业的发展需求，更展现出替代部分化学肥料的应用潜力。

从技术原理看，豆清植物营养液以豆类加工副产物为核心原料，通过生物发酵、化学螯合等工艺，将豆清中的蛋白质、氨基酸等大分子物质转化为可溶性小分子营养组分。其配方体系包含氮、磷、钾等大量元素及铁、锌、锰等微量元素，部分产品通过添加微生物菌剂形成复合型营养体系。这种工艺路线既解决了豆类加工废弃物的处理难题，又实现了资源化利用，契合循环经济理念。

植物营养液分为液态和固态两种类型。液态型产品便于叶面喷施与滴灌系统集成，固态型颗粒剂适合机械化施肥作业，微生物发酵型则通过菌群代谢产物增强养分活性。技术参数方面，主流产品将氮磷钾配比控制在 15∶10∶20 的黄金比例区间，微量元素含量严格遵循植物营养临界值标准，pH 值稳定在 5.5～6.5 弱酸性范围，确保养分高效吸收。

豆清植物营养液作为一种新型、高效的植物营养液，在促进植物生长、提高作物产量与品质方面具有显著的优势。随着现代农业的快速发展和人们对食品品质要求的不断提高，豆清植物营养液的应用前景将更加广阔。

7.2 豆清植物营养液生产

7.2.1 生产工艺

豆清植物营养液生产工艺见图 7-1。首先根据配方比例准确称取原辅料，并

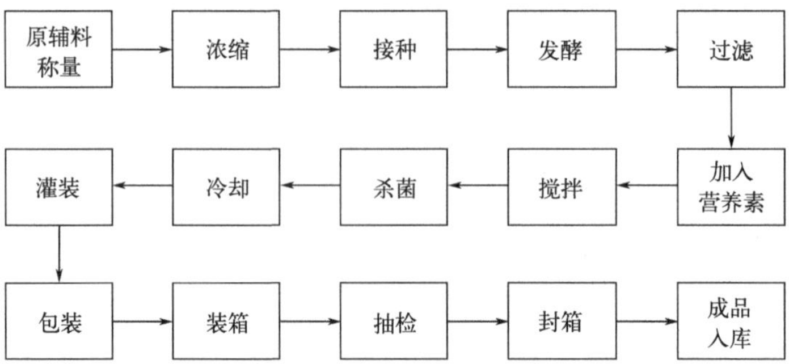

图 7-1 豆清植物营养液生产工艺

将冷冻豆清（71001）加热至常温，随后通过旋转蒸发仪进行浓缩，制备豆清浓缩液；随后按 1% 接种量加入甲烷细菌（71002）进行无菌接种发酵，全程监测并控制发酵终点 pH 值在 6.3～6.5 范围内；发酵完成后，使用 500 目纱布过滤杂质，按比例加入营养素并搅拌至均匀；再经超高温瞬时杀菌（140℃、4 s）及冷却至 40℃后，采用紫外线消毒的包装瓶进行全自动无菌灌装，密封后转移至培养室培养；最终对成品进行包装、贴标、喷码及装箱，经抽样检测合格后贮存于清洁干燥的仓库中。

7.2.2 操作要点

操作过程中需重点关注以下要点：浓缩前需检查旋转蒸发仪气密性，并严格控制转速以确保浓缩稳定性；接种发酵需在无菌环境下操作，每日监测 pH 值直至达标；搅拌时需保持玻璃棒方向与速度一致，保证混合均匀性；杀菌环节需精准维持 140℃、4 s 的参数，以杀灭微生物同时保留营养；灌装前需对包装瓶进行 15 min 紫外线消毒，灌装后检查瓶盖密封性；封箱前须抽样检测产品是否符合国家标准，成品贮存需避免受潮或污染，确保环境清洁干燥。生产车间工艺流程如图 7-2 所示。

7.3 豆清植物营养液工厂设计

本工厂设计的核心是实现年产 1000 t 优质豆清植物营养液。产品定位为满足各类花卉、绿植生长需求，通过精准调配营养成分，为植物提供全面且均衡的养分，助力其健康茁壮生长。

7.3.1 厂址选择

辽宁省沈阳市沈北新区作为本豆清植物营养液工厂的优选厂址，其优势体现在多个相互关联的方面，为工厂的建设和运营提供了全方位的支持。沈北新区地处大豆主产区，周边大豆加工企业众多，可就近采购大量新鲜豆清，原料供应稳定且成本低，为生产优质产品提供保障。区内交通网络发达，高速公路和铁路干线交会，物流效率高，运输成本低，有利于原料采购和产品配送，提升市场竞争力。当地政府重视农业发展，出台税收减免、土地优惠使用、财政补贴等政策，降低了工厂建设和运营成本，提升了经济效益和市场竞争力。沈阳作为东北经济中心，拥有大量技术工人和专业人才，可满足工厂对熟练劳动力和研发人才的需求，同时劳动力成本相对较低。沈北新区水电供应体系完善，能满足工厂大规模生产需求，保障生产连续性和产品质量，为高效生产提供支持。

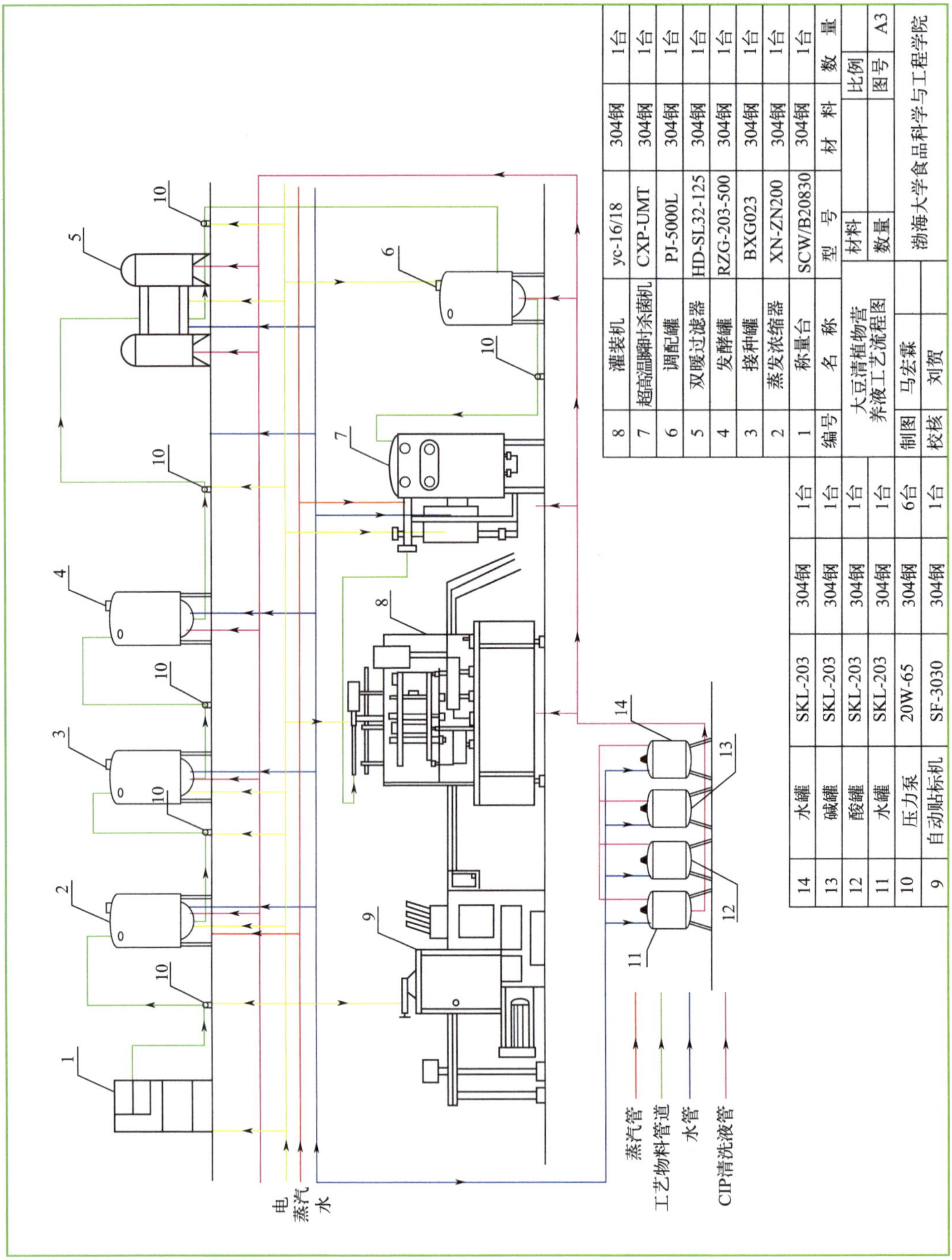

图 7-2 生产车间工艺流程

7.3.2 生产车间平面设计

生产车间布局应确保建筑物齐全，预处理、浓缩、发酵、包装等车间以流水化生产为目标相互衔接组成联合厂房，并均配备安全灭火装置（图 7-3）。生产车间位于厂区中心，环境优良，采用 U 字形布局以节约用地并简化管理。辅助车间如化验室、原料库紧邻生产车间，便于操作；水泵房、动力设施如冷冻间、变电室等根据需求合理分布，集中在厂区两侧；锅炉房则设置在下风向位置，以减少污染和火灾风险。

全厂拟为矩形布局，总占地面积 15000 m^2，长 150 m、宽 100 m。生产主车间占地 1500 m^2，并配备办公楼、食堂等设施。各建筑物占地面积总计 4864 m^2，总路面积 3600 m^2，绿化面积 2850 m^2。道路占用率 24%，全厂绿化率 19%，厂区建筑利用系数 75.43%。厂区主要建筑面积如表 7-1 所示。

表 7-1　厂区主要建筑面积汇总

序号	部门名称	数量	占地面积/m^2
1	门卫室	4	60
2	停车场	2	200
3	成品库、装载区	1	350
4	食堂	2	240
5	水处理车间	1	150
6	生产主车间	1	1500
7	仓库及原辅料暂存室	1	430
8	维修室	1	70
9	配电房	1	64
10	研发中心/品控中心	1	180
11	货物装载区	1	360
12	倒班休息室	1	60
13	医务室	1	60
14	消防站及消防水池	2	120
15	循环水站	1	90
16	中心化验室	1	60
17	应急处理中心	1	90
18	公用工程中转站	1	200
19	循环水池	2	80
20	事故存液池	2	120
21	泵房	1	30
22	宿舍	1	110
23	办公楼	1	240

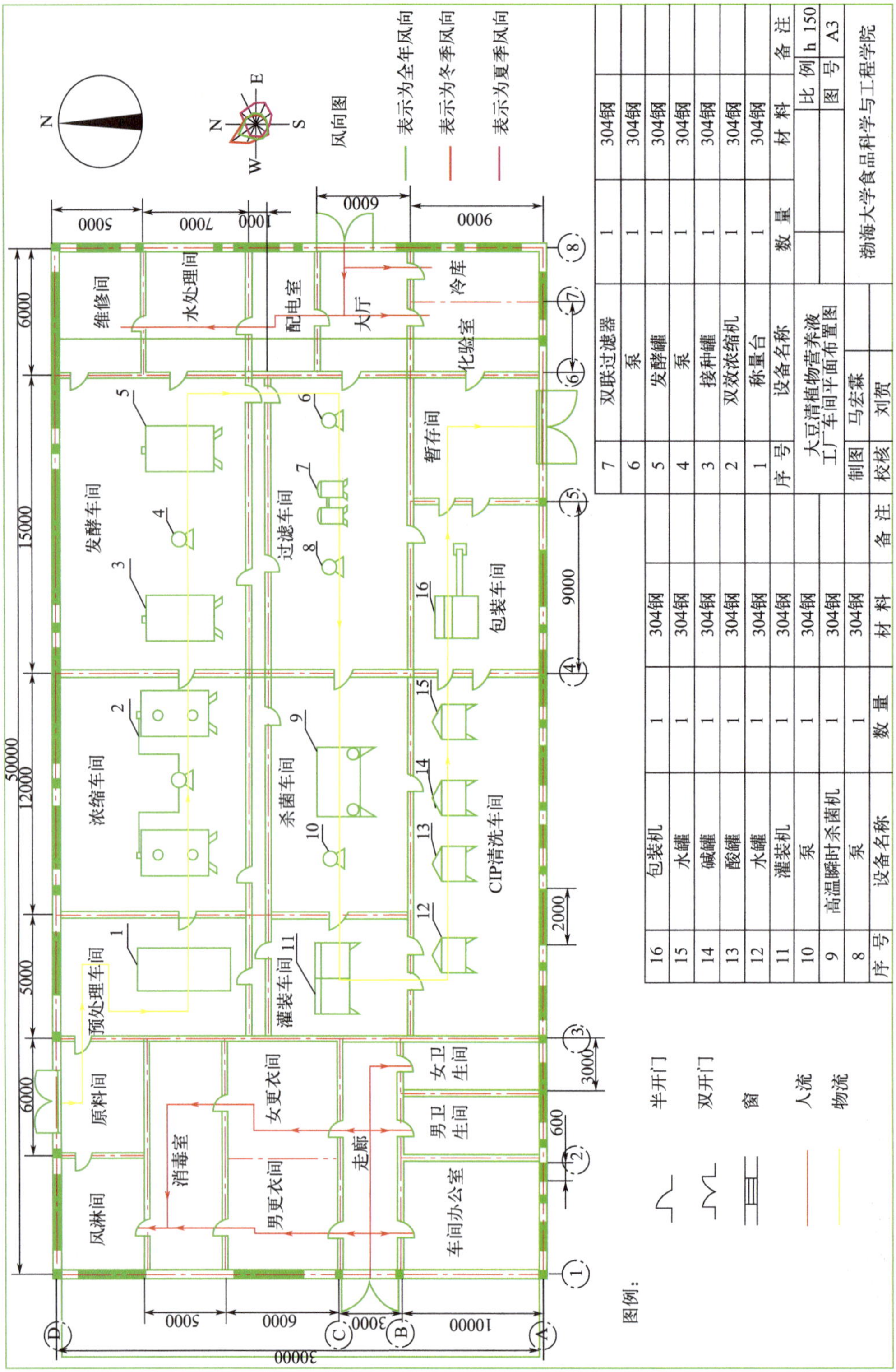
风向图
表示为全年风向
表示为冬季风向
表示为夏季风向
维修间
水处理间
配电室
大厅
冷库
化验室
发酵车间
过滤车间
暂存间
包装车间
浓缩车间
杀菌车间
CIP清洗车间
预处理车间
灌装车间
原料间
消毒室
女更衣间
男更衣间
走廊
女卫生间
男卫生间
风淋间
车间办公室
图例：
半开门
双开门
窗
人流
物流
序号 设备名称 数量 材料 备注
7 双联过滤器 1 304钢
6 泵 1 304钢
5 发酵罐 1 304钢
4 泵 1 304钢
3 接种罐 1 304钢
2 双效浓缩机 1 304钢
1 称量台 1 304钢
16 包装机 1 304钢
15 水罐 1 304钢
14 碱罐 1 304钢
13 酸罐 1 304钢
12 水罐 1 304钢
11 灌装机 1 304钢
10 泵 1 304钢
9 高温瞬时杀菌机 1 304钢
8 泵 1 304钢
大豆清植物营养液工厂车间平面布置图
比例 h 150
图号 A3
制图 马宏霖
校核 刘贺
渤海大学食品科学与工程学院

图 7-3 生产车间布局

7.3.3 设备选型

主要设备包括1台XN-ZN 200型蒸发浓缩器用于豆清浓缩；1个PZ-5000L调配罐进行营养素调配；1个HD-SL32-125型双联过滤器用于过滤；1个RZG203-500型发酵罐用于发酵；1个CXP-UHT型超高温瞬时杀菌机用于杀菌；1台YC-16/18型灌装机用于灌装。此外，还配备相应的储罐、自动贴标机、菌种缸、CIP清洗系统等设备，以满足豆清植物营养液的生产需求（表7-2）。

表7-2 主要设备一览表

设备名称型号	设备能力	功率/kW	数量	生产厂家
蒸发浓缩器 XN-ZN 200	5 t/h	1.5	1	温州嘉友机械科技有限公司
调配罐 PZ-5000L	4500 L/h	4	1	北京舜甫科技有限公司
双联过滤器 HD-SL32-125	5 t/h	0.6	1	宜兴市海德分离机械有限公司
储罐 R22	3800 L	4	2	上海饮技机械有限公司
自动贴标机 SF-3030	1200 个/h	5	1	上海诺尼轻工机械有限公司
超高温瞬时杀菌机 CXP-UHT	5 t/h	8	1	绍兴捷盛食品加工设备科技有限公司
发酵罐 RZG203-500	3 t/h	15	1	上海瑞派机械有限公司
菌种缸 N-200	200 L	0.75	1	上海饮技机械有限公司
CIP 清洗系统 SKL-203	5 t/h	35	1	杭州惠合机械设备有限公司
灌装机 YC-16/18	1200 个/h	3	1	台州市黄岩涌昌机械厂

7.3.4 水电汽估算

生产和生活用水包括CIP清洗用水（20 t/天）、清洗地面用水（50 t/天）、生活用水（22 t/天），总用水量27600 t/年（按一年300天生产计算，日用水量为20 t + 50 t + 22 t = 92 t，年用水量为92 t×300 = 27600 t）。用电涵盖生产车间设备用电（如蒸发浓缩器日耗电36 kW·h、调配罐日耗电96 kW·h等，总计约2030.4 kW·h/天）、辅助部门用电（60 kW·h/天）、生活用电（30 kW·h/天），总用电量609120 kW·h/年（日用电量为2030.4 kW·h + 60 kW·h + 30 kW·h = 2120.4 kW·h，年用电量为2120.4 kW·h×300 = 636120 kW·h）。用汽主要在超高温瞬时杀菌过程，考虑蒸汽在管道内约20%的损耗量，每班（8 h）需将1.16 t营养液从室温加热到140℃，每班杀菌理论需消耗蒸汽2.2 t，考虑利用率80%后实际每班消耗蒸汽2.75 t，每日按三班生产计算，每日消耗蒸汽总量8.25 t，每年（300天计）耗蒸汽量为2475 t。

7.3.5 人员组织与管理

7.3.5.1 基本原则

劳动力组织依据豆清植物营养液生产流程的实际需求，精准配置原料采购、生产、销售等各环节以及管理、生产、辅助等各部门的人员，采用每日 3 班、每班 8 h 的工作制度，力求每班人数均衡。企业组织遵循目标一致性原则，确保各部门和员工的工作目标与工厂整体生产经营目标相符；坚持分工协作原则，明确各部门和岗位的职责，促进部门间、员工间相互配合；贯彻责权关系原则，使员工的责任和权力相匹配，保障组织高效、稳定运转。

7.3.5.2 人员编制

根据大豆清植物营养液的相关生产工艺流程，为让工厂平稳运营，对各工序的生产能力及班产量进行劳动力计算，工厂劳动组织见表 7-3 所示。

表 7-3　工厂劳动组织

项目	人数	工资/（元/月）	总工资/（元/月）
厂长	2	8000	16000
车间主任	2	7000	14000
生产部门	54	5000	270000
销售部门	10	6000	60000
财务部门	5	4500	22500
人事部门	4	4500	18000
研发部门	4	7500	30000
食堂	12	3000	36000
其他	15	4000	60000
总计	108		526500

7.3.6 成本与利润核算

7.3.6.1 建设投资估算

土地投资依据沈北新区地价估算，用于获取建厂土地。土建投资涵盖多种建筑，生产主车间 1500 m^2，框架结构，单位造价 2000 元 /m^2，投资 300 万元；仓库及原辅料暂存室 430 m^2，砖混结构，单位造价 1500 元 /m^2，投资 64.5 万元；办公楼和宿舍等建筑也根据各自面积、结构和单位造价计算投资。此外，还有土地平整、绿化、道路建设等其他费用。各项费用相加构成建筑投资，为工厂建设成本核算和资金安排提供关键依据（表 7-4）。

表 7-4 主要建筑投资估算

序号	名称	面积/m^2	单位造价/（元/m^2）	投资额/万元
1	门卫室	60	500	3
2	停车场	200	200	4
3	成品库、装载区	350	400	14
4	食堂	240	2000	48
5	水处理车间	150	500	7.5
6	生产主车间	1500	2000	300
7	仓库及原辅料暂存室	430	150	64.5
8	维修室	70	400	2.8
9	配电房	64	400	2.56
10	研发中心/品控中心	180	300	5.4
11	货物装载区	360	60	2.16
12	倒班休息室	60	600	3.6
13	医务室	60	400	2.4
14	消防站及消防水池	20	500	1
15	循环水站	90	600	5.4
16	中心化验室	60	700	4.2
17	应急处理中心	90	350	3.15
18	公用工程中转站	200	300	6
19	循环水池	80	300	2.4
20	绿化	120	40	0.48
21	事故存液池	30	60	0.18
22	泵房	110	300	3.3
23	宿舍	240	500	12
24	办公楼	60	600	3.6
总计				501.63

7.3.6.2 生产成本

原辅料费用 619.267 万元，包装费用 458.4 万元，年用水、电、汽费用分别为 10.4052 万元、33.5016 万元、21.2142 万元，人工成本 631.8 万元，设备维修与折旧费分别为 8.99 万元、59.88 万元，生产成本总计 1843.818 万元（表 7-5）。

表 7-5 原料及包装费用估算

项目	成分名称	年用量/t	单价/（万元/t）	小计/万元
原料	豆清	5110.7	0.1	510.07
	硫酸镁	1.47	0.1	0.147
	磷酸二氢钾	1.47	0.42	0.62
	七水硫酸铁	0.09	0.12	0.02
	碳酸钾	5.66	0.72	4.08
	浓硫酸	0.77	0.1	0.08
	甲烷细菌	10.44	9	94
	硫酸锌	0.09	0.48	0.05
	五水硫酸铜	0.09	0.6	0.06
	硫酸锰	0.03	0.35	0.02
	硝酸钙	1.01	10	10.1
	硼酸	0.02	0.76	0.02
	合计	—	—	619.267
包装	50 mL 塑料桶	578.97万个	0.3元/个	173.7
	250 mL 塑料桶	303.93万个	0.5元/个	152
	包装箱	66.33万个	2元/个	132.7
	合计	—	—	458.4

7.3.6.3 利润分析

本工厂主要售卖 50 mL 和 250 mL 的植物营养液，其中 50 mL 植物营养液定价为 5 元 / 桶，250 mL 营养液定价为 15 元 / 桶。年销售 7453.8 万元，年销售费用为年销售额的 1.5%，即 111.807 万元，年利润 1332.9 万元。所得税 333.3 万元，净利润 999.6 万元。预计厂区建设需 1 年时间，资金大概在 3.3 年回收（图 7-4）。

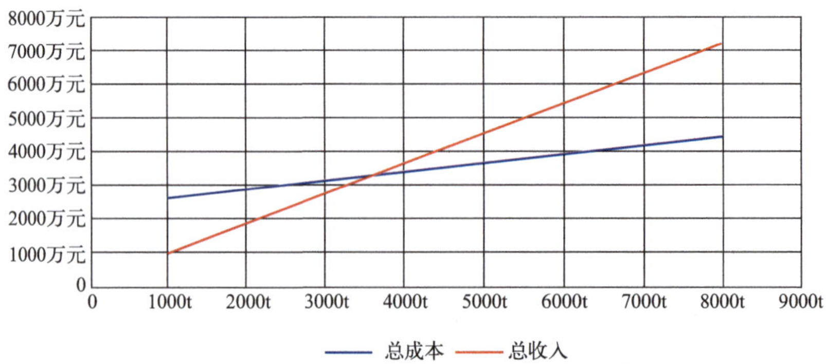

图 7-4 盈亏平衡图

附录

本章原料、辅料索引

编号	原料名称	厂家	型号
71001	冷冻豆清	渤海大学食品科学与工程学院自制	—
71002	甲烷细菌	中科诺德（山东）生物科技有限公司	—

参考文献

[1] Shi X D, Hao Z Q, Wang R C, et al. Changes of hexanal content in fermented soymilk: Induced by lactic acid bacterial fermentation and thermal treatment[J]. Journal of Food Processing and Preservation, 2022, 46(5): e16555.

[2] Xu X, Cui H, Xu J, et al. Effects of different probiotic fermentations on the quality, soy isoflavone and equol content of soy protein yogurt made from soy whey and soy embryo powder[J]. Lwt, 2022, 157: 113096.

[3] Xu X, Yan Y, Xu J, et al. Effects of different strains fermentation on the sensory and nutritional properties of soy-based yogurt[J]. Journal of the Science of Food and Agriculture, 2024, 104(1): 409-20.

[4] Xu X, Cui H, Yuan Z, et al. Effects of different combinations of probiotics on rheology, microstructure, and moisture distribution of soy materials-based yogurt[J]. Journal of Food Science, 2022, 87(7): 2820-2830.

[5] Zheng H, Jiang J, Huang C, et al. Effect of sugar content on characteristic flavour formation of tomato sour soup fermented by Lacticaseibacillus casei H1 based on non-targeted metabolomics analysis[J]. Food Chemistry: X, 2024, 21: 101116.

[6] Mendes Ferreira A, Mendes-Faia A. The Role of Yeasts and Lactic Acid Bacteria on the Metabolism of Organic Acids during Winemaking[J]. Foods, 2020, 9(9): 1231.

[7] Sharma A, Gupta G, Ahmad T, et al. Tailoring cellular metabolism in lactic acid bacteria through metabolic engineering[J]. Journal of Microbiological Methods, 2020, 170: 105862.

[8] Xu J, Guo L, Zhao N, et al. Response mechanisms to acid stress of acid-resistant bacteria and biotechnological applications in the food industry[J]. Critical Reviews in Biotechnology, 2023, 43(2): 258-274.

[9] Kathayat D, VanderVen B C. Exploiting cAMP signaling in Mycobacterium tuberculosis for drug discovery[J]. Trends in Microbiology, 2024, 32(9): 874-883.

[10] Gonen N, Assaraf Y G. Antifolates in cancer therapy: Structure, activity and mechanisms of drug resistance[J]. Drug Resistance Updates, 2012, 15(4): 183-210.

[11] He R, Wei P, Odiba A S, et al. Amino sugars influence Aspergillus fumigatus cell wall polysaccharide biosynthesis, and biofilm formation through interfering galactosaminogalactan deacetylation[J]. Carbohydrate Polymers, 2024, 324: 121511.

[12] Jin E S, Sherry A D, Malloy C R. Metabolism of Glycerol, Glucose, and Lactate in the Citric Acid Cycle Prior to Incorporation into Hepatic Acylglycerols[J]. Journal of Biological Chemistry, 2013, 288(20): 14488-14496.

[13] Huan R, Zhai Z, An J, et al. L-Malic Acid Protects Lacticaseibacillus paracasei L9 from

Glycodeoxycholic Acid Stress via the Malolactic Enzyme Pathway[J]. Journal of Agricultural and Food Chemistry, 2022, 70(29): 9007-9016.

[14] Lay C-H, Sen B, Huang S-C, et al. Sustainable bioenergy production from tofu-processing wastewater by anaerobic hydrogen fermentation for onsite energy recovery[J]. Renewable Energy, 2013, 58: 60-67.

[15] Xu S, Elsayed M, Ismail G A, et al. Evaluation of bioethanol and biodiesel production from Scenedesmus obliquus grown in biodiesel waste glycerol: a sequential integrated route for enhanced energy recovery[J]. Energy Conversion, 2019, 197: 111907.

[16] Trivedi J, Atray N, Agrawal D, et al. Enhanced lipid production in Scenedesmus obliquus via nitrogen starvation in a two-stage cultivation process andevaluation for biodiesel production[J]. Fuel, 2022, 316: 123418.

[17] Shen X F, Gao L J, Zhou S B, et al. High fatty acid productivity from Scenedesmus obliquus in heterotrophic cultivation with glucose and soybean processing wastewater via nitrogen and phosphorus regulation[J]. Science of The Total Environment, 2020, 708: 134596.

[18] Kusmita L, Mutmainah N, Sabdono A, et al. Characteristic Evaluation of Various Formulations of Anti-Aging Cream from Carotenoid Extract of Bacterial Symbiont Virgibacillus salarius Strain 19[J]. Cosmetics, 2021, 8(4): 120.

[19] Asha K K, Mathew S, Lakshmanan P T. Flavonoids and phenolic compounds in two mangrove species and their antioxidant property[J]. Indian Journal of Geo Marine Sciences, 2012, 41(3): 259-264.

[20] Derwenskus F, Metz F, Gille A, et al. Pressurized extraction of unsaturated fatty acids and carotenoids from wet Chlorella vulgaris and Phaeodactylum tricornutum biomass using subcritical liquids[J]. GCB Bioenergy, 2019, 11: 335-344.

[21] Basso V, Schiavenin C, Mendonca S, et al. Chemical features and antioxidant profile by Schizophyllum commune produced on different agroindustrial wastes and byproducts of biodiesel production[J]. Food Chemistry, 2020, 11: 329.

[22] Xavier-Santos D, Padilha M, Fabiano G A, et al. Evidences and perspectives of the use of probiotics, prebiotics, synbiotics, and postbiotics as adjuvants for prevention and treatment of COVID-19: A bibliometric analysis and systematic review[J]. Trends in Food Science & Technology, 2022, 120: 174-192.

[23] Chatzakis C, Goulis D G, Mareti E, et al. Prevention of gestational diabetes mellitus in overweight or obese pregnant women: A network meta-analysis[J]. Diabetes Research and Clinical Practice, 2019, 158: 107924.

[24] Dridi C, Millette M, Aguilar B, et al. Storage stability of a fermented probiotic beverage enriched with cricket protein hydrolysates[J]. Food and Bioprocess Technology, 2022, 15(11): 2587-2600.

[25] Ertovi E, Sari Z, Bara M, et al. Physical, chemical, microbiological and sensory characteristics of a probiotic beverage produced from different mixtures of cow’ s milk and soy beverage by lactobacillus acidophilus la5 and yoghurt culture[J]. Food Technology and Biotechnology, 2019, 57(4): 461-471.

[26] Im A, At B, Ab B, et al. Functional pomegranate beverage production by fermentation with a novel synbiotic L. paracasei biocatalyst[J]. Food Chemistry,2020, 308: 125658

[27] Xiaoxing Y, Jiachun Z, Liqiang F, et al. Antioxidant properties of a vegetable-fruit beverage fermented with two Lactobacillus plantarum strains[J]. Food Science & Biotechnology, 2018: 1-8

[28] Mma A, Nha C, Saaa C, et al. Principles and recent advances in electronic nose for quality inspection of agricultural and food products[J]. Trends in Food Science & Technology, 2020, 99: 1-10.

[29] Guo H, Miao Y. Introduction of an 8-aminooctanoic acid linker enhances uptake of 99mTc-labeled lactam bridge-cyclized a-MSH peptide in melanoma[J]. Journal of Nuclear Medicine, 2014, 55(12): 2057-2063.

[30] Zhang M, Dai T, Feng N. A novel solubility-enhanced rubusoside-based micelles for increased cancer therapy[J]. Nanoscale Research Letters, 2017,12(1): 274 .

[31] Belén F, Sánchez J, Hernández E, et al. One option for the management of wastewater from tofu production: Freeze concentration in a falling-film system[J]. Journal of Food Engineering, 2012, 110(3): 364-373.

[32] Zhang Z, Lv G, Pan H, et al. Antioxidant and hepatoprotective potential of endo-polysaccharides from Hericium erinaceus grown on tofu whey[J]. International Journal of Biological Macromolecules, 2012, 51(5): 1140-1146.

[33] Benedetti S, Prudencio E S, Müller C M O, et al. Utilization of tofu whey concentrate by nanofiltration process aimed at obtaining a functional fermented lactic beverage[J]. Journal of Food Engineering, 2016, 171: 222-229.

[34] Chua J Y, Lu Y, Liu S Q. Evaluation of five commercial non-Saccharomyces yeasts in fermentation of soy (tofu) whey into an alcoholic beverage[J]. Food Microbiology, 2018, 76: 533-542.

[35] Tu C, Tang S, Azi F, et al. Use of kombucha consortium to transform soy whey into a novel functional beverage[J]. Journal of Functional Foods, 2019, 52: 81-89.

[36] Liu W, Zhang H X, Wu Z L, et al. Recovery of isoflavone aglycones from soy whey wastewater using foam fractionation and acidic hydrolysis[J]. Journal of Agricultural and Food Chemistry, 2013, 61(30): 7366-7372.

[37] Chua J Y, Lu Y, Liu S Q. Biotransformation of soy whey into soy alcoholic beverage by four commercial strains of Saccharomyces cerevisiae[J]. International Journal of Food Microbiology,

2017, 262: 14-22.

[38] Jayabalan R, Subathradevi P, Marimuthu S, et al. Changes in free-radical scavenging ability of kombucha tea during fermentation[J]. Food Chemistry, 2008, 109(1): 227-234

[39] Sun T Y, Li J S, Chen C. Effects of blending wheatgrass juice on enhancing phenolic compounds and antioxidant activities of traditional kombucha beverage[J]. Journal of Food and Drug Analysis, 2015, 23(4): 709-718.

[40] Hur S J, Lee SY, Kim Y C, et al. Effect of fermentation on the antioxidant activity in plant-based foods[J]. Food Chemistry, 2014, 160: 346-356.

[41] Xia X, Dai Y, Wu H, et al. Kombucha fermentation enhances the health-promoting properties of soymilk beverage[J]. Journal of Functional Foods, 2019, 62: 103549.

[42] Bock H J, Lee H W, Lee N K, et al. Probiotic Lactiplantibacillus plantarum KU210152 and its fermented soy milk attenuates oxidative stress in neuroblastoma cells[J]. Food Research International, 2024, 177: 113868.

[43] Zhang J, Xiong T, Wang X, et al. Fermented soy milk with cholesterol-lowering potential: Probiotics screening, physicochemical properties, antioxidant activity and volatile composition[J]. Food Bioscience, 2023, 56: 103421.

[44] Xie L, Zhou W, Zhao L, et al. Impact of okara on quality and in vitro starch digestibility of noodles: The view based on physicochemical and structural properties[J]. International Journal of Biological Macromolecules, 2023, 237: 124105.

[45] Li R, Wu Z, Wang Y, et al. Prevention of irreversible aggregation of whey soy proteins in their foam fractionation from soy whey wastewater[J]. Asia-Pacific Journal of Chemical Engineering, 2016, 11(5): 673-682.

[46] Kaur H, Mishra H N, Kumar P. Textural properties of mango soy fortified probiotic yoghurt: optimisation of inoculum level of yoghurt and probiotic culture[J]. International Journal of Food Science & Technology, 2009, 44(2): 415-424.

[47] Fu R, Li J, Zhang T, et al. Salecan stabilizes the microstructure and improves the rheological performance of yogurt[J]. Food Hydrocolloids, 2018, 81: 474-480.

[48] Chen P, Sun J, Liang Z, et al. The bioavailability of soy isoflavones in vitro and their effects on gut microbiota in the simulator of the human intestinal microbial ecosystem[J]. Food Research International, 2022, 152: 110868.

[49] Ma D, Qin L, Wang P, et al. Soy isoflavone intake inhibits bone resorption and stimulates bone formation in menopausal women: meta-analysis of randomized controlled trials[J]. European Journal of Clinical Nutrition, 2008, 62(2): 155-161.

[50] Lu M, Xie K, Huang K, et al. Effects of soybean isoflavone on metabolism of rat osteoblasts and cytokines in vitro[J]. Journal of Food Science, 2020, 85(4): 1302-1306.

[51] Ge J, Yu Y, Li J, et al. Activating Wnt/β-catenin signaling by autophagic degradation of

APC contributes to the osteoblast differentiation effect of soy isoflavone on osteoporotic mesenchymal stem cells[J]. Acta Pharmacologica Sinica, 2023, 44(9): 1841-1855.
[52] Azi F, Tu C, Meng L, et al. Metabolite dynamics and phytochemistry of a soy whey-based beverage bio-transformed by water kefir consortium[J]. Food Chemistry, 2021, 342: 128225.
[53] Woo S G, Lee S Y, Choi G W, et al. Bacterial identification and detection of equol in Korean soybean paste[J]. Korean Journal of Clinical Laboratory Science, 2015, 47(4): 286-291.
[54] Silva C F G d, Santos F L, Santana L R R d, et al. Development and characterization of a soymilk Kefir-based functional beverage[J]. Food Science Technology, 2018, 38: 543-550.
[55] Phomkaivon N, Pan-utai W, Surojanametakul V, et al. Isoflavone aglycone-rich powder from soybean residue submerged fermentation using Lactobacillus fermentum 44197[J]. NFS Journal, 2023, 33: 100157.
[56] Gu Y, Li X, Chen H, et al. Evaluation of FAAs and FFAs in yogurts fermented with different starter cultures during storage[J]. Journal of Food Composition Analysis, 2021, 96: 103666.
[57] Huang K, Liu Y, Zhang Y, et al. Formulation of plant-based yoghurt from soybean and quinoa and evaluation of physicochemical, rheological, sensory and functional properties[J]. Food Bioscience, 2022, 49: 101831.
[58] Anuyahong T, Chusak C, Adisakwattana S. Incorporation of anthocyanin-rich riceberry rice in yogurts: Effect on physicochemical properties, antioxidant activity and in vitro gastrointestinal digestion[J]. LWT, 2020, 129: 109571.
[59] Kašparovská J, Dadáková K, Lochman J, et al. Changes in equol and major soybean isoflavone contents during processing and storage of yogurts made from control or isoflavone-enriched bovine milk determined using LC-MS (TOF) analysis[J]. Food Chemistry, 2017, 222: 67-73.
[60] Mamta R, Neelam U, Dabur A. Formulation and physico-chemical analysis of whey-soymilk dahi[J]. Journal of Food Science and Technology, 2015, 52(2): 34-39.
[61] Man-Jin I, Kyung-Hee K, Nam-Soon O. Phytate degradation by immobilized Saccharomyces cerevisiae phytase in soybean-curd whey[J]. Biotechnology and Bioprocess Engineering, 2007, 12(4): 15-17.
[62] Nakata T, Kyoui D, Takahashi H, et al. Inhibitory effects of soybean oligosaccharides and water-soluble soybean fibre on formation of putrefactive compounds from soy protein by gut microbiota[J]. International Journal Biological Macromolecules, 2017. 97: 173-180.
[63] Zheng X, Lee S K, Chun O K. Soy isoflavones and osteoporotic bone loss: A review with an emphasis on modulation of bone remodeling[J]. Journal of Medicinal Food, 2016. 19(1): 1-14.
[64] Sathyapalan T, Aye M, Rigby A S, et al. Soy isoflavones improve cardiovascular disease risk markers in women during the early menopause[J]. Nutrition, Metabolism and Cardiovascular Diseases, 2018. 28(7): 691-697.
[65] Nishinari K, Fang Y, Guo S, et al. Soy proteins: A review on composition, aggregation and

emulsification[J]. Food Hydrocolloids, 2014. 39: 301-318.

[66] Gerliani N, Hammami R, Ader M. Production of functional beverage by using protein-carbohydrate extract obtained from soybean meal by electro-activation[J]. LWT- Food Science and Technology, 2019. 113: 108259.

[67] Grygorczyk A, Corredig M. Acid induced gelation of soymilk, comparison between gels prepared with lactic acid bacteria and glucono-δ-lactone[J]. Food Chemistry, 2013. 141(3): 1716-1721.

[68] Rezaei R, Khomeiri M, Kashaninejad M, et al. Effect of resistant starch and aging conditions on the physicochemical properties of frozen soy yogurt[J]. Journal of Food Science and Technology, 2015. 52(12): 8164-8171.

[69] Zhou X R, Du H H, Jiang M Q, et al. Antioxidant effect of Lactobacillus fermentum CQPC04-fermented soy milk on D-galactose-induced oxidative aging mice[J]. Frontiers in Nutrition, 2021. 8: 727467.

[70] Mustafa S E, Mustafa S, Ismail A, et al. Impact of prebiotics on equol production from soymilk isoflavones by two Bifidobacterium species[J]. Heliyon, 2020. 6(10).

[71] Wang Y, Serventi L. Sustainability of dairy and soy processing: A review on wastewater recycling[J]. Journal of Cleaner Production, 2019, 237: 117821.

[72] Dai Y, Xu Z, Wang Z, et al. Effects of fermentation temperature on bacterial community, physicochemical properties and volatile flavor in fermented soy whey and its coagulated tofu[J]. LWT, 2023, 173: 114355.

[73] Achouri A, Boye J I, Zamani Y. Identification of volatile compounds in soymilk using solid-phase microextraction-gas chromatography[J]. Food Chemistry, 2005, 99(4): 759-766.

[74] Wilkens W F, Lin F M. Gas chromatographic and mass spectral analyses of soybean milk volatiles[J]. Journal of Agricultural and Food Chemistry, 1970, 18(22): 333-336.

[75] Lv Y C, Song H L, Li X, et al. Influence of blanching and grinding process with hot water on beany and non-beany flavor in soymilk[J]. Journal of Food Science, 2011, 76(1): 20-25.

[76] Andrew D S, Kennedy J F. Food flavors: generation, analysis and process influence developments in food science[J]. Carbohydrate Polymers, 1996, 29(37): 1007-1019.

[77] Suratman L I, Jeon I J, Schmidt K A. Ability of cyclodextrins to entrap volatile beany flavor compounds in soymilk[J]. Journal of Food Science, 2004, 69(2): 109-113.

[78] Zhu D S, Zhang Y Y, Kou C C, et al. Ultrasonic and other sterilization methods on nutrition and flavor of cloudy apple juice[J]. Ultrasonics Sonochemistry, 2022, 34(4): 1-8.

[79] Kim M J, Ju H, Kim Y, et al. Effects of amidation and/or methylesterification of pectin on aroma release at different calcium concentration[J]. Food Hydrocolloids, 2016, 52(3): 343-349.

[80] Li H, Luo L Y, Ma M J, et al. Characterization of volatile compounds and sensory analysis

of jasmine scented black tea produced by different scenting processes[J]. Journal of Food Science, 2018, 22(3): 110-114.

[81] Pestorić M, Škrobot D, Žigon U, et al. Sensory profile and preference mapping of cookies enriched with medicinal herbs[J]. International Journal of Food Properties, 2017, 20(2): 350-361.

[82] Huang Z R, Liu H Y, Zhao L Z, et al. Evaluating the effect of different processing methods on fermented soy bean whey-based tofu quality, nutrition, and flavor[J]. Food Science and Technology, 2020, 158(45): 113-139.

[83] Dong W, Hu R, Long Y, et al. Comparative evaluation of the volatile profiles and taste properties of roasted coffee beans as affected by drying methodand detected by electronic nose, electronic tongue, and HSSPME-GC-MS[J]. Food Chemistry, 2019, 272(23): 723-731.

[84] He W M, Chung H Y. Comparison between Quantitative Descriptive Analysis (QDA) and Flash Profile in Profiling (FPP) the sensory properties of commercial Red Sufu (Chinese fermented soybean curd)[J]. Food and Nutritional Sciences Programme, 2019, 89(11): 1-29.

[85] Thomas Balasingh S, Palanisamy T, Meiyazhagan A, et al. Structural and thermal investigations of biomimetically grown caseinsoy hybrid protein fibers[J]. Applied Biochemistry & Biotechnology, 2011, 163(23): 247-257.

[86] Yang C, Qi W, Zhang N. Research progress on the utilization of soybean product wastewater by biological methods[J]. Journal of Henan University of Technology Natural Science Edition, 2021, 42(5): 131-139.

[87] Yu H Q, Hu Z H, Hong T Q, et al. Performance of an anaerobic filter treating soybean processing wastewater with and without effluent recycle[J]. Process Biochemistry, 2002, 38(4): 507-513.

[88] Sorgentini D A, Wagner J R. Comparative study of foaming properties of whey and isolate soybean proteins[J]. Food Research International, 2002, 35(8): 721-729.

[89] Chitisankul W T, Itabashi M, Son H, et al. Soyasaponin composition complexities in soyfoods relating nutraceutical properties and undesirable taste characteristics[J]. LWT, 2021, 146: 111337.

[90] Hao Y, Fan X, Guo H, et al. Overexpression of the bioactive lunasin peptide in soybean and evaluation of its anti-inflammatory and anti-cancer activities in vitro[J]. Journal of Bioscience and Bioengineering, 2020, 129(4): 395-404.

[91] Lee G I, Shin W S, Moongeun Jung S, et al. Effects of soybean curd wastewater on growth and DHA production in Aurantiochytrium sp[J]. LWT, 2020, 134: 110245.

[92] Shen X F, Gao L J, Zhou S B, et al. High fatty acid productivity from Scenedesmus obliquus in heterotrophic cultivation with glucose and soybean processing wastewater via nitrogen and phosphorus regulation[J]. Science of The Total Environment, 2020, 708: 134596.

[93] Beret M V, Peralta G H, Vera-Candioti L, et al. Culture media based on effluent derived from soy protein concentrate production for Lacticaseibacillus paracasei 90 biomass production: statistical optimisation, mineral characterization, and metabolic activities[J]. Antonie van Leeuwenhoek, 2021, 114(12): 2047-2063.

[94] Assis D D, Matte C, Aschidamini B, et al. Biosynthesis of vitamin B12 by Propionibacterium freudenreichii subsp. shermanii ATCC 13673 using liquid acid protein residue of soybean as culture medium[J]. Biotechnology Progress, 2020, 36(5): 3011.

[95] Eswaranandam S, Hettiarachchy N S, Johnson M G. Antimicrobial activity of citric, lactic, malic, or tartaric acids and nisin-incorporated soy protein film against listeria monocytogenes, escherichia coli O157:H7, and salmonella gaminara[J]. Journal of Food Science, 2004, 69(3): 79-84.

[96] Xu J, Xu X, Yuan Z, et al. Effect of hemp protein on the physicochemical properties and flavor components of plant-based yogurt[J]. Lwt, 2022, 172: 114145.

[97] Chua J Y, Liu S Q. Soy whey: More than just wastewater from tofu and soy protein isolate industry[J]. Trends in Food Science & Technology, 2019, 91: 24-32.

[98] Russell T A, Drake M A, Gerard P D. Sensory properties of whey and soy proteins[J]. Journal of Food Science, 2006, 71(6): 447-455.

[99] McCann T H, Guyon L, Fischer P, et al. Rheological properties and microstructure of soy-whey protein[J]. Food Hydrocolloids, 2018, 82: 434-441.

[100] Xiao Y, Wang L, Rui X, et al. Enhancement of the antioxidant capacity of soy whey by fermentation with Lactobacillus plantarum B1-6[J]. Journal of Functional Foods, 2015, 12: 33-44.

[101] Prokopidis K, Mazidi M, Sankaranarayanan R, et al. Effects of whey and soy protein supplementation on inflammatory cytokines in older adults: A systematic review and meta-analysis[J]. British Journal of Nutrition, 2023, 129(5): 759-770.

[102] Feng X, Ge Z, Wang Y, et al. Production and characterization of bacterial cellulose from kombucha-fermented soy whey[J]. Food Production, Processing and Nutrition, 2024, 6(1): 20.

[103] Liu C, Sun F, Tian Y, et al. Recovery of soy whey protein from soy whey wastewater at various cavitation jet pretreatment time and their structural and emulsifying properties[J]. Food Chemistry: X, 2024, 21: 101122.

[104] Liu X, Cao L, Wang S, et al. Isolation and characterization of bacterial cellulose produced from soybean whey and soybean hydrolyzate[J]. Scientific Reports, 2023, 13(1): 16024.

[105] Devanthi P V P, Pratama F, Pramanda I T, et al. Exploring the potential of Aspergillus oryzae for sustainable mycoprotein production using okara and soy whey as cost-effective substrates[J]. Journal of Fungi, 2024, 10(8): 555.

[106] Cao J, Tong X, Cheng J, et al. Impact of pH on the interaction between soy whey protein and gum arabic at oil–water interface: Structural, emulsifying, and rheological properties[J]. Food Hydrocolloids, 2023, 139: 108584.

[107] Cheng Y, Ye A, Singh H. Characterizations of emulsion gel formed with the mixture of whey and soy protein and its protein digestion under in vitro gastric conditions[J]. Current Research in Food Science, 2024, 8: 100674.

[108] Hu M, Gao Y, Wen W, et al. The aggregation behavior between soybean whey protein and polysaccharides of diverse structures and their implications in soybean isoflavone delivery[J]. Food Chemistry, 2024, 439: 138061.

[109] Zhang X, Zhang S, Zhong M, et al. Soy and whey protein isolate mixture/calcium chloride thermally induced emulsion gels: Rheological properties and digestive characteristics[J]. Food Chemistry, 2022, 380: 132212.

[110] Liu Q, Sun Y, Cheng J, et al. Development of whey protein nanoparticles as carriers to deliver soy isoflavones[J]. Lwt, 2022, 155: 112953.

[111] Tang Q, Roos Y H, Miao S. Comparative studies of structural and thermal gelation behaviours of soy, lentil and whey protein: A pH-dependency evaluation[J]. Food Hydrocolloids, 2024, 146: 109240.

[112] Liang J, Xu N, Nedele A K, et al. Upcycling of soy whey with Ischnoderma benzoinum toward production of bioflavors and mycoprotein[J]. Journal of Agricultural and Food Chemistry, 2023, 71(23): 9070-9079.

[113] Mitra P, Nepal K, Tavade P. Effect of whey and soy proteins fortification on the textural and rheological properties of value-added yogurts[J]. Applied Food Research, 2022, 2(2): 100195.

[114] Liu Q, Sun Y, Cheng J, et al. Changes in conformation and functionality of whey proteins induced by the interactions with soy isoflavones[J]. LWT, 2022, 163: 113555.

[115] Gao T T, Liu J X, Gao X, et al. Stability and digestive properties of a dual-protein emulsion system based on soy protein isolate and whey protein isolate[J]. Foods, 2023, 12(11): 2247.

[116] Zhou R Y, Chua J Y, Liu S Q. Exploring the feasibility of biotransforming salted soy whey into a soy sauce-like condiment using wine yeast Torulaspora delbrueckii and soy sauce yeasts Zygosaccharomyces rouxii and Candida versatilis as single starter cultures[J]. Food Research International, 2022, 156: 111350.

[117] Mashayekh F, Pourahmad R, Eshaghi M R, et al. Improving effect of soy whey-derived peptide on the quality characteristics of functional yogurt[J]. Food Science & Nutrition, 2023, 11(6): 3287-3296.

[118] Xia W, Zhu L, Delahaije R J B M, et al. Acid-induced gels from soy and whey protein thermally-induced mixed aggregates: Rheology and microstructure[J]. Food Hydrocolloids,

2022, 125: 107376.
[119] Zhou R Y, Huang X, Liu Z, et al. Evaluating the effect of lactic acid bacterial fermentation on salted soy whey for dcvclopment of a potential novel soy sauce-like condiment[J]. Current Research in Food Science, 2022, 5: 1826-1836.
[120] Huang Z, Liu H, Zhao L, et al. Evaluating the effect of different processing methods on fermented soybean whey-based tofu quality, nutrition, and flavour[J]. LWT, 2022, 158: 113139.
[121] Singh P, Krishnaswamy K. Sustainable zero-waste processing system for soybeans and soy by-product valorization[J]. Trends in Food Science & Technology, 2022, 128: 331-344.
[122] 卞科，郑学玲. 谷物化学 [M]. 北京：科学出版社，2017.
[123] 曹劲松，王晓琴. 食品营养强化剂 [M]. 北京：中国轻工业出版社，2002.
[124] 陈秀霞，蒲海燕. 粮油商品基础 [M]. 北京：中国轻工业出版社，2018.
[125] 耿越. 食品营养学 [M]. 北京：科学出版社，2013.
[126] 国娜，和秀广. 谷物与谷物化学概论 [M]. 北京：化学工业出版社，2017.
[127] 国娜，谭晓燕. 粮食生物化学 [M]. 北京：化学工业出版社，2013.
[128] 胡秋红. 食品营养与卫生 [M]. 2 版. 北京：北京理工大学出版社，2017.
[129] 霍军生，黄建. 小麦粉和大米营养强化技术指南 [M]. 北京：人民卫生出版社，2018.
[130] 雷铭，冉小峰. 食品营养与卫生安全管理 [M]. 北京：旅游教育出版社，2017.
[131] 李景明，马丽艳，温鹏飞. 食品营养强化技术 [M]. 北京：化学工业出版社，2006.
[132] 李里特. 粮油贮藏加工工艺学 [M]. 北京：中国农业出版社，2002.
[133] 李云捷，黄升谋. 食品营养学 [M]. 成都：西南交通大学出版社，2018.
[134] 林亲录，杨玉民. 粮食工程导论 [M]. 北京：中国轻工业出版社，2019.
[135] 刘英，黄学林，秦先魁. 谷物加工工程 [M]. 北京：化学工业出版社，2005.
[136] 卢利军，牟峻. 粮油及其制品质量与检验 [M]. 北京：化学工业出版社，2009.
[137] 陆勤丰. 谷物制品营养强化及品质改良新工艺技术 [M]. 北京：化学工业出版社，2008.
[138] 路飞，马涛. 粮油加工学 [M]. 北京：科学出版社，2018.
[139] 马力. 食品化学与营养学 [M]. 北京：中国轻工业出版社，2007.
[140] 马涛，肖志刚. 谷物加工工艺学 [M]. 北京：科学出版社，2009.
[141] 孟宏昌，李慧东，华景清. 粮油食品加工技术 [M]. 北京：化学工业出版社，2008.
[142] 佘纲哲. 粮食生物化学 [M]. 北京：中国商业出版社，1987.
[143] 舒在习. 粮油贮藏保管技术 [M]. 武汉：湖北科学技术出版社，2010.
[144] 孙远明，余群力. 食品营养学 [M]. 北京：中国农业大学出版社，2002.
[145] 孙远明. 食品营养学 [M]. 北京：中国农业大学出版社，2010.
[146] 谭斌. 全谷物营养健康与加工 [M]. 北京：科学出版社，2021.
[147] 唐乘骐，汪履绥. 食品营养 [M]. 武汉：湖北科学技术出版社，1990.
[148] 唐新元. 粮食营养 [M]. 哈尔滨：黑龙江科学技术出版社，1983.

[149] 田纪春.谷物品质测试理论与方法 [M]. 北京：科学出版社，2006.
[150] 王春玲.中粮营养健康研究院.全谷物营养与健康指南 [M]. 北京：化学工业出版社，2014.
[151] 王辉，陈进红，孟亚利.农学概论 [M]. 徐州：中国矿业大学出版社，2018.
[152] 王莉.食品营养学 [M]. 3版. 北京：化学工业出版社，2018.
[153] 王莉.食品营养学 [M]. 北京：化学工业出版社，2006.
[154] 王若兰.粮油储藏理论与技术 [M]. 郑州：河南科学技术出版社，2015.
[155] 吴芳宁.食品营养与卫生 [M]. 北京：旅游教育出版社，2017.
[156] 吴非，韩翠萍.谷物科学与生物技术 [M]. 北京：化学工业出版社，2012.
[157] 吴文惠，包斌，邢丽萍.粮油籽粒贮藏与食品加工技术 [M]. 呼和浩特：内蒙古教育出版社，2001.
[158] 杨建军.消化与营养 [M]. 北京：阳光出版社，2019.
[159] 于国萍，吴非.谷物化学 [M]. 北京：科学出版社，2010.
[160] 于新，胡林子.谷物加工技术 [M]. 北京：中国纺织出版社，2011.
[161] 张世宏.粮油品质检测技术 [M]. 武汉：湖北科学技术出版社，2011.
[162] 张玉荣.粮油品质检验与分析 [M]. 北京：中国轻工业出版社，2016.
[163] 钟耕，丁文平.谷物科学原理 [M]. 郑州：郑州大学出版社，2012.
[164] 周才琼，周玉林.食品营养学 [M]. 北京：中国计量出版社，2006.
[165] 周惠明.谷物科学原理 [M]. 北京：中国轻工业出版社，2003.
[166] 周洁.食品营养与安全 [M]. 2版. 北京：北京理工大学出版社，2018.
[167] 朱永义.谷物加工工艺与设备 [M]. 北京：科学出版社，2002.